FONCTIONS ET COURBES

La collection support IUT rassemble des manuels préparés par des professeurs d'IUT pour leurs étudiants. L'approche pédagogique privilégiée permet à l'étudiant d'aborder le sujet de façon originale, parfois même ludique, et de dépasser ses habituelles limites de compréhension ou d'application. La collection est dirigée par Eric Gervreau, Maître de conférences, au département de génie civil de l'IUT de Cergy-Pontoise (gervreau@u-cergy.fr).

Tableau de couverture :

Jean-Paul Huftier vit et travaille à Paris même si son œuvre s'enrichit de ses nombreux voyages notamment en Asie.

Il a déjà réalisé plus d'une cinquantaine d'expositions solo en Europe et aux États-Unis.

On trouve ses œuvres au Fonds National d'Art Contemporain (F.N.A.C.), musées, banques et dans de nombreuses collections en France et à l'étranger.

Roger Noël

Agrégé de l'Université
Département Mesures Physiques de l'IUT de Metz

FONCTIONS ET COURBES

Cours avec exercices corrigés

gaëtan morin éditeur
EUROPE

Montréal, Gaëtan Morin Éditeur ltée
171, bd de Mortagne, Boucherville (Québec), Canada, J4B 6G4
Tél. : (450) 449-2369

Paris, Gaëtan Morin Éditeur, Europe
105, rue Jules-Guesde, 92532 Levallois-Perret, France
Tél. : 01 41 40 49 19

ISBN : 2-910749-18-5

SOMMAIRE

CHAPITRE 3

CHAPITRE 4

CHAPITRE 5

PRÉSENTATION

L'enseignement des mathématiques dans les départements d'I.U.T. doit permettre la maîtrise des outils nécessaires à l'étude des autres sciences. L'étudiant doit acquérir une méthode – savoir raisonner – et une technique – savoir calculer – tout en développant son sens critique.

Se plaçant résolument dans cet esprit, cette série de cinq ouvrages recouvrant l'ensemble des programmes des différents département d'I.U.T. présente le cours sans développement théorique excessif, mais illustré de nombreux exemples qui en facilitent la compréhension. Chaque chapitre se termine par des exercices d'application, suivis d'une correction détaillée.

Si les trois tomes d'analyse ont surtout pour but d'apporter une technique, les deux tomes d'algèbre font une large part au raisonnement.

Le présent ouvrage, premier volume d'analyse, fait suite aux programmes du secondaire et apporte aux étudiants les compléments nécessaires à l'étude des fonctions et des courbes, étude qui est ensuite développée. Les fonctions hyperboliques et trigonométriques réciproques sont introduites, préparant également certaines techniques de calcul intégral que l'on trouvera dans le tome suivant. De même les notions de fonctions équivalentes et de développements limités, utiles pour l'étude des courbes, seront réutilisées lors de l'étude des intégrales généralisées et des séries (tome 3 d'analyse).

CHAPITRE 1

Fonctions d'une variable réelle

Ce chapitre constitue une révision des programmes de terminale, en y apportant des compléments, notamment en ce qui concerne la réduction du domaine et les limites.

1. Domaine de définition

Nous ne rappelons pas ici les notions théoriques concernant les fonctions, leur domaine et leur graphe, notions développées dans le tome d'algèbre. Il faut cependant savoir qu'une fonction n'est pas forcément définie par une « expression » du type

$$f(x) = 2x + 3 \quad \text{ou} \quad f \,:\, x \mapsto 2x + 3$$

même si c'est souvent le cas. Un oscilloscope par exemple montrera une représentation graphique du graphe d'une fonction, sans que forcément on soit capable de déterminer l'expression de cette fonction ; ce qui n'empêche en aucune manière cette fonction d'exister !

Pensez également à la définition de la fonction *logarithme népérien* (primitive de $1/x$ s'annulant en 1 et définie sur $]\,0\,;\,+\infty\,[$).

En réalité une fonction peut être définie de multiples manières : par une expression, comme une intégrale, par le biais de propriétés caractéristiques, comme solution d'un problème pratique, voire par sa représentation graphique. Le seul fait essentiel est que n'importe qui soit capable de déterminer pour quelles valeurs de la variable - disons x - $f(x)$ a un sens, et que ce sens soit unique. Le domaine de définition de la fonction est alors l'ensemble des valeurs de x pour lesquelles un sens a été donné à $f(x)$.

Nous nous limitons dans ce chapitre aux fonctions définies par une expression faisant intervenir les fonctions usuelles (au niveau terminale), i.e. les polynômes, la valeur absolue, les fonctions puissance, logarithme, exponentielle et trigonométriques. Le lecteur - physicien notamment - se souviendra cependant que la nature de la variable x (volume, temps, pression, etc.) peut influer sur le domaine de définition : il est clair qu'un volume est par essence même un réel positif !

Pour déterminer le domaine de définition d'une fonction définie par une expression algébrique utilisant les fonctions usuelles, nous retenons que :

- les fonctions polynômes, les fonctions « valeur absolue », sinus, cosinus et exponentielle sont définies sur $\mathbb{R}$;
- la fonction $x \mapsto \sqrt{x}$ est définie sur $[0, +\infty[$;
- la fonction logarithme népérien $x \mapsto \ln x$ est définie sur $]0, +\infty[$.

Il s'ensuit que toute expression algébrique utilisant ces fonctions est définie à condition que :

- tout dénominateur soit non nul ;
- l'argument d'une fonction racine (le radicande) soit positif ou nul ;
- l'argument d'un logarithme soit strictement positif.

La recherche du domaine de définition d'une fonction définie par une expression se ramène donc à la résolution d'un système d'équations et d'inéquations.

Exemple 1

> *Déterminer le domaine de définition de la fonction f définie par*
> $$f(x) = \frac{x + \ln(x+1)}{1 - \sqrt{2-x}}$$

Soit D le domaine de définition de f. Alors

$$x \in D \iff \begin{cases} x+1 > 0 \\ 2-x \geq 0 \\ 1 - \sqrt{2-x} \neq 0 \end{cases} \iff \begin{cases} -1 < x \leq 2 \\ \sqrt{2-x} \neq 1 \end{cases}$$

Or

$$\sqrt{2-x} = 1 \iff 2 - x = 1 \iff x = 1$$

Deux réels sont égaux si et seulement si ils ont même carré et même signe

Donc

$$D =]-1\,,\,1[\,\cup\,]1\,,\,2]$$

Exemple 2

> *Déterminer le domaine de définition de la fonction f définie par*
> $$f(x) = \frac{x+1}{x + \sqrt{x^2+2x-3}}$$

$$x \in D \iff \begin{cases} x^2 + 2x - 3 \geq 0 \\ x + \sqrt{x^2+2x-3} \neq 0 \end{cases}$$

Or

$$x^2+2x-3 \geq 0 \iff (x-1)(x+3) \geq 0 \iff x \in]-\infty\,,\,-3] \cup [1\,,\,+\infty[$$

et

$$\begin{aligned} x + \sqrt{x^2+2x-3} = 0 &\iff \sqrt{x^2+2x-3} = -x \\ &\iff -x \geq 0 \text{ et } x^2 + 2x - 3 = (-x)^2 \\ &\iff x \leq 0 \text{ et } 2x - 3 = 0 \\ &\iff x \in \varnothing \end{aligned}$$

d'où

$$D =]-\infty\,,\,-3]\ \cup\ [1\,,\,+\infty[$$

Rappelons que

$$\boxed{\sqrt{a} = b \Longleftrightarrow \begin{cases} b \geq 0 \\ a = b^2 \end{cases}}$$

Exemple 3

> *Déterminer le domaine de définition D de la fonction f définie par*
>
> $$f(x) = \ln(2x + \sqrt{x^2 + x + 1})$$

$$\begin{aligned} x \in D &\Longleftrightarrow \begin{cases} x^2 + x + 1 \geq 0 \\ 2x + \sqrt{x^2 + x + 1} > 0 \end{cases} \\ &\Longleftrightarrow 2x + \sqrt{x^2 + x + 1} > 0 \\ &\Longleftrightarrow \sqrt{x^2 + x + 1} > -2x \end{aligned}$$

Nous rappelons que

$$\boxed{\sqrt{a} < b \Longleftrightarrow \begin{cases} b \geq 0 \\ a < b^2 \end{cases}}$$

et que

$$\boxed{\sqrt{a} > b \Longleftrightarrow \begin{cases} b < 0 \\ \quad \text{ou} \\ b \geq 0 \ \text{ et } \ a > b^2 \end{cases}}$$

Donc

$$\begin{aligned} x \in D &\Longleftrightarrow \begin{cases} -2x < 0 \\ \quad \text{ou} \\ -2x \geq 0 \ \text{ et } \ x^2 + x + 1 > 4x^2 \end{cases} \\ &\Longleftrightarrow \begin{cases} x > 0 \\ \quad \text{ou} \\ x \leq 0 \ \text{ et } \ 3x^2 - x - 1 < 0 \end{cases} \end{aligned}$$

$$\Longleftrightarrow \quad \begin{cases} x > 0 \\ \quad \text{ou} \\ x \leq 0 \quad \text{et} \quad x \in]\frac{1-\sqrt{13}}{6}, \frac{1+\sqrt{13}}{6}[\end{cases}$$

$$\Longleftrightarrow \quad x \in \left] \frac{1-\sqrt{13}}{6}, +\infty \right[$$

Finalement

$$D = \left] \frac{1-\sqrt{13}}{6}, +\infty \right[$$

Remarque

Il aurait sans doute été plus simple de résoudre

$$\begin{aligned} x \notin D \quad & \Longleftrightarrow \quad \sqrt{x^2+x+1} \leq -2x \\ & \Longleftrightarrow \quad -2x \geq 0 \quad \text{et} \quad x^2+x+1 \leq 4x^2 \\ & \Longleftrightarrow \quad x \leq 0 \quad \text{et} \quad 3x^2 - x - 1 \geq 0 \\ & \Longleftrightarrow \quad x \in \left] -\infty, \frac{-1-\sqrt{13}}{6} \right] \end{aligned}$$

pour la même conclusion.

Exemple 4

> *Déterminer le domaine de définition D de la fonction f définie par*
>
> $$f(x) = \sqrt{|x+1| - |x-1|}$$

$$\begin{aligned} x \in D \quad & \Longleftrightarrow \quad |x+1| - |x-1| \geq 0 \\ & \Longleftrightarrow \quad |x+1| \geq |x-1| \\ & \Longleftrightarrow \quad |x+1|^2 \geq |x-1|^2 \\ & \Longleftrightarrow \quad (x+1)^2 - (x-1)^2 \geq 0 \\ & \Longleftrightarrow \quad 2x \times 2 \geq 0 \\ & \Longleftrightarrow \quad x \geq 0 \end{aligned}$$

Donc

$$D = [\,0\,,\,+\infty\,[$$

Nous remarquerons que nous utilisons le fait qu'une valeur absolue est toujours positive pour élever les deux membres de l'inéquation au carré, associé au fait que $|a|^2 = |a^2| = a^2$.

Exemple 5

> *Déterminer le domaine de définition D de la fonction f définie par*
>
> $$f(x) = \ln(|x^2 + x + 1| - |x + 1|)$$

$$x \in D \iff |x^2 + x + 1| - |x + 1| > 0$$

L'élévation au carré comme précédemment mène à une équation de degré 4 que nous ne savons pas - a priori - résoudre. Nous discutons donc en fonction du signe de $x^2 + x + 1$ et de $x + 1$:
• $x^2 + x + 1 > 0 \quad \forall x \in \mathbb{R}$
• $x + 1 \geq 0 \iff x \geq -1$
Donc

$$\begin{aligned} x \in D \quad &\iff \left\{ \begin{array}{l} x < -1 \;\text{ et }\; (x^2 + x + 1) + (x + 1) > 0 \\ \quad \text{ou} \\ x \geq -1 \;\text{ et }\; (x^2 + x + 1) - (x + 1) > 0 \end{array} \right. \\ &\iff \left\{ \begin{array}{l} x < -1 \;\text{ et }\; x^2 + 2x + 2 > 0 \\ \quad \text{ou} \\ x \geq -1 \;\text{ et }\; x^2 > 0 \end{array} \right. \\ &\iff \left\{ \begin{array}{l} x < -1 \\ \quad \text{ou} \\ x \geq -1 \;\text{ et }\; x \neq 0 \end{array} \right. \\ &\iff x \neq 0 \end{aligned}$$

Donc

$$D =]-\infty\,,\,0\,[\,\cup\,]\,0\,,\,+\infty\,[$$

2. Réduction du domaine d'étude

Nous nous proposons ici d'étudier les transformations géométriques simples susceptibles de laisser invariant la courbe (C) représentation graphique d'une fonction f par rapport à un repère $(O, \vec{i}, \vec{j})$. Dans toute cette section nous désignerons par D le domaine de définition de la fonction f.

2.1. *Invariance par translation*

Proposition 1 *Soit $\vec{u} = a\vec{i} + b\vec{j}$ un vecteur. (C) est invariant par la translation de vecteur $\vec{u}$ si et seulement si*

$$\forall x \in D, \begin{cases} x + a \in D \\ f(x+a) = f(x) + b \end{cases}$$

Si (C) est invariant par la translation de vecteur $\vec{u}$, nous étudions la fonction f sur un intervalle d'amplitude a (intervalle $[\alpha, \alpha + a]$, α étant un réel quelconque) puis nous complétons la courbe (C_1) obtenue par des translations de vecteur $n\vec{u}$, n étant un entier relatif.

Lorsque $b = 0$, nous retrouvons un cas particulier :

Définition 1 *La fonction f est dite* **périodique** *de* **période** *a, ou* **a-périodique**, *si et seulement si*

$$\forall x \in D, \begin{cases} x + a \in D \\ f(x+a) = f(x) \end{cases}$$

(a étant un réel non nul)

La période d'une fonction n'est pas unique ; en réalité on devrait parler d'une période. Plus précisément, si T est une période de f, alors nT est période de f pour tout n dans $\mathbb{N}$ et si en plus $x \in D \Longrightarrow x - T \in D$ alors nT est période de f pour tout n dans $\mathbb{Z}$.

Il est cependant d'usage d'appeler «période» d'une fonction la plus petite période strictement positive, si elle existe.

Proposition 2 *Les fonctions* $x \mapsto \sin(ax + b)$ *et* $x \mapsto \cos(ax + b)$ *sont périodiques de période* $2\pi/a$ $(a \neq 0)$
Les fonctions $x \mapsto \tan(ax + b)$ *et* $x \mapsto$ cotan $(ax + b)$ *sont périodiques de période* π/a $(a \neq 0)$

Notons que la périodicité d'une fonction peut faire partie de sa définition. Ainsi - en électronique par exemple - on définira un **signal carré** comme étant une fonction f, T-périodique, égale à a sur $[0\,,\,T/2]$ et à 0 sur $]T/2,\ T[$.

D'une manière générale, une fonction annoncée périodique est définie par son expression sur un intervalle d'amplitude la période.

Proposition 3 *Si* f *est* T*-périodique, alors* $g \circ f$ *est* T *périodique pour toute fonction* g.
Si f *et* g *sont deux fonctions périodiques de périodes respectives* T_1 *et* T_2 *et si* $T_1/T_2 \in \mathbb{Q}$, *alors* $f + g$, $f \times g$, f/g *sont périodiques de période* T *où* T *est le plus petit multiple commun de* T_1 *et de* T_2.
(par multiple de T_1 *on entend produit de* T_1 *par un entier)*

Exemple 6

Soit f *la fonction définie par*

$$f(x) = \frac{\sin(3x) + \cos(2x)}{\tan(5x) - \tan(6x)}$$

Montrer que f *est périodique et déterminer sa période.*

f est définie par une expression algébrique faisant intervenir des sommes et un rapport de fonctions de périodes respectives $2\pi/3$, π, $\pi/5$ et $\pi/6$. Ces périodes admettent un multiple commun qui est 2π.
f est donc 2π-périodique.

2.2. *Invariance par symétrie axiale ou centrale*

Proposition 4 *La courbe représentative d'une fonction f de domaine D admet la droite d'équation $x = a$ pour* **axe de symétrie** *si et seulement si*

$$\forall x \in D, \begin{cases} 2a - x \in D \\ f(2a - x) = f(x) \end{cases}$$

La courbe représentative d'une fonction f de domaine D admet le point A de coordonnées (a, b) pour **centre de symétrie** *si et seulement si*

$$\forall x \in D, \begin{cases} 2a - x \in D \\ f(2a - x) + f(x) = 2b \end{cases}$$

Nous étudions alors f sur le domaine $[a, +\infty[\, \cap D$ ou $]-\infty, a] \cap D$ (nous choisirons le domaine contenant 0 si $a \neq 0$, et sinon nous choisirons $[0, +\infty[\, \cap D$) et nous complétons la courbe obtenue par la symétrie appropriée.

Les cas particuliers $a = 0$ (symétrie par rapport à l'axe Oy) et $a = b = 0$ (symétrie par rapport à O) sont bien connus. On retrouve alors les définitions :

Définition 2 *Une fonction f de domaine D est dite* **paire** *(respectivement* **impaire** *) si et seulement si*

$$\forall x \in D, \begin{cases} -x \in D \\ f(-x) = f(x) \end{cases}$$

respectivement

$$\forall x \in D, \begin{cases} -x \in D \\ f(-x) = -f(x) \end{cases}$$

Proposition 5 *Les fonctions $x \mapsto x^n$ pour n pair (d'où le nom de la propriété), la fonction $x \mapsto \cos x$ sont des fonctions paires.*
Les fonctions $x \mapsto x^n$ pour n impair (d'où le nom de la propriété), les fonctions $x \mapsto \sin x$ et $x \mapsto \tan x$ sont des fonctions impaires.

Exemple 7

Si f est une fonction polynôme du second degré, $f(x) = ax^2 + bx + c$ avec $a \neq 0$, sa courbe représentative admet la droite d'équation

$$x = -\frac{b}{2a}$$

pour axe de symétrie.

- Le domaine de f étant $\mathbb{R}$, il est évident que

$$x \in D_f \Longrightarrow 2 \times \left(-\frac{b}{2a}\right) \in \mathbb{R}$$

• Par ailleurs

$$\begin{aligned}
f(2\times -\frac{b}{2a}-x) &= f(-\frac{b}{a}-x)\\
&= a\left(-\frac{b}{a}-x\right)^2+b\left(-\frac{b}{a}-x\right)+c\\
&= a\left(x^2+2\frac{b}{a}x+\frac{b^2}{a^2}\right)^2-\frac{b}{a}-bx+c\\
&= ax^2+bx+c\\
&= f(x)
\end{aligned}$$

Proposition 6 *La somme, le produit, le rapport de deux fonctions paires sont pairs.*
Si f est paire, $g\circ f$ est paire pour toute fonction g.
La somme de deux fonctions impaires est impaire ;
le produit, le rapport de deux fonctions impaires sont pairs ;
la composée de deux fonctions impaires est impaire;

Proposition 7 *Si la courbe représentative de f admet pour axe de symétrie la droite d'équation $x = a$, la courbe représentative de $g\circ f$ admet également cette droite pour axe de symétrie, et ce pour toute fonction g.*

Exemple 8

Si f est une fonction homographique,

$$f(x)=\frac{ax+b}{cx+d}$$

avec $c\neq 0$, sa courbe représentative admet pour centre de symétrie le point de coordonnées

$$\left(\frac{-d}{c},\frac{a}{c}\right)$$

$$2\left(-\frac{d}{c}\right) - x = -\frac{d}{c} \Longleftrightarrow -2\frac{d}{c} - x = -\frac{d}{c} \Longleftrightarrow x = -\frac{d}{c}$$

donc

$$x \in D_f \Longrightarrow x \neq -\frac{d}{c} \Longrightarrow 2\left(-\frac{d}{c}\right) - x \neq -\frac{d}{c} \Longrightarrow 2\left(-\frac{d}{c}\right) \in D_f$$

et

$$f\left(2\left(-\frac{d}{c}\right)\right) = \frac{a(2(-\frac{d}{c}) - x) + b}{c(2(-\frac{d}{c} - x) + d} = \frac{-2\frac{ad}{c} - ax + b}{-2d - cx + d} = \frac{ax - b + 2\frac{ad}{c}}{cx + d}$$

donc

$$\begin{aligned} f\left(2\left(-\frac{d}{c}\right)\right) + f(x) &= \frac{ax - b + 2\frac{ad}{c}}{cx + d} + \frac{ax + b}{cx + d} \\ &= \frac{2ax + 2\frac{ad}{c}}{cx + d} = 2\frac{a}{c}\frac{cx + d}{cx + d} = 2\frac{a}{c} \end{aligned}$$

Exemple 9

Domaine et réduction du domaine de la fonction f définie par

$$f(x) = \sqrt{4x - x^3}$$

$$x \in D \Longleftrightarrow 4x - x^3 \geq 0 \Longleftrightarrow x(2 - x)(2 + x) \geq 0$$

Un tableau de signes nous donne

$$D =]-\infty\,,\,-2] \,\cup\, [0\,,\,2]$$

Ce domaine n'admettant pas de centre de symétrie, et n'étant par ailleurs pas invariant par translation, nous ne pouvons réduire le domaine.

Exemple 10

Domaine et réduction du domaine de la fonction f définie par

$$f(x) = \ln(\sin x)$$

$$x \in D \iff \sin x > 0$$

La fonction sinus étant périodique, nous recherchons d'abord la périodicité de f.

• f est 2π-périodique ; nous limitons donc l'étude à un intervalle d'amplitude 2π, ce qui - compte tenu de la condition $\sin x > 0$ - nous donne

$$D_1 =]0\,,\,\pi[$$

• Ce domaine étant centré en $\pi/2$, nous calculons

$$f(2 \times \pi/2 - x) = f(\pi - x) = \ln(\sin(\pi - x)) = \ln(\sin x) = f(x)$$

La droite d'équation $x = \pi/2$ est donc axe de symétrie, et nous pouvons réduire l'étude à

$$D_2 = \left]0\,,\,\frac{\pi}{2}\right]$$

Ce domaine n'étant plus centré, nous ne pouvons réduire davantage. En conclusion nous étudierons f sur D_2 et compléterons la courbe obtenue par une symétrie par rapport à la droite d'équation $x = \pi/2$ puis par les translations de vecteur $2k\pi\,\vec{i}$, $k \in \mathbb{Z}$.

Exemple 11

> *Domaine et réduction du domaine de la fonction f définie par*
>
> $$f(x) = \ln(2 - |x+1|)$$

$$\begin{aligned} x \in D &\iff 2 - |x+1| > 0 \\ &\iff |x+1| < 2 \\ &\iff -2 < x+1 < 2 \\ &\iff -3 < x < 1 \end{aligned}$$

donc

$$D =]-3\,,\,1[$$

Nous remarquons que nous utilisons

$$\boxed{|a| < b \iff \begin{cases} b \geq 0 \\ -b < a < b \end{cases}}$$

Le domaine étant centré en -1, nous calculons :

$$f(-2-x) = \ln(2 - |(-2-x)+1) = f(2 - |-1-x|) = f(x)$$

Nous réduisons donc l'étude à $[-1\,,\,1[$, et nous complétons la courbe obtenue par la symétrie par rapport à la droite d'équation $x = -1$.

Ce domaine n'étant plus centré, nous ne pouvons réduire davantage.

Exemple 12

> *Domaine et réduction du domaine de la fonction f définie par*
>
> $$f(x) = \sqrt{2 + |x| - x^2}$$

$$x \in D \iff 2 + |x| - x^2 \geq 0$$

Nous remarquons immédiatement que $x \in D \implies -x \in D$ et que la fonction f est paire. Cherchons par conséquent $D_1 = D \cap [0\,,\,+\infty[$.

$$x \in D_1 \iff \begin{cases} x \geq 0 \\ 2 + x - x^2 \geq 0 \end{cases} \iff x \in [0\,,\,2]$$

Nous étudions donc f sur $[0\,,\,2]$ et nous complétons la courbe obtenue par une symétrie (Oy). Le domaine est $[-2\,,\,2]$ et sur D_1 $f(x) = \sqrt{2 + x - x^2}$.

Le domaine d'étude D_1 étant centré en 1, nous calculons $f(2-x)$ mais n'obtenons rien d'intéressant.

3. Limites - fonctions équivalentes

Nous supposons connus les théorèmes de base (limites d'une somme, d'un produit, d'un rapport, d'une composée, ainsi que les limites des fonctions usuelles).

La notion de fonctions équivalentes va nous permettre de simplifier sensiblement la recherche de limite, tout en apportant un plus, que nous utiliserons plus tard (séries, intégrales généralisées).

Définition 3 *Une fonction f est dite définie au* **voisinage** *de x_0 si son domaine contient un intervalle ouvert contenant x_0 (sauf peut-être x_0).*

Définition 4 *Soit $\mathcal{F}$ l'ensemble des fonctions définies sur un voisinage de x_0 pour lesquelles il existe un voisinage V de x_0 tel que $\forall x \in V - \{x_0\}$, $f(x) \neq 0$. (x_0 peut être fini ou infini).*
On dit que deux éléments f et g de $\mathcal{F}$ sont équivalents en x_0 et on note $f \sim_{x_0} g$ si et seulement si

$$\lim_{x \to x_0} \frac{f(x)}{g(x)} = 1$$

Remarque

Si la valeur de x_0 est clairement définie, nous nous contenterons de noter simplement $f \sim g$.

Proposition 8 *La relation* $\sim$ *est une* **relation d'équivalence** *sur l'ensemble* $\mathcal{F}$ *, ce qui signifie qu'elle est :*

réflexive

$$\forall f \in \mathcal{F},\ f \sim f$$

symétrique

$$\forall (f, g) \in \mathcal{F}^2,\ f \sim g \Longrightarrow g \sim f$$

transitive

$$\forall (f, g, h) \in \mathcal{F}^3,\ (f \sim g \ \text{ et } \ g \sim h) \Longrightarrow f \sim h$$

Proposition 9 *Si deux fonctions* f *et* g *sont équivalentes en* x_0*, elles ont même comportement limite en* x_0*, i.e. que si l'une admet une limite l'autre admet la même limite, et si l'une n'admet pas de limite, l'autre n'en admet pas non plus.*

• La réciproque de la proposition précédente est fausse en ce sens que deux fonctions ayant même limite ne sont pas nécessairement équivalentes : considérer x^2 et x qui tendent toutes deux vers $+\infty$ en $+\infty$ alors que leur rapport tend vers 0 ou $+\infty$ suivant l'ordre dans lequel on considère ce rapport.

La notion de fonctions équivalentes est donc plus forte - en ce sens qu'elle donne plus d'information - que celle de limite.

• Si deux fonctions sont équivalentes, leur différence ne tend pas nécessairement vers 0 : considérer x^2 et $x^2 + x$ qui sont équivalentes en $+\infty$ alors que leur différence tend vers $+\infty$. Il ne faut donc pas confondre fonctions équivalentes et fonctions « peu différentes ».

Proposition 10 *Si* f *est dérivable en* x_0 *et si* $f'(x_0) \neq 0$*, alors*

$$f(x) - f(x_0) \sim f'(x_0)(x - x_0)$$

La plupart des équivalences ci-après sont une application de cette proposition.

Proposition 11 *En 0,*

$$\sin x \sim \tan x \sim \ln(1+x) \sim e^x - 1 \sim x$$

$$1 - \cos x \sim \frac{x^2}{2}$$

Proposition 12 *En $-\infty$ et en $+\infty$, un polynôme est équivalent à son monôme de plus haut degré et une fraction rationnelle est équivalente au rapport de ses monômes de plus haut degré.*
En 0, un polynôme est équivalent à son monôme de plus bas degré et une fraction rationnelle est équivalente au rapport de ses monômes de plus bas degré.

Proposition 13 *Si* $f \sim f_1$ et $g \sim g_1$ *alors*

$$f \times g \sim f_1 \times g_1$$

$$f/g \sim f_1/g_1$$

$$f^n \sim f_1^n \ \forall n \in \mathbb{Q}$$

Exemple 13

Déterminer un équivalent en 0 de

$$f(x) = \frac{(x^2+1)\sin x}{(\ln(1+x))^2}$$

En 0,

$$x^2 + 1 \sim 1 \quad ; \quad \sin x \sim x \quad \ln(1+x) \sim x$$

Donc

$$f(x) \sim \frac{1 \times x}{x^2} \sim \frac{1}{x}$$

Proposition 14 *En $-\infty$, en $+\infty$ et en 0, si $f(x)$ et $g(x)$ sont équivalents à des monômes, et si la somme de ces monômes n'est pas nulle, alors $f(x) + g(x)$ est équivalent à la somme de ces monômes, i.e. si*

$$f(x) \sim ax^n, \; g(x) \sim bx^p \quad \text{et} \quad ax^n + bx^p \neq 0$$

alors

$$f(x) + g(x) \sim ax^n + bx^p$$

Ce résultat s'applique également si n et p sont des rationnels.

Proposition 15 *Si $f(x) \sim g(x)$ en x_0 et si $u(t) \to x_0$ quand $t \to t_0$, alors $f(u(t)) \sim g(u(t))$ en t_0*

Remarque

Si, en x_0, $f(x) \sim g(x)$, alors nous n'avons pas nécessairement $h(f(x)) \sim h(g(x))$.
Ainsi, en $+\infty$, $x \sim x + 1$. Or $\exp(x + 1)/\exp x = e$ et donc $\exp(x + 1) \not\sim \exp x$.

Par contre, pour certaines fonctions et sous certaines conditions, nous pouvons obtenir une telle équivalence.

Proposition 16 *Si, en x_0, $f(x) \sim g(x)$ et si $\lim g(x) \neq 1$, alors $\ln f(x) \sim \ln g(x)$.*
Par ailleurs si $\lim f(x) = 1$, alors $\ln f(x) \sim f(x) - 1$

Exemple 14

Trouver la limite quand x tend vers zéro des fonctions suivantes :

$$f(x) = \frac{\sqrt{x}\sqrt{\sin x}}{x(2+x)} \qquad g(x) = \frac{(1-\cos x)\ln(1+x)}{x\tan^2 x}$$

• En 0, nous avons $\sin u \sim u$ et comme $\lim_{x\to 0} \sqrt{x} = 0$, $\sin\sqrt{x} \sim \sqrt{x}$.
Par ailleurs $2 + x \sim 2$ et donc

$$f(x) \sim \frac{\sqrt{x}\sqrt{x}}{2x} \sim \frac{1}{2}$$

D'où

$$\lim_{x\to 0} f(x) = \frac{1}{2}$$

• Toujours en 0,

$$1-\cos x \sim \frac{x^2}{2} \quad ; \quad \ln(1+x) \sim x \quad \text{et} \quad \tan x \sim x$$

et donc

$$g(x) \sim \frac{\frac{x^2}{2} \times x}{x \times x^2} \sim \frac{1}{2}$$

D'où

$$\lim_{x\to 0} g(x) = \frac{1}{2}$$

Exemple 15

Même question pour les fonctions suivantes :

$$f(x) = \frac{(1-e^x)(1-\cos x)}{x^3+x^4} \qquad g(x) = \frac{x\ln(1+\sin x)}{(\tan x)^2}$$

$$h(x) = \frac{\ln(\cos x)}{x^2}$$

• En 0,

$$e^x - 1 \sim x \quad ; \quad 1 - \cos x \sim \frac{x^2}{2} \quad \text{et} \quad x^3 + x^4 \sim x^3$$

donc

$$f(x) \sim \frac{-x \times \frac{x^2}{2}}{x^3} \sim -\frac{1}{2}$$

D'où

$$\lim_{x \to 0} f(x) = -\frac{1}{2}$$

• Toujours en 0,

$$\begin{cases} \sin x \to 0 \\ \ln(1+u) \sim u \end{cases} \Longrightarrow \ln(1 + \sin x) \sim \sin x \sim x$$

$$\tan x \sim x$$

et donc

$$g(x) \sim \frac{x \times x}{x^2} \sim 1$$

D'où

$$\lim_{x \to 0} g(x) = 1$$

• Toujours en 0, $\cos x \to 1$ et comme en 1 $\ln u \sim u - 1$,

$$\ln \cos x \sim \cos x - 1 \sim -x^2/2$$

par conséquent

$$h(x) \sim \frac{-x^2/2}{x^2} \sim -\frac{1}{2}$$

et donc

$$\lim_{x \to 0} h(x) = -\frac{1}{2}$$

4. Étude aux bornes - comportement asymptotique

Nous nous proposons ici d'étudier le comportement de la courbe représentative d'une fonction au voisinage d'une borne ouverte de son domaine de définition ou de son domaine d'étude (nous supposerons que ce domaine peut s'écrire comme réunion d'intervalles). Sauf indication du contraire, nous noterons (C) la courbe représentative de f.

4.1. Cas d'une borne finie

Soit x_0 une borne ouverte du domaine d'étude de f. Si f n'est définie qu'à droite (resp. à gauche) de x_0, les limites suivantes seront remplacées par les limites à droite (resp. à gauche).

Proposition 17 *Si*

$$\lim_{x \to x_0} f(x) = +\infty \ (ou \ -\infty)$$

la droite d'équation $x = x_0$ est asymptote à (C).

Proposition 18 *Si*

$$\lim_{x \to x_0} f(x) = l \ (l \in \mathbb{R})$$

le point A de coordonnées (x_0, l) est **point asymptote** *à (C).*

Exemple 16

Montrer que la courbe représentative de $f(x) = \sin x/x$ admet un point asymptote.

En 0, $\sin x \sim x$ et donc $f(x) \sim 1$. Par conséquent le point de coordonnées $(0\,,\,1)$ est point asymptote.

Proposition 19 *Si le point A de coordonnées (x_0, l) est point asymptote à (C), alors*

- *si*

$$\lim_{x \to x_0} \frac{f(x) - l}{x - x_0} = a \ (a \in \mathbb{R})$$

la droite d'équation $y = a(x - x_0) + l$ (droite passant par A et de pente a) est **tangente asymptotique** *à (C) en A.*

- *si*

$$\lim_{x \to x_0} \frac{f(x) - l}{x - x_0} = +\infty \ (ou \ -\infty)$$

la droite d'équation $x = x_0$ (droite passant par A et parallèle à Oy) est **tangente asymptotique** *à (C) en A.*

Exemple 17

Etudier le comportement en 0 des fonctions f et g définies par

$$f(x) = x \ln x \quad \text{et} \quad g(x) = x^2 \ln x$$

Ces fonctions sont définies sur $]0\,,\,+\infty[$ et par conséquent les limites étudiées seront systématiquement considérées comme des limites à droite.

- Nous avons

$$\lim_{x \to 0} f(x) = \lim_{x \to 0} g(x) = 0$$

et par conséquent l'origine du repère est point asymptote de la représentation graphique de ces deux fonctions.

- Nous recherchons alors la tangente asymptotique pour f :

$$\lim_{x \to 0} \frac{f(x) - 0}{x - 0} = \lim_{x \to 0} \ln x = -\infty$$

la courbe représentative de f admet donc en 0 une tangente asymptotique d'équation $x = 0$

- Nous recherchons de même la tangente asymptotique pour g :

$$\lim_{x \to 0} \frac{g(x) - 0}{x - 0} = \lim_{x \to 0} x \ln x = 0$$

la courbe représentative de g admet donc en 0 une tangente asymptotique d'équation $y = 0$.

Nous vérifions sur la représentation graphique de ces fonctions le comportement ainsi prévu en 0.

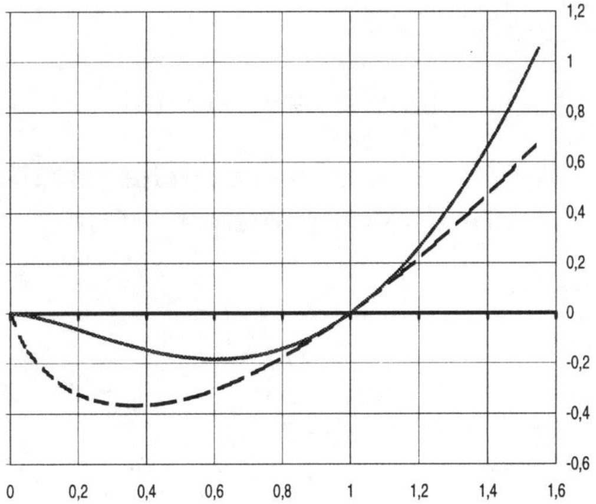

FIG. 1.1 – *Fonctions* $x \mapsto x \ln x$ *et* $x \mapsto x^2 \ln x$

4.2. Cas d'une borne infinie

Nous envisagerons ici le cas de la borne $+\infty$ du domaine d'étude de f, le cas de la borne $-\infty$ étant strictement identique.

Proposition 20 *Si*

$$\lim_{x \to +\infty} f(x) = l$$

la droite d'équation $y = l$ est asymptote (C).

Proposition 21 *Si*

$$\lim_{x \to +\infty} f(x) = +\infty \ (ou \ -\infty)$$

Alors

- *si*

  $$\lim_{x \to +\infty} \frac{f(x)}{x} = +\infty \ (ou \ -\infty)$$

  la courbe (C) admet une **branche parabolique** *(ou une* **direction asymptotique** *(Oy))*

- *si*

  $$\lim_{x \to +\infty} \frac{f(x)}{x} = a \ (a \in \mathbb{R})$$

  alors

  ↪ *si*

  $$\lim_{x \to +\infty} f(x) - ax = +\infty \ (ou \ -\infty)$$

  (C) admet une **direction asymptotique** *de pente a*

  ↪ *si*

  $$\lim_{x \to +\infty} f(x) - ax = b \ (b \in \mathbb{R})$$

  (C) admet une **asymptote d'équation** $y = ax + b$

Remarque

Nous constatons que l'étude d'une fonction en une borne ouverte de son domaine de définition aboutit à l'existence :

- d'une asymptote d'équation ... ;
- d'une branche parabolique ;
- d'une direction asymptotique de pente ... ;
- d'un point asymptote de coordonnées ... et d'une tangente asymptotique d'équation ...

Sauf dans le cas d'une limite qui n'existe pas, nous sommes nécessairement dans l'un de ces cas de figure.

Notons par ailleurs qu'une droite est asymptote à la courbe si la distance d'un point de la courbe à la droite tend vers 0. La courbe peut alors rester d'un côté de cette droite, comme elle peut osciller autour de cette droite (cas d'une sinusoïde amortie par exemple) comme le montre (figure 1.2) la courbe représentative de la fonction

$$x \mapsto 2x + 1 + 100 \sin x \exp(-x/5)$$

Exemple 18

Etude aux bornes de la fonction f définie par

$$f(x) = \frac{x^2 + 3x - 1}{x + 1}$$

Le domaine de définition de f est $D =]-\infty, -1[\cup]-1, +\infty[$.

• Etude en $-\infty$: nous savons que la limite d'une fraction rationnelle en l'infini est égale à la limite du rapport des monômes de plus haut degré. Donc

$$\lim_{x \to -\infty} f(x) = \lim_{x \to -\infty} \frac{x^2}{x} = \lim_{x \to -\infty} x = -\infty$$

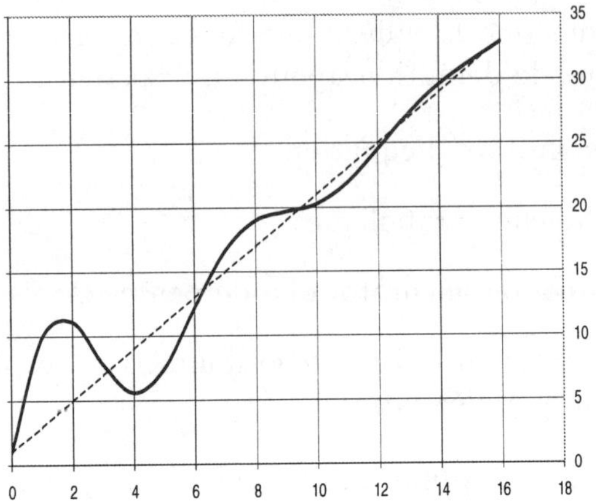

FIG. 1.2 – *Cas d'une courbe oscillant autour de son asymptote*

Nous étudions alors

$$\lim_{x \to -\infty} \frac{f(x)}{x} = \lim_{x \to -\infty} \frac{x^2}{x^2} = 1$$

puis

$$\lim_{x \to -\infty} f(x) - x = \lim_{x \to -\infty} \frac{(x^2 + 3x + 1) - x(x+1)}{x+1} = \lim_{x \to -\infty} \frac{2x+1}{x+1} = 2$$

ce qui montre que la courbe représentative de f admet en $-\infty$ une asymptote d'équation

$$y = x + 2$$

• L'étude en $+\infty$ est similaire et mène à la même conclusion, à la différence que $\lim_{x \to +\infty} f(x) = +\infty$.

• Etude en -1

$$\lim_{x \to -1} x^2 + 3x - 1 = -3 \quad \text{et} \quad \lim_{x \to -1} x + 1 = 0$$

Le signe de $x+1$ étant différent à gauche et à droite de -1, nous sommes amenés à séparer le cas de la limite à gauche et de la limite à droite. $x+1$ étant négatif à gauche de -1 (et positif à droite) et le numérateur admettant une limite strictement négative,

$$\lim_{x \to -1^-} f(x) = +\infty \quad \text{et} \quad \lim_{x \to -1^+} f(x) = -\infty$$

La droite d'équation $x = -1$ est asymptote en -1.

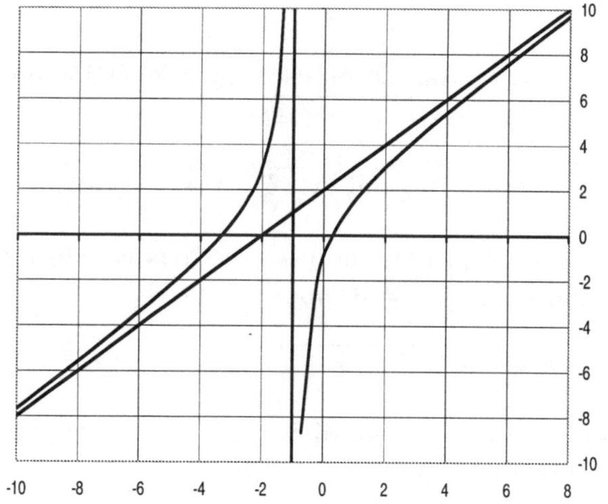

FIG. 1.3 – *Représentation graphique de* $x \mapsto \frac{x^2+3x-1}{x+1}$

Exemple 19

Etudier le comportement asymptotique de la fonction f *définie par*

$$f(x) = 2x + 1 + \sqrt{x^2 + x + 1}$$

Le domaine de f est $\mathbb{R}$

• En $-\infty$:

$$2x + 1 \sim 2x$$

$$x^2 + x + 1 \sim x^2$$

$$\sqrt{x^2 + x + 1} \sim \sqrt{x^2} \sim |x| \sim -x$$

or $2x + (-x) \neq 0$ et donc $f(x) \sim 2x - x \sim x$

D'où $\lim f(x) = \lim x = -\infty$ et

$$\frac{f(x)}{x} \sim 1$$

d'où $\lim f(x)/x = 1$. Nous sommes donc amenés à chercher la limite de $f(x) - x = x + 1 + \sqrt{x^2 + x + 1}$. Or

$$x + 1 \sim x \quad \text{et} \quad \sqrt{x^2 + x + 1} \sim -x$$

Comme $x + (-x) = 0$, nous ne pouvons pas conclure directement. Par contre, comme $x + x \neq 0$, nous avons

$$x + 1 - \sqrt{x^2 + x + 1} \sim x - (-x) \sim 2x$$

En multipliant alors (et en divisant !) $f(x)$ par son expression conjuguée, nous obtenons

$$\begin{aligned} f(x) - x &\sim \frac{(x + 1 + \sqrt{x^2 + x + 1})(x + 1 - \sqrt{x^2 + x + 1})}{(x + 1 - \sqrt{x^2 + x + 1})} \\ &\sim \frac{(x + 1)^2 - (x^2 + x + 1)}{2x} \\ &\sim \frac{x}{2x} \sim \frac{1}{2} \end{aligned}$$

Nous en concluons que la droite d'équation $y = x + \frac{1}{2}$ est asymptote à la courbe en $-\infty$.

• En $+\infty$:

$$2x+1 \sim 2x$$
$$x^2+x+1 \sim x^2$$
$$\sqrt{x^2+x+1} \sim \sqrt{x^2} \sim |x| \sim x$$

or $2x+(+x) \neq 0$ et donc $f(x) \sim 2x+x \sim 3x$
D'où $\lim f(x) = \lim 3x = +\infty$ et

$$\frac{f(x)}{x} \sim 3$$

d'où $\lim f(x)/x = 3$. Nous sommes donc amenés à chercher la limite de $f(x) - 3x = \sqrt{x^2+x+1} - (x-1)$. Or

$$x-1 \sim x \quad \text{et} \quad \sqrt{x^2+x+1} \sim x$$

Comme $x - (+x) = 0$, nous ne pouvons pas conclure directement. Par contre, comme $x + x \neq 0$, nous avons

$$\sqrt{x^2+x+1} + (x-1) \sim x - (-x) \sim 2x$$

En multipliant alors (et en divisant) $f(x)$ par son expression conjuguée, nous obtenons

$$\begin{aligned} f(x) - 3x &\sim \frac{(\sqrt{x^2+x+1} - (x-1))(\sqrt{x^2+x+1} + (x-1))}{(\sqrt{x^2+x+1} + (x-1))} \\ &\sim \frac{(x^2+x+1) - (x-1)^2}{2x} \\ &\sim \frac{3x}{2x} \sim \frac{3}{2} \end{aligned}$$

Nous en concluons que la droite d'équation $y = 3x + \frac{3}{2}$ est asymptote à la courbe en $-\infty$.

Exemple 20

Etude du comportement asymptotique de la fonction f définie par

$$f(x) = \frac{x^2+x-1}{|x-1|+2}$$

Comme $\forall x \in \mathbb{R}$, $|x-1| \geq 0$ nous avons $\forall x \in \mathbb{R}$, $|x-1|+2 \geq 2$ et donc $\forall x \in \mathbb{R}$, $|x-1|+2 \neq 0$.
Le domaine de définition de f est donc $\mathbb{R}$.

• En $-\infty$:
$|x-1| \sim |x| \sim -x$ et donc $|x-1|+2 \sim -x+2 \sim -x$. Comme par ailleurs $x^2+x-1 \sim x^2$, nous avons

$$f(x) \sim \frac{x^2}{-x} \sim -x$$

Donc $\lim f(x) = \lim -x = +\infty$ et

$$\frac{f(x)}{x} \sim \frac{-x}{x} \sim -1$$

$$\begin{aligned}
f(x)+x &\sim \frac{x^2+x-1}{|x-1|+2}+x \\
&\sim \frac{x^2+x-1+x(|x-1|+2)}{|x-1|+2} \\
&\sim \frac{x^2+x-1+x(1-x+2)}{-x} \\
&\sim \frac{4x-1}{-x} \sim \frac{4x}{-x} \sim -4
\end{aligned}$$

La droite d'équation $y=-x-4$ est donc asymptote à la courbe en $-\infty$.

• En $+\infty$:
$|x-1| \sim |x| \sim x$ et donc $|x-1|+2 \sim x+2 \sim x$. Comme par ailleurs $x^2+x-1 \sim x^2$, nous avons

$$f(x) \sim \frac{x^2}{x} \sim x$$

Donc $\lim f(x) = \lim x = +\infty$ et

$$\frac{f(x)}{x} \sim \frac{x}{x} \sim 1$$

$$\begin{aligned} f(x) - x &\sim \frac{x^2 + x - 1}{|x-1| + 2} - x \\ &\sim \frac{x^2 + x - 1 - x(|x-1| + 2}{|x-1| + 2} \\ &\sim \frac{x^2 + x - 1 - x(x - 1 + 2)}{x} \sim \frac{-1}{x} \end{aligned}$$

Donc $\lim f(x) - x = 0$ et par conséquent la droite d'équation $y = x$ est asymptote à la courbe en $+\infty$.

5. Continuité - prolongement par continuité

Rappelons d'abord la définition de la continuité d'une fonction.

Définition 5 *Une fonction f définie au voisinage de x_0 est dite* **continue** *en x_0 si et seulement si*

$$\lim_{x \to x_0} f(x) = f(x_0)$$

Si f n'est définie qu'à droite (resp. à gauche) de x_0, on remplace la limite par la limite à droite (resp. à gauche) et on parle de continuité à droite (resp. à gauche).

Définition 6 *Une fonction f est dite continue sur un domaine D si elle est continue en tout point de D (continue à droite ou à gauche uniquement en un point où elle n'est définie qu'à droite ou à gauche).*

Proposition 22 *Toutes les fonctions usuelles sont continues sur leur domaine de définition.*

La proposition précédente est souvent utilisée pour déterminer une limite : si f est définie en x_0, sa limite en ce point est $f(x_0)$.

Définition 7 *Si f est définie sur un voisinage de x_0 et si $lim_{x \to x_0} f(x) = a$, on appelle* **prolongement par continuité** *de f la fonction g définie par*

$$g(x) = \begin{cases} f(x) \text{ si } x \neq x_0 \\ a \text{ si } x = x_0 \end{cases}$$

La fonction ainsi définie est continue en x_0.

Dans la pratique on conserve souvent la notation f pour la fonction prolongée par continuité.

On remarquera que dans le cas d'un prolongement par continuité, l'étude du comportement asymptotique en x_0 (on obtient un point asymptote) consiste à étudier la dérivabilité de la fonction après prolongement par continuité.

Exemple 21

Soit f la fonction numérique définie par

$$f(x) = x^2 \ln |x|$$

Montrer que f peut être prolongée par continuité en 0 et étudier alors la dérivabilité en ce point.

Comme

$$\lim_{x \to 0} f(x) = 0$$

nous sommes amenés à poser $f(0) = 0$. L'étude de la dérivabilité en 0 nous amène à déterminer

$$\lim_{x \to 0} \frac{f(x) - f(0)}{x - 0} = \lim_{x \to 0} \frac{f(x)}{x} = \lim_{x \to 0} x \ln x = 0$$

Par conséquent après prolongement par continuité,

$$f(0) = 0 \text{ et } f'(0) = 0$$

6. Dérivabilité

Définition 8 *Une fonction f définie au voisinage de x_0 ($x_0 \in \mathbb{R}$) est dite dérivable en x_0 si et seulement si la limite quand x tend vers x_0 du rapport de $f(x) - f(x_0)$ sur $x - x_0$ existe et est finie ; cette limite est alors appelée* **nombre dérivé** *de f en x_0 et notée $f'(x_0)$ ou $\mathrm{d}f/\mathrm{d}x(x_0)$*

$$f'(x_0) = \frac{\mathrm{d}f}{\mathrm{d}x}(x_0) = \lim_{x \to x_0} \frac{f(x) - f(x_0)}{x - x_0}$$

La limite à droite (resp. à gauche) en x_0 est appelée dérivée à droite (resp. à gauche) et notée $f'_d(x_0)$ (resp. $f'_g(x_0)$).
La fonction $x_0 \mapsto f'(x_0)$ est appelée **fonction dérivée** *de f.*

Si f est dérivable en x_0, elle y est dérivable à droite et à gauche et ces trois dérivées sont égales entre elles. Par contre les dérivées à droite et/ou à gauche peuvent exister sans que la fonction soit dérivable. Seules l'existence et l'égalité des dérivées à gauche et à droite assure la dérivabilité de la fonction.

Exemple 22

Etudier la dérivabilité en 0 de la fonction f définie par

$$f(x) = \begin{cases} x^2 + 1 \text{ si } x \leq 0 \\ x + 1 \text{ si } x > 0 \end{cases}$$

Nous allons étudier séparément la dérivabilité à gauche et la dérivabilité à droite en 0.

$f(0) = 1$. Donc, si $x < 0$,

$$\frac{f(x) - f(x_0)}{x - 0} \sim \frac{(x^2 + 1) - 1}{x} \sim x$$

f est donc dérivable à gauche en 0 et $f'_g(0) = 0$.
Par ailleurs, si $x > 0$,

$$\frac{f(x) - f(x_0)}{x - 0} \sim \frac{(x+1) - 1}{x} \sim 1$$

f est donc dérivable à droite en 0 et $f'_d(0) = 1$.

Les dérivées à gauche et à droite en 0 étant différentes, la fonction n'est pas dérivable en 0.

Proposition 23 *La fonction $x \mapsto x^n$ pour $n \in \mathbb{Q}$, est dérivable sur le domaine de $x \mapsto x^{n-1}$ et*

$$(x^n)' = nx^{n-1}$$

Nous avons là un premier exemple de fonctions usuelles non dérivables sur la totalité de leur domaine de définition ; ainsi la fonction racine carrée est définie (et continue) sur $[0, +\infty[$, mais dérivable uniquement sur $]0, +\infty[$ et

$$\left(\sqrt{x}\right)' = \frac{1}{2\sqrt{x}}$$

Proposition 24 *la fonction $x \mapsto |x|$ est définie et continue sur $\mathbb{R}$, mais dérivable uniquement sur $\mathbb{R}^*$; sa dérivée vaut 1 si x est positif, -1 si x est négatif.*
En 0, cette fonction admet une dérivée à gauche (-1) et une dérivée à droite (1), mais n'est pas dérivable.

Proposition 25 *Les fonctions suivantes sont dérivables sur leur domaine de définition et leur dérivée est donnée par*

f	sin	cos	tan	ln	exp
f'	cos	$-$ sin	$1 + \tan^2 x = \frac{1}{\cos^2 x}$	$\frac{1}{x}$	exp

Proposition 26 *Si u et v sont deux fonctions dérivables en x_0, alors*
- *$u + v$ est dérivable en x_0 et en ce point $(u+v)' = u' + v'$*
- *$u \times v$ est dérivable en x_0 et en ce point*

$$(u \times v)' = u'v + uv'$$

- *u/v est dérivable en x_0 et en ce point*

$$\left(\frac{u}{v}\right)' = \frac{vu' - uv'}{v^2}$$

Proposition 27 *Si g est dérivable en x_0 et si f est dérivable en $g(x_0)$, alors $f \circ g$ est dérivable en x_0 et*

$$(f \circ g)'(x_0) = f'(g(x_0)) \times g'(x_0)$$

Il s'agit là des résultats « classiques » du second degré. Nous insistons sur le fait que la dérivabilité de la somme, du produit, du rapport et de la composée de deux fonctions est assurée lorsque ces fonctions sont dérivables, mais que dans le cas de la non dérivabilité de l'une de ces fonctions, aucun théorème ne nous permet d'affirmer la non dérivabilité du résultat.

Exemple 23

Etudier la continuité et la dérivabilité en 0 de la fonction f définie par

$$f(x) = \begin{cases} 0 \text{ si } x = 0 \\ x^2 \sin \frac{1}{x} \text{ si } x \neq 0 \end{cases}$$

Soit g la fonction définie par

$$g(x) = x^2 \sin \frac{1}{x}$$

Cette fonction est définie sur $\mathbb{R}^*$ et coïncide sur ce domaine avec f. Elle est continue et dérivable sur son domaine comme produit et composée de fonctions continues et dérivables, et

$$g'(x) = 2x \sin \frac{1}{x} + x^2(-\frac{1}{x^2}) \cos \frac{1}{x} = 2x \sin \frac{1}{x} - \cos \frac{1}{x}$$

f est donc continue et dérivable sur $\mathbb{R}^*$ et sur ce domaine $f' = g'$.

La continuité de f en 0 ne peut être établie que par un retour à la définition.

$$\lim_{x \to 0} f(x) = \lim_{x \to 0} x^2 \sin \frac{1}{x} = 0 = f(0)$$

en vertu du théorème de comparaison car

$$|\sin \frac{1}{x}| \leq 1 \Longrightarrow 0 \leq |f(x)| \leq x^2 \quad \text{et} \quad \lim_{x \to 0} x^2 = 0$$

Rappelons ici que le **théorème de comparaison** dit que

$$\begin{cases} m(x) \leq f(x) \leq M(x) \\ \lim_{x \to x_0} m(x) = \lim_{x \to x_0} M(x) = l \end{cases} \Longrightarrow \lim_{x \to x_0} f(x) = l$$

f est donc continue en 0.

La dérivabilité de f en 0 s'étudie également en recourant à la définition

$$\lim_{x \to 0} \frac{f(x) - f(0)}{x - 0} = \lim_{x \to 0} x \sin \frac{1}{x} = 0$$

(toujours en utilisant le théorème de comparaison)
ce qui montre que f est dérivable en 0 et que $f'(0) = 0$.
En conclusion f est continue et dérivable sur $\mathbb{R}$.

Etudions maintenant la continuité de la fonction dérivée f'. Sur $\mathbb{R}^*$, f' est trivialement continue comme somme, produit et composée de fonctions continues. En 0 nous étudions

$$\lim_{x \to 0} f'(x) = \lim_{x \to 0} 2x \sin \frac{1}{x} - \cos \frac{1}{x}$$

Cette limite n'existe pas car le premier terme tend vers 0 tandis que le second terme n'admet pas de limite (cette fonction oscille constamment entre -1 et 1)
La fonction f' n'est donc pas continue en 0.

Définition 9 *Si f est dérivable, la dérivée de la fonction f' - si elle existe - est appelée dérivée seconde de f et notée f'' ou $f^{(2)}$.*
Plus généralement nous définissons la dérivée n-ième ou dérivée d'ordre n - notée $f^{(n)}$ - pour n entier naturel, par récurrence :
- *la dérivée d'ordre 0 existe si f est continue et est égale à f*
- *si f admet une dérivée d'ordre n et si $f^{(n)}$ est dérivable, alors f admet une dérivée d'ordre $n+1$ et*

$$f^{(n+1)} = \left(f^{(n)}\right)'$$

Exemple 24

Dérivée de la fonction homographique

$$x \mapsto \frac{ax+b}{cx+d}$$

$$\left(\frac{ax+b}{cx+d}\right)' = \frac{(cx+d)a-(ax+b)c}{(cx+d)^2} = \frac{ad-bc}{(cx+d)^2}$$

Nous retenons ce résultat (dérivée d'une fonction homographique)

$$\left(\frac{ax+b}{cx+d}\right)' = \frac{ad-bc}{(cx+d)^2}$$

Exemple 25

Dérivée de

$$\frac{u}{v^n}$$

u et v étant des fonctions dérivables et n étant un nombre rationnel.

$$\left(\frac{u}{v^n}\right)' = \frac{v^n u' - nv^{n-1}v'u}{v^{2n}} = \frac{vu' - nuv'}{v^{n+1}}$$

Nous retenons

$$\left(\frac{u}{v^n}\right)' = \frac{vu' - nuv'}{v^{n+1}}$$

Exemple 26

Dérivée de la fonction f définie par

$$f(x) = \sin\left(\ln\left(\frac{2x+3}{x-1}\right)\right)$$

Il s'agit d'une fonction composée de la fonction sin (dérivée cos), de la fonction ln (dérivée $x \mapsto \frac{1}{x}$) et de la fonction homographique $x \mapsto \frac{2x+3}{x-1}$ (dérivée $x \mapsto \frac{-5}{(x-1)^2}$).

La fonction f est définie si $x \neq -1$ et $\frac{2x-3}{x-1} > 0$, i.e. sur $]-\infty, -3/2[\cup]1, +\infty[$. Elle est dérivable sur son domaine comme dérivée de fonctions dérivables, et

$$\begin{aligned} f'(x) &= \cos\left(\ln\left(\frac{2x-3}{x-1}\right)\right) \times \frac{1}{\frac{2x+3}{x-1}} \times \frac{-5}{(x-1)^2} \\ &= \frac{-5}{(2x+3)(x-1)} \cos\left(\ln \frac{2x+3}{x-1}\right) \end{aligned}$$

7. Sens de variation - Extrema

Définition 10 *Une fonction numérique f de $\mathbb{R}$ dans $\mathbb{R}$ est dite* **croissante** *(respectivement* **décroissante***) sur un domaine D si*

$$\Big((x, y) \in D^2\ ,\ x < y\Big) \Longrightarrow f(x) \leq y$$

respectivement

$$\Big((x, y) \in D^2\ ,\ x < y\Big) \Longrightarrow f(x) \geq y$$

La croissance et la décroissance sont dites strictes si les inégalités à droite de l'implication dans les définitions précédentes sont strictes.
f est dite **monotone** *si elle est soit croissante soit décroissante.*

Définition 11 *Si f est une fonction numérique dérivable sur un* intervalle *I, alors*

- *si f' est positive sur I, f est croissante sur I (si f' est strictement positive sauf en un nombre fini de points, alors f est strictement croissante).*
- *si f' est négative sur I, f est décroissante sur I (si f' est strictement négative sauf en un nombre fini de points, alors f est strictement décroissante).*

Remarque

On notera l'exigence que I soit un intervalle. Ainsi par exemple

$x \mapsto 1/x$ est définie dérivable sur $\mathbb{R}^*$ et a une dérivée négative $(-1/x^2)$. Cependant

$$-1 < 2 \quad \text{et} \quad 1/(-1) < 1/2$$

ce qui est contraire à la décroissance de la fonction. L'apparente contradiction avec la proposition précédente résulte du fait que $\mathbb{R}^*$ n'est pas un intervalle. Sur $]-\infty, 0[$ et sur $]0, +\infty[$ f est bien décroissante, mais elle ne l'est pas sur leur réunion.

Définition 12 *Soit f une fonction numérique et D son domaine de définition.*
On dit que f admet un **maximum absolu** *en x_0 ($x_0 \in D$) si*

$$x \in D \Longrightarrow f(x) \leq f(x_0)$$

On dit que f admet un **maximum relatif** *en x_0 ($x_0 \in D$) s'il existe un voisinage V de x_0 tel que*

$$x \in D \cap V \Longrightarrow f(x) \leq f(x_0)$$

Définition 13 *Soit f une fonction numérique et D son domaine de définition. On dit que f admet un* **minimum absolu** *en x_0 ($x_0 \in D$) si*

$$x \in D \Longrightarrow f(x) \geq f(x_0)$$

On dit que f admet un **minimum relatif** *en x_0 ($x_0 \in D$) s'il existe un voisinage V de x_0 tel que*

$$x \in D \cap V \Longrightarrow f(x) \geq f(x_0)$$

On dit que f admet un **extremum** *en x_0 si f admet en ce point un maximum ou un minimum.*

Proposition 28 *Si f admet un extremum en x_0, alors ou bien f n'est pas dérivable en x_0, ou bien $f'(x_0) = 0$.*
Réciproquement si f est dérivable sur un voisinage de x_0, si $f'(x_0) = 0$ et si f' change de signe en x_0, alors f admet un extremum en ce point ; si f' est négative à gauche et positive à droite de x_0, alors f admet un minimum et si f' est positive à gauche et négative à droite de x_0, alors f admet un maximum.

Exemple 27

> *Une fenêtre se compose d'un rectangle surmonté d'un triangle équilatéral et a un périmètre de 9 m.*
> *Déterminer les dimensions de la fenêtre pour que l'ensoleillement soit maximal.*

La fenêtre a la forme

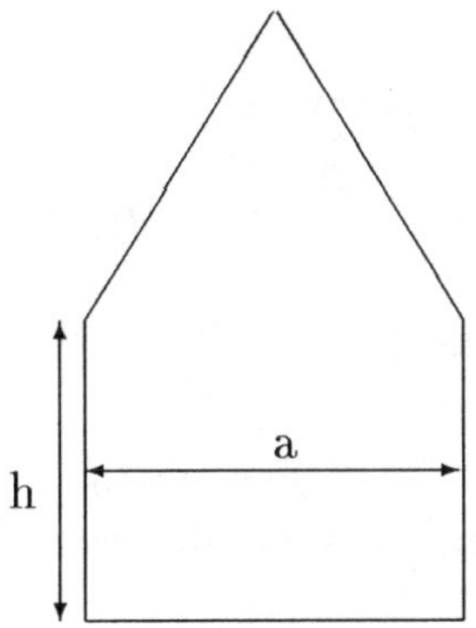

Nous désignons par a la largeur et par h la hauteur du rectangle.

Le périmètre de la fenêtre est égal à $2h + 3a$ et par conséquent

$$2h + 3a = 9$$

L'ensoleillement est bien entendu maximal lorsque la surface S de la fenêtre est maximum. Or

$$S = ah + a^2\frac{\sqrt{3}}{4}$$

et par ailleurs

$$2h + 3a = 9 \Longrightarrow h = \frac{9-3a}{2}$$

d'où

$$S = a\frac{9-3a}{2} + a^2\frac{\sqrt{3}}{4} = \frac{9}{2}a - \frac{6-\sqrt{3}}{4}a^2$$

S est une fonction de a définie, continue et dérivable sur son domaine de définition D que nous allons d'abord déterminer.

L'expression qui définit S est définie sur $\mathbb{R}$, mais n'oublions pas qu'une dimension d'un rectangle est par essence même positive. Par conséquent

$$h \geq 0 \Longrightarrow 9 - 3a \geq 0 \Longrightarrow a \leq 3$$

et donc

$$D = [0\ ;\ 3]$$

Le calcul de la dérivée de S nous donne

$$\frac{\mathrm{d}S}{\mathrm{d}a} = \frac{1}{2}\left(9 - (6-\sqrt{3})a\right)$$

Les extrema sont à rechercher parmi les bornes du domaine (points de non dérivabilité) et parmi les valeurs qui annulent la dérivée.

$$\frac{\mathrm{d}S}{\mathrm{d}a} = 0 \Longleftrightarrow a = \frac{9}{6-\sqrt{3}} \Longleftrightarrow a = \frac{3(6+\sqrt{3})}{11}$$

Posons

$$\alpha = \frac{3(6+\sqrt{3})}{11}$$

Il nous reste à vérifier que $\alpha \in D$. Or

$$\alpha \in D \Longleftrightarrow 0 \leq \alpha \leq 3$$

$\alpha \geq 0$ est trivial.

$$\alpha \leq 3 \Longleftrightarrow (6+\sqrt{3}) \leq 11 \Longleftrightarrow \sqrt{3} \leq 5 \Longleftrightarrow 3 \leq 25$$

α appartient donc au domaine de S, et comme $\mathrm{d}S/\,\mathrm{d}a$ est un polynôme du premier degré en a, $\mathrm{d}S/\,\mathrm{d}a$ change de signe en α ; plus précisément $\mathrm{d}S/\,\mathrm{d}a$ est positive à gauche de α et négative à droite. S admet donc un maximum relatif en α. Il est aisé de vérifier qu'il s'agit d'un maximum absolu.

Ce maximum est égal à

$$S(\alpha) = \frac{27}{44}(6+\sqrt{3})$$

et alors

$$h = \frac{3}{2}(3-\alpha) = \frac{9}{22}(5-\sqrt{3})$$

Remarquons que nous aurions tout aussi bien pu étudier S comme fonction de h ; nous invitons le lecteur à utiliser cette approche et à vérifier que l'on obtient un résultat identique au précédent.

8. Tracé de la représentation graphique

Avant de tracer effectivement la représentation graphique, nous construisons le **tableau de variation** qui est un résumé de l'étude et dans lequel nous indiquons :

- le domaine de définition (ou le domaine d'étude) ;
- l'étude aux bornes ;
- le sens de variation ;
- les valeurs de f et de f' pour les valeurs remarquables de x.

Mais en dehors du tableau de variation, il nous reste quelques études à faire :

- rechercher tous les points d'intersection avec les axes de coordonnées et avec les asymptotes éventuelles ;
- rechercher les points d'inflexion éventuels ;
- en chacun des points particuliers, déterminer l'équation de la tangente à la courbe.

Rappelons

Proposition 29 *Si f est dérivable en x_0, sa courbe (C) admet au point de coordonnées $(x_0, f(x_0))$ une tangente d'équation*

$$y = f'(x_0)(x - x_0) + f(x_0)$$

Si f n'est pas dérivable en x_0 mais si

$$\lim_{x \to x_0} \frac{f(x) - f(x_0)}{x - x_0} = +\infty \quad (ou \quad -\infty)$$

alors (C) admet au point de coordonnées $(x_0, f(x_0))$ une tangente d'équation

$$x = x_0$$

Définition 14 *Un point A d'une courbe (C) est dit* **point d'inflexion** *si la courbe « traverse » sa tangente en A, i.e. si la courbe est située en dessous de sa tangente à gauche et au dessus à droite, ou au dessus à gauche et en dessous à droite.*

Proposition 30 *Si f est dérivable à l'ordre 2 en x_0, alors*

- *si f admet un point d'inflexion en x_0, $f''(x_0) = 0$*
- *réciproquement si $f''(x_0) = 0$ et si f'' change de signe en x_0, alors (C) admet un point d'inflexion en x_0.*

Exemple 28

Etude de la fonction f définie par

$$f(x) = \frac{x^2 + 3x + 1}{x - 1}$$

et tracé de sa représentation graphique (C).

- Domaine de définition :

  f est définie sur

$$D =]-\infty\,,\,1[\,\cup\,]1\,,\,+\infty[$$

- Réduction du domaine :

  Le domaine étant centré en 1, on étudie

$$f(2-x) = \frac{(2-x)^2 + 3(2-x) + 1}{(2-x) - 1} = \frac{x^2 - 7x + 11}{1 - x}$$

comme l'on n'obtient visiblement pas $f(x)$, on calcule

$$f(2-x) + f(x) = \frac{(x^2 - 7x + 11) - (x^2 + 3x + x)}{1 - x} = \frac{-10x + 10}{1 - x} = 10$$

On en déduit que le point A de coordonnées $(1, 5)$ est centre de symétrie de (C).
Nous limitons donc l'étude de f à

$$D_e =]-\infty\,,\,1[$$

(0 doit appartenir au domaine d'étude)
et on complétera la courbe obtenue par une symétrie de centre A.

- Etude aux bornes :

  $\star$ en 1

$$\begin{array}{rcl} x^2 + 3x + 1 & \to & 5 \\ x & \to & 1 \\ x - 1 & \to & 0 \\ f(x) & \to & -\infty \end{array}$$

La droite d'équation $x = 1$ est asymptote à (C).

$\star$ en $-\infty$:

$$\lim f(x) = \lim \frac{x^2}{x} = \lim x = -\infty$$

$$\lim \frac{f(x)}{x} = \lim \frac{x^2}{x^2} = 1$$

$$\lim f(x) - x = \lim \frac{x^2 + 3x + 1 - x(x-1)}{x-1} = \lim \frac{4x+1}{x-1} = 4$$

La droite d'équation $y = x + 4$ est asymptote à (C) en $-\infty$.

• Dérivée :

f est dérivable sur son domaine et

$$f'(x) = \frac{(x-1)(2x+3) - (x^2+3x+1)}{(x-1)^2} = \frac{x^2-2x-4}{(x-1)^2}$$

Comme

$$x^2 - 2x - 4 = 0 \iff x = 1 - \sqrt{5} \quad \text{ou} \quad x = 1 + \sqrt{5}$$

nous obtenons donc sur $]-\infty\,,\,1[$ le tableau de variation ci dessous.

• Tableau de variation :

x	$-\infty$		$1-\sqrt{5}$		1
f'		$+$	0	$-$	‖
f	$-\infty$ $(y = x+4)$	$\nearrow$	$5-2\sqrt{5}$	$\searrow$	$-\infty$ ‖

La recherche des points d'intersection avec les axes de coordonnées nous donne les résultats suivants :

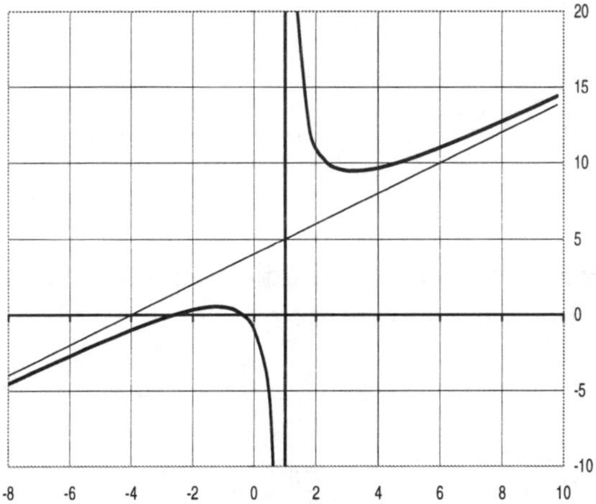

FIG. 1.4 – *Représentation graphique de* $f(x) = \frac{x^2+3x+1}{x-1}$

x	0	$-\frac{3+\sqrt{5}}{2}$	$\frac{-3+\sqrt{5}}{2}$
f'	-4	$\frac{\sqrt{5}-1}{2}$	$-\frac{\sqrt{5}+1}{2}$
f	-1	0	0

ce qui nous donne au point d'abscisse $(-3-\sqrt{5})/2$ une tangente d'équation

$$y = \frac{\sqrt{5}}{2}(x+1) + \frac{1}{2}(1-x)$$

et au point d'abscisse $(-3+\sqrt{5})/2$ une tangente d'équation

$$y = \frac{\sqrt{5}}{2}(-x-1) + \frac{1}{2}(1-x)$$

On remarquera que ces deux tangentes se coupent au point de coordonnées $(-1\,,\,4)$.

9. Exercices

Exercice 1

Déterminer le domaine et étudier s'il y a lieu la réduction du domaine des fonctions suivantes :

$$x \mapsto \frac{2x}{2-x^2} \qquad x \mapsto \frac{2x+3}{x-1} \qquad x \mapsto x^2 - 3x + 5$$

$$x \mapsto \ln(\ln x) \qquad x \mapsto \sqrt{x^2+4x-5} \qquad x \mapsto \sin(2x)$$

$$x \mapsto \ln\frac{1+x}{1-x} \qquad x \mapsto \cos x - \sin x \qquad x \mapsto (x+1)^x$$

$$x \mapsto \left(x+\frac{1}{x}\right)^{x+1} \qquad x \mapsto (x-3)\sqrt{\frac{1+x}{1-x}} \qquad x \mapsto \ln(1-\ln x)$$

Exercice 2

Pour fabriquer une boîte sans couvercle, on prend une feuille carrée en carton ou en métal dont le côté a une longueur a. A chacun des quatre angles on découpe un carré dont le côté a une longueur x. On rabat ensuite perpendiculairement les quatre bandes restantes. Déterminer x pour que le volume soit maximal.

Exercice 3

On veut fabriquer une casserole au moyen d'une feuille de métal d'aire donnée A. Si h est la hauteur et r le rayon de base de la casserole, déterminer le rapport h/r pour que le volume soit maximum (on suppose qu'il n'y a pas de « pertes » : toute la tôle est utilisée).

Exercice 4

On veut fabriquer une boîte de conserve cylindrique (avec couvercle) avec le minimum de métal pour un volume V donné. Déterminer le rapport h/r correspondant (h désignant la hauteur et r le rayon du cylindre)

Exercice 5 - Problème de la réflexion de la lumière.

Soit un miroir plan, une source lumineuse S et un œil O qui regarde dans le miroir. Trouver la position du point M où un rayon issu de S frappera le miroir pour aller ensuite dans l'œil, sachant que pour aller d'un point à un autre la lumière suit le chemin le plus court (au sens du temps). En déduire la **loi de Descartes** sur la réflexion de la lumière.

Exercice 6 - Problème de la réfraction de la lumière.

Soit une cuve pleine d'eau, une source lumineuse S située à la distance a de la surface, un œil O situé à la profondeur b qui reçoit un rayon lumineux venant de S. Soit c la distance entre les projections orthogonales de O et de S sur la surface de l'eau.

Trouver la position du point M en lequel le rayon frappe la surface de l'eau, sachant que la lumière met le temps minimal pour aller d'un point à un autre et que les vitesses de la lumière dans l'air et dans l'eau sont respectivement v et v'. Retrouver la **loi de Descartes** sur la réfraction de la lumière.

Exercice 7 - Problème de la compagnie maritime.

Soit un navire devant parcourir une distance d. Parmi toutes les dépenses, il y a celle du combustible et celle du personnel. La dépense horaire du combustible est proportionnelle au carré de la vitesse et le salaire horaire du personnel est évidemment indépendant de la vitesse. Déterminer la vitesse du navire pour que la dépense totale soit minimum.

Exercice 8 - Problème de la statue.

Soit un piédestal de hauteur h sur lequel est posée une statue de hauteur a. A quelle distance du pied du piédestal faut-il se placer pour voir la statue sous un angle maximal?

Exercice 9

On considère le circuit R, C

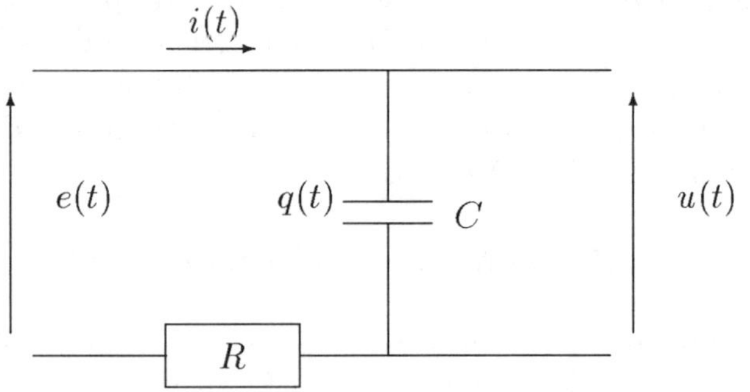

Lorsque e est un échelon de tension,

$$e(t) = \begin{cases} 0 \text{ si } t < 0 \\ E \text{ si } t \geq 0 \end{cases}$$

E étant une constante réelle), on a

$$u(t) = \begin{cases} 0 & \text{si} \quad t < 0 \\ E\left(1 - e^{-\frac{t}{\tau}}\right) & \text{si} \quad t \geq 0 \end{cases}$$

où $\tau = RC$ est *la constante de temps.*

1. Tracer la courbe représentative (C) de u en fonction de t.

2. Donner une équation de la tangente à droite en zéro.

3. Donner les coordonnées du point A intersection de cette tangente et de l'asymptote à (C).

4. Donner l'ordonnée du point de (C) de même abscisse que A.

L'intensité $i(t)$ est définie par

$$i(t) = \begin{cases} 0 & \text{si} \quad t < 0 \\ \frac{E}{R}e^{-\frac{t}{\tau}} & \text{si} \quad t \geq 0 \end{cases}$$

5. Tracer la courbe représentative (Γ) de i en fonction de t.

6. Donner une équation de la tangente à droite en zéro.

7. Donner les coordonnées du point B intersection de cette tangente et de l'axe (Ox).

8. Donner l'ordonnée du point de (Γ) de même abscisse que B.

Exercice 10

On considère le circuit R, L

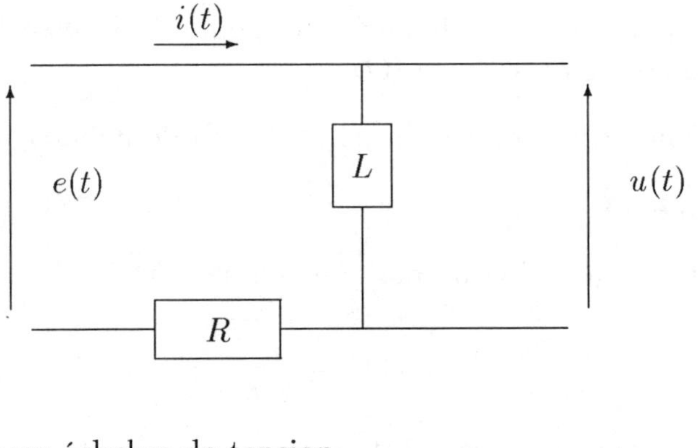

Lorsque e est un échelon de tension,

$$e(t) = \begin{cases} 0 \text{ si } t < 0 \\ E \text{ si } t \geq 0 \end{cases}$$

E étant une constante réelle, on a

$$i(t) = \begin{cases} 0 & \text{si} \quad t < 0 \\ \frac{E}{R}\left(1 - e^{-\frac{t}{\tau}}\right) & \text{si} \quad t \geq 0 \end{cases}$$

où $\tau = \frac{L}{R}$ est *la constante de temps.*

1. Tracer la courbe représentative (C) de i en fonction de t.
2. Donner une équation de la tangente à droite en zéro.
3. Donner les coordonnées du point A intersection de cette tangente et de l'asymptote à (C).
4. Donner l'ordonnée du point de (C) de même abscisse que A.

   La tension $u(t)$ vérifie

$$u = L\frac{\mathrm{d}i}{\mathrm{d}t}$$

5. Tracer la courbe représentative (Γ) de u en fonction de t.
6. Donner une équation de la tangente à droite en zéro.
7. Donner les coordonnées du point B intersection de cette tangente et de l'axe (Ox).
8. Donner l'ordonnée du point de (Γ) de même abscisse que B.

Exercice 11

Soit f la fonction numérique définie par

$$f(x) = \sqrt{\frac{x^3}{x-1}}$$

et (C) sa courbe représentative.

1. Déterminer son domaine de définition et en déduire que (C) n'admet ni centre ni axe de symétrie.

2. Montrer que (C) admet les droites d'équation $y = x + \frac{1}{2}$ et $y = -x - \frac{1}{2}$ comme asymptotes. Etudier l'intersection de la courbe et de ces asymptotes.

3. Etudier la dérivabilité de f en 0.

4. Terminer l'étude de la fonction et construire (C).

5. Soit g la fonction numérique définie par

$$g(x) = x\sqrt{\frac{x}{x-1}}$$

Etudier g et comparer sa courbe représentative à la courbe (C).

Exercice 12

Déterminer le domaine de définition D, sa réduction éventuelle, le comportement asymptotique et la dérivée des fonctions qui à x associent :

$$\sqrt{\frac{1+x}{1-x}} \qquad \frac{2+\sqrt{4-x^2}}{x} \qquad \sqrt{x(x-1)} + \sqrt{x(x+1)}$$

Exercice 13

Soit f la fonction numérique définie par

$$f(x) = \sqrt{\frac{(x-1)(x-2)}{x+1}}$$

Etudier les variations de f, tracer sa représentation graphique et préciser ses branches infinies.

Exercice 14

On considère un **filtre** R, L, C série, la tension de sortie étant prise aux bornes de la résistance. Le **gain** (rapport de la tension de sortie sur la tension d'entrée) est donné par

$$G(x) = \frac{1}{\sqrt{1 + Q^2 \left(x - \frac{1}{x}\right)^2}}$$

où Q désigne le **facteur de qualité**

$$Q = \frac{1}{R}\sqrt{\frac{L}{C}}$$

et $x = \omega/\omega_0$ avec $\omega_0 = 1/\sqrt{LC}$, ω désignant la pulsation du signal d'entrée.

Etudier la fonction G de x et en déduire la **bande passante** de ce filtre. On rappelle que la bande passante est

$$\left\{\omega \in \mathbb{R} \,/\, G(\omega) \geq \frac{G_{max}}{\sqrt{2}}\right\}$$

G_{max} désignant le gain maximum.

10. Corrigé des exercices

Exercice 1

1/ $f(x) = \dfrac{2x}{2 - x^2}$: domaine $\mathbb{R}\backslash\{-\sqrt{2}\,,\, \sqrt{2}\}$; domaine d'étude $[0\,,\, \sqrt{2}[\, \cup\,]\sqrt{2}\,,\, +\infty[$ (symétrie origine).

2/ $f(x) = \dfrac{2x + 3}{x - 1}$: domaine $\mathbb{R}\backslash\{1\}$; domaine d'étude $]-\infty\,,\, 1[$ (symétrie par rapport au point de coordonnées $(1\,,\, 2)$).

3/ $f(x) = x^2 - 3x + 5$: domaine $\mathbb{R}$; domaine d'étude $]-\infty\,,\,3/2]$ (symétrie par rapport à la droite d'équation $x = 3/2$).

4/ $f(x) = \ln(\ln x)$: domaine $]1\,,\,+\infty[$; pas de réduction.

5/ $f(x) = \sqrt{x^2 + 4x - 5}$: domaine $]-\infty\,,\,-5] \cup [1\,,\,+\infty[$; domaine d'étude $[1\,,\,+\infty[$ (symétrie par rapport à la droite d'équation $x = 2$).

6/ $f(x) = \sin 2x$: domaine $\mathbb{R}$; domaine d'étude $[0\,,\,\pi/4]$ (symétrie par rapport à la droite d'équation $x = \pi/4$, symétrie origine et translations de vecteur $2k\pi\,\vec{i}$).

7/ $f(x) = \ln \dfrac{1+x}{1-x}$: domaine $]-1\,,\,1[$; domaine d'étude $[0\,,\,1[$ (symétrie origine).

8/ $f(x) = \cos x - \sin x$: domaine $\mathbb{R}$; domaine d'étude $[-\pi/4\,,\,\pi/4]$ (symétrie par rapport à la droite d'équation $x = -\pi/4$, symétrie par rapport au point de coordonnées $(\pi/4\,,\,0)$ et translations de vecteur $2k\pi\,\vec{i}$).

9/ $f(x) = (x+1)^x$: domaine $]-1\,,\,+\infty[$; pas de réduction.

10/ $f(x) = \left(x + \dfrac{1}{x}\right)^{x+1}$: domaine $]0\,,\,+\infty[$; pas de réduction.

11/ $f(x) = (x-3)\sqrt{\dfrac{1+x}{1-x}}$: domaine $[-1\,,\,1[$; pas de réduction (domaine non centré).

12/ $f(x) = \ln(1 - \ln x)$: domaine $]0\,,\,e[$; pas de réduction.

Exercice 2

Appelons $V(x)$ le volume de la boîte. Nous avons

$$V(x) = (a - 2x)^2 x$$

Le domaine de la fonction V est $[0\,,\,a/2]$ (x et V sont positifs par définition). La fonction est continue et dérivable sur son domaine. Ses extrema correspondent donc aux valeurs qui annulent la dérivée.

$$V'(x) = 2(a-2x)(-2)x + (a-2x)^2 = (a-2x)(a-6x)$$

Le volume est donc maximum pour $x = a/6$ (on vérifiera aisément qu'il s'agit bien d'un maximum) alors qu'il est minimum (égal à 0) pour $x = a/2$.

Exercice 3

Soit V le volume de la casserole. Nous avons

$$V = \pi r^2 h \quad \text{et} \quad A = \pi r^2 + 2\pi r h$$

D'où

$$h = \frac{A - \pi r^2}{2\pi r} \quad \text{et} \quad V = \frac{1}{2} r(A - \pi r^2)$$

V est donc une fonction de h définie sur $\left]0\,,\,\sqrt{A/\pi}\right[$; elle y est dérivable et ses extrema correspondent donc aux valeurs qui annulent sa dérivée (nous avons exclu les extrémités de l'intervalle qui correspondent à un volume nul).

$$V'(h) = \frac{1}{2}(A - 3\pi r^2)$$

V' s'annule pour

$$r = \sqrt{\frac{A}{3\pi}}$$

Nous avons alors

$$h = \frac{A - A/3}{2\pi r}$$

et donc $h/r = 1$. On vérifie aisément qu'il s'agit bien d'un maximum.

Exercice 4

La mise en équation est identique à celle de l'exercice précédent, à ceci près que $A = 2\pi r^2 + 2\pi r h$. On obtient le maximum pour $h/r = 2$.

Exercice 5

Nous considérons un repère dont l'origine est la projection de la source S sur le miroir, l'axe des abscisses étant porté par le miroir, l'axe des ordonnées passant par S. Les axes sont orientés de telle sorte que l'ordonnée a de S et l'abscisse c de O soient positifs. Nous notons b l'ordonnée de O. Nous introduisons également l'angle d'incidence i – angle entre la normale au miroir et (MS) – et l'angle réfléchi r – angle entre la normale au miroir et (MO). (figure 1.5)

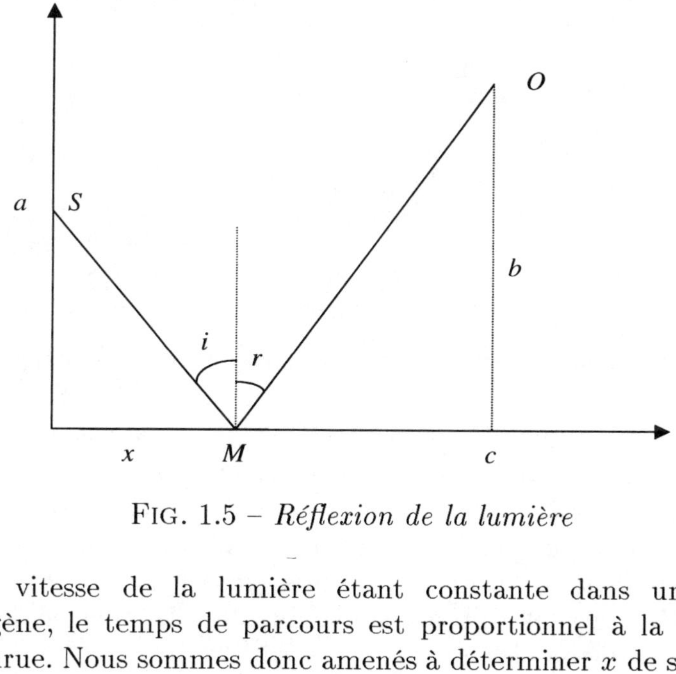

FIG. 1.5 – *Réflexion de la lumière*

La vitesse de la lumière étant constante dans un milieu homogène, le temps de parcours est proportionnel à la distance parcourue. Nous sommes donc amenés à déterminer x de sorte que $SM + MO$ soit minimum. Posons $f(x) = SM + MO$. Nous avons alors

$$f(x) = \sqrt{a^2 + x^2} + \sqrt{(c-x)^2 + b^2}$$

Cette fonction est définie, continue, dérivable sur $\mathbb{R}$, et

$$f'(x) = \frac{x}{\sqrt{a^2 + x^2}} - \frac{c-x}{\sqrt{(c-x)^2 + b^2}}$$

Pour des raisons géométriques claires le minimum ne peut être obtenu que pour $x \in [0\,,\,c]$. Par ailleurs x ne peut être qu'une racine de la dérivée. Or

$$f'(x) = 0 \iff x = \frac{ac}{a+b}$$

Par étude du sens de variation nous vérifions que l'on obtient bien un minimum en $ac/(a+b)$.

Interprétons géométriquement $f'(x)$. On constate que

$$\frac{x}{\sqrt{a^2+x^2}} = \frac{OM}{SM} = \sin i$$

et

$$\frac{c-x}{\sqrt{(c-x)^2+b^2}} = \sin r$$

Donc

$$f'(x) = 0 \iff \sin i = \sin r$$

résultat qui constitue la loi de Descartes sur la réflexion de la lumière.

Des considérations géométriques permettent également de résoudre ce problème. Appelons O' le symétrique de O par rapport au miroir. Alors $MO = MO'$ et donc $SM + MO = SM + MO'$, expression minimum lorsque les points S, M et O' sont alignés (« la plus courte distance entre deux points est la ligne droite »). Cette constatation permet un tracé simple du point M en lequel le rayon lumineux « touche » le miroir.

Exercice 6

Le temps de parcours de la lumière est

$$f(x) = \frac{SM}{v} + \frac{MO}{v'} = \frac{\sqrt{a^2+x^2}}{v} + \frac{\sqrt{(c-x)^2+b^2}}{v'}$$

Cette fonction est définie, continue, dérivable sur $\mathbb{R}$ et

$$f'(x) = \frac{x}{v\sqrt{a^2 + x^2}} - \frac{c - x}{v'\sqrt{(c - x)^2 + b^2}}$$

La résolution de l'équation $f'(x) = 0$ mène à une équation de degré 4 sans racine apparente. Nous admettrons donc l'existence d'une solution conduisant à un minimum (ce qui peut être démontré) et constaterons que

$$f'(x) = \frac{\sin i}{v} - \frac{\sin r}{v'}$$

ce qui nous donne la loi de Descartes sur la réfraction de la lumière

$$v' \sin i = v \sin r$$

ou encore

$$n \sin i = n' \sin r$$

où $n = c/v$ et $n' = c/v''$ sont les **indices** respectifs des deux milieux, c désignant la vitesse de la lumière dans le vide.

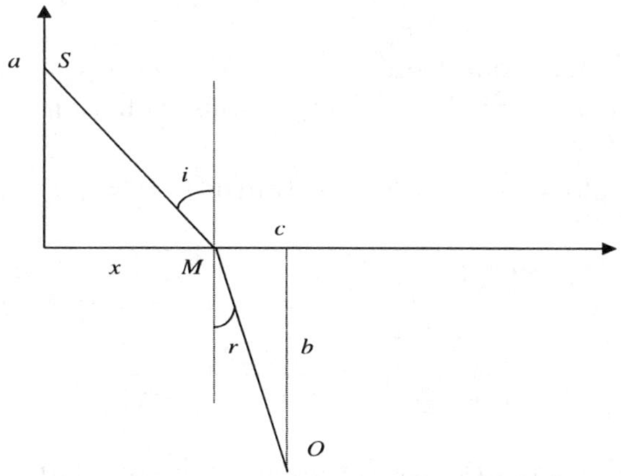

FIG. 1.6 – *Réfraction de la lumière*

On peut remarquer que l'on obtient un problème mathématiquement identique si l'on considère le cas d'un sauveteur se trouvant en S près du bord d'une piscine devant venir en aide à un baigneur en difficulté se trouvant en O. Le temps d'intervention doit être rendu minimum, et comme les vitesses d'un individu sont différentes sur le sol et dans l'eau, le problème se formalise de la même manière que dans le cas de la réfraction de la lumière.

Les lois de Descartes ne s'appliquent donc pas seulement en optique !

Exercice 7

Appelons x la vitesse du navire, t la durée du trajet, s le salaire horaire du personnel, k le coefficient de proportionnalité entre la dépense horaire de carburant et le carré de la vitesse, et D la dépense. Alors $D = (k\,x^2 + s)\,t$ et $d = x\,t$. D'où $D = d(k\,x + s/x)$. La fonction $D(x)$ étant définie, continue et dérivable sur $\mathbb{R}^+$, la dépense minimum est obtenue lorsque la dérivée de D s'annule. Or $D' = d(k - s/x^2)$. Le minimum est donc obtenu pour

$$x = \sqrt{\frac{s}{k}}$$

Exercice 8

Soit α l'angle sous lequel on voit la statue d'un point M situé à la distance x du pied et β l'angle sous lequel on voit le piédestal (figure 1.7).
Nous avons alors $\tan\beta = h/x$ et $\tan(\alpha+\beta) = (a+h)/x$, d'où :

$$\begin{aligned}\tan\alpha &= \tan((\alpha+\beta)-\beta) = \frac{\tan(\alpha+\beta) - \tan\beta}{1+\tan(\alpha+\beta)\,\tan\beta} \\ &= \frac{\frac{a+h}{x} - \frac{h}{x}}{1+\frac{a+h}{x}\frac{h}{x}} = \frac{ax}{x^2 + h(a+h)}\end{aligned}$$

La fonction tan étant strictement croissante sur $]-\pi/2\,,\,\pi/2[$ et l'angle α étant par définition compris entre 0 et $\pi/2$, l'angle α est maximum en même temps que $\tan\alpha$ qui est une fonction de x (que nous noterons $f(x)$), continue et dérivable sur $\mathbb{R}^+$; son maximum est donc atteint lorsque sa dérivée s'annule.

$$f'(x) = a\frac{x^2 + h(a+h) - x(2x)}{(x^2 + h(a+h))^2} = a\frac{h^2 + ha - x^2}{(x^2 + h(x+h))^2}$$

On vérifiera aisément que pour $x = \sqrt{h(h+a)}$ nous obtenons bien un maximum.

Nous voyons donc la statue sous un angle maximal lorsque $x = \sqrt{h(h+a)}$.

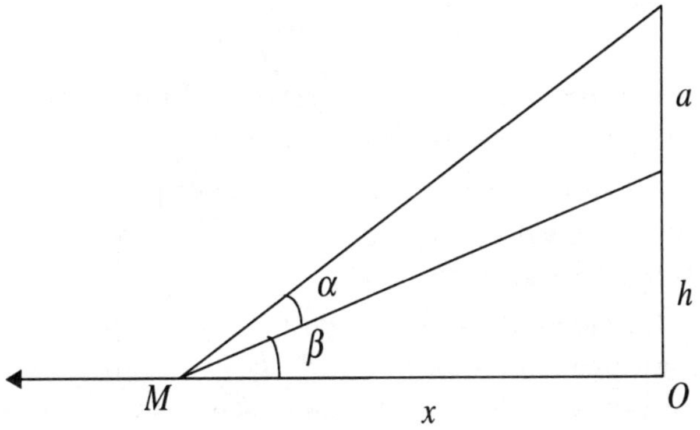

FIG. 1.7 – *Problème de la statue*

Exercice 9

1/ La fonction u est définie sur $\mathbb{R}$. Nous montrons sans difficulté la continuité en 0, en vérifiant que

$$\lim_{t\to 0^+} u(t) = 0 = \lim_{t\to 0^-} u(t) = u(0)$$

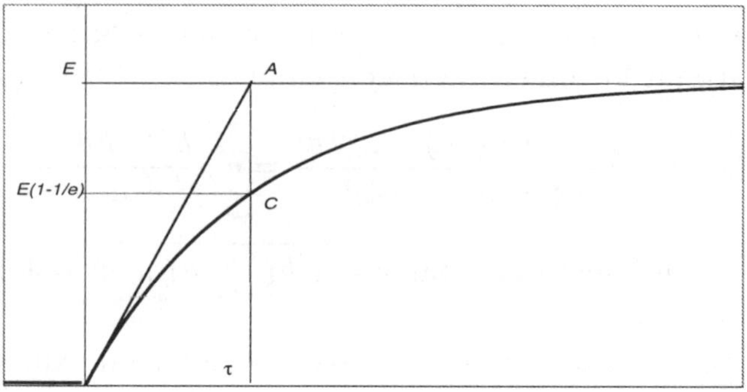

FIG. 1.8 – *Circuit RC: tension de sortie*

Sur $\mathbb{R}^+$ la fonction est dérivable et

$$\frac{\mathrm{d}u}{\mathrm{d}t} = \frac{E}{\tau}\, e^{-t/\tau}$$

et la dérivée à droite en 0 (E/τ) est donc différente de la dérivée à gauche (0). La fonction u n'est donc pas dérivable en 0.

Sur $\mathbb{R}^+$ la fonction u est strictement croissante, tend vers E en $+\infty$. Sa courbe admet donc la droite d'équation $y = E$ comme asymptote en $+\infty$ (figure 1.8).

2-3-4/ La tangente à droite en 0 a pour équation $y = Ex/\tau$ et coupe l'asymptote d'équation $y = E$ au point A de coordonnées $(\tau\,,\, E)$. Le point de (C) de même abscisse que A a pour ordonnée $u(\tau) = E(1 - e^{-1})$.

5/ La fonction $i(t)$ est définie sur $\mathbb{R}$, discontinue en 0 car

$$\lim_{t\to 0^+} i(t) = \frac{E}{R} \quad \text{et} \quad \lim_{t\to 0^-} i(t) = 0$$

Sur $\mathbb{R}^+$ sa dérivée est

$$\frac{\mathrm{d}i}{\mathrm{d}t} = -\frac{E}{R\tau} e^{-t/\tau}$$

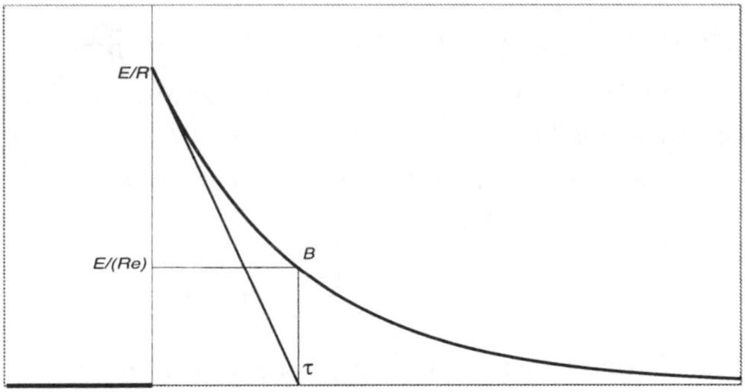

FIG. 1.9 – *Circuit RC: intensité de sortie*

La fonction est décroissante et sa limite en $+\infty$ est 0 (figure 1.9)

6-7-8/ L'équation de la tangente à droite en 0 est

$$y = -\frac{E}{R\tau}x + \frac{E}{R}$$

Cette droite coupe l'axe (Ox) au point B de coordonnées $(\tau\,,\,0)$. Le point de Γ de même abscisse que B a pour ordonnée $E/(Re)$.

On remarquera que, pour ne pas trop troubler les étudiants, nous avons appelé (Ox) l'axe des abscisses. En réalité la variable étant t, nous aurions dû dire que l'équation de la tangente à droite au point d'abscisse 0 est $i = -\frac{E}{R\tau}t + \frac{E}{R}$

Exercice 10

La fonction $i(t)$ est définie sur $\mathbb{R}$, continue sur $\mathbb{R}$. Sur $\mathbb{R}^+$ sa dérivée est

$$\frac{\mathrm{d}i}{\mathrm{d}t} = \frac{E}{R\tau}e^{-t/\tau}$$

La fonction $\mathrm{d}i/\,\mathrm{d}t$ n'est donc pas continue en 0. La tangente à droite en 0 a pour équation $y = \frac{R}{R\tau}x$ La courbe admet en $+\infty$ une asymptote d'équation $y = E/R$. La tangente à droite en 0 coupe cette asymptote au point A de coordonnées $(\tau\,,\,E/R)$. L'ordonnée du point de (C) de même abscisse que A est $\frac{E(1-1/e)}{R}$

La tension $u(t)$ est nulle sur $]-\infty\,,\,0[$ et vaut $u(t) = E\,e^{-t/\tau}$ sur $\mathbb{R}^+$. La fonction $u(t)$ n'est pas continue en 0 (sa limite à droite est E tandis que sa limite à gauche est nulle). Sur $\mathbb{R}^+$,

$$\frac{\mathrm{d}u}{\mathrm{d}t} = -\frac{E}{\tau}e^{-t/\tau}$$

La tangente à droite en 0 a pour équation $y = \frac{E}{\tau}(\tau - x)$ Cette tangente coupe l'axe (Ox) au point B de coordonnées $(\tau\,,\,0)$. L'ordonnée du point de (Γ) de même abscisse que B est $u(\tau) = E/e$. Nous ne donnerons pas les courbes qui sont fort proches de celles de l'exercice précédent, à un échange entre u et i près.

Exercice 11

1/ Soit D le domaine de f.

$$x \in D \Longleftrightarrow \frac{x^3}{x-1} \geq 0 \Longleftrightarrow \frac{x}{x-1} \geq 0$$

donc $D =]-\infty\,,\,0] \cup]1\,,\,+\infty[$.

Le domaine n'admettant pas de centre de symétrie et n'étant pas invariant par translation, il n'est pas possible de réduire le domaine d'étude.

2/ Etude aux bornes

• En $+\infty$, $f(x) \sim \sqrt{x^2} \sim |x| \sim x$. Donc $f(x)/x \sim 1$.

$$f(x) - x \sim \frac{\frac{x^3}{x-1} - x^2}{\sqrt{\frac{x^3}{x-1}} + x} \sim \frac{\frac{x^2}{x}}{2x} \sim \frac{1}{2}$$

La courbe admet donc en $+\infty$ la droite d'équation $y = x + 1/2$ comme asymptote.

• En $-\infty$, $f(x) \sim \sqrt{x^2} \sim |x| \sim -x$. Donc $f(x)/x \sim -1$.

$$f(x) + x \sim \frac{\frac{x^3}{x-1} + x^2}{\sqrt{\frac{x^3}{x-1}} - x} \sim \frac{\frac{x^2}{x}}{-2x} \sim -\frac{1}{2}$$

La courbe admet donc en $+\infty$ la droite d'équation $y = -x - 1/2$ comme asymptote.

• En 1, $f(x) \sim \frac{1}{\sqrt{x-1}}$ et donc $\lim\limits_{x \to 1+} f(x) = +\infty$. La droite d'équation $x = 1$ est asymptote.

Intersection avec les asymptotes :

$$\begin{aligned} f(x) = x + \frac{1}{2} &\iff x + \frac{1}{2} \geq 0 \text{ et } \frac{x^3}{x-1} = (x + \frac{1}{2})^2 \\ &\iff x + \frac{1}{2} \geq 0 \text{ et } x^3 = (x-1)(x^2 + x + \frac{1}{4}) \\ &\iff x = -\frac{1}{3} \end{aligned}$$

La courbe coupe donc son asymptote d'équation $y = x + 1/2$ au point de coordonnées $(-1/3\,,\, 1/6)$.

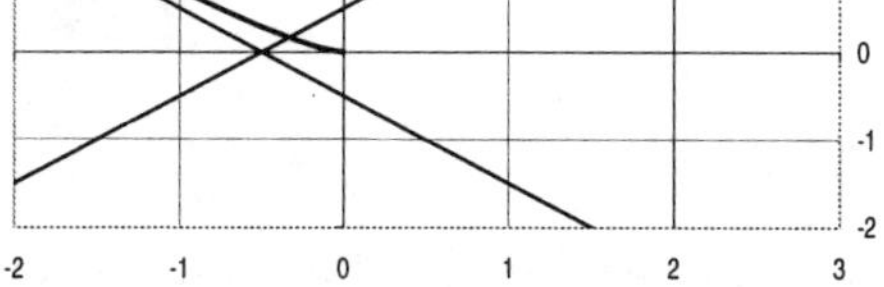

FIG. 1.10 – *Courbe de* $x \mapsto \sqrt{\frac{x^3}{x-1}}$

$$\begin{aligned} f(x) = -x - \frac{1}{2} &\iff -x - \frac{1}{2} \geq 0 \text{ et } \frac{x^3}{x-1} = (-x - \frac{1}{2})^2 \\ &\iff x + \frac{1}{2} \leq 0 \text{ et } x = -\frac{1}{3} \\ &\iff x \in \varnothing \end{aligned}$$

La courbe ne coupe pas son asymptote d'équation $y = -x - 1/2$.

3/ La fonction $x \mapsto \sqrt{x}$ n'étant pas dérivable en 0, il nous faut étudier la dérivabilité de f en 0 (qui annule $x^3/(x-1)$) directement en cherchant la limite du taux de variation. En 0^-

$$\frac{f(x) - f(x)}{x - 0} \sim \frac{-x\sqrt{\frac{x}{x-1}}}{x} \sim \sqrt{x}$$

Donc f est dérivable (à gauche) en 0 et $f'(0) = 0$.

4/ Sur $]-\infty\,, 0[\cup [1\,, +\infty[$, f est dérivable et

$$f'(x) = \frac{1}{2\sqrt{\frac{x^3}{x-1}}} \frac{3x^2(x-1) - x^3}{(x-1)^2} = \frac{x^2(2x-3)}{2(x-1)^2}\sqrt{\frac{x-1}{x^3}}$$

L'étude du signe de f' et le tracé de la courbe ne présente plus de difficulté.

5/ On remarque aisément que $f(x) = |x|\sqrt{\frac{x}{x-1}} = |g(x)|$ et comme $f(x)$ est du signe de x, la courbe représentative de g :
- coïncide avec (C) sur $]1\,, +\infty[$;
- est la symétrique de (C) dans une symétrie (Ox) sur $]-\infty\,, 0]$ (car $g(x) = -f(x)$).

Exercice 12

1/ $f(x) = \sqrt{\dfrac{1+x}{1-x}}$.
$D = [-1\,, 1[$. Pas de réduction du domaine. Asymptote d'équation $x = 1$. Dérivée

$$\frac{1}{2}\sqrt{\frac{1-x}{1+x}}\,\frac{2}{(1-x)^2}$$

sur $]-1\,,\,1[$; fonction non dérivable en -1. La dérivée est positive sur son domaine.

2/ $f(x) = \dfrac{2+\sqrt{4-x^2}}{x}$.
$D = [-2\,,\,0[\,\cup\,]0\,,\,2]$. Fonction impaire, donc domaine réduit à $]0\,,\,2]$ (symétrie origine). Asymptote d'équation $y = 0$. Dérivée

$$-2\,\frac{2+\sqrt{4-x^2}}{x^2\sqrt{4-x^2}}$$

sur $]-2\,,\,0[\,\cup\,]0\,,\,2[$; non dérivabilité en -2 et en 2. La dérivée est négative sur son domaine.

3/ $f(x) = \sqrt{x(x-1)} + \sqrt{x(x+1)}$.
$D =]-\infty\,,\,-1]\,\cup\,[1\,,\,+\infty[$. Fonction paire, donc domaine réduit à $[1\,,\,+\infty[$ (symétrie (Oy)). Asymptote d'équation $y = 2x+1$. Dérivée

$$1/2\,\frac{2\,x-1}{\sqrt{x\,(x-1)}} + 1/2\,\frac{2\,x+1}{\sqrt{x\,(x+1)}}$$

sur $]-\infty\,,\,-1]\,\cup\,[1\,,\,+\infty[$; non dérivabilité en -1 et en 1. Cette dérivée est négative sur $]-\infty\,,\,-1[$ et positive sur $]1\,,\,+\infty[$

Exercice 13

f est définie sur $]-1\,,\,1]\,\cup\,[2\,,\,+\infty[$. Pas de réduction possible. Direction asymptotique de pente 0 en $+\infty$, asymptote d'équation $x = -1$. Dérivée :

$$\frac{1}{2}\left(x^2+2\,x-5\right)\frac{1}{\sqrt{\frac{(x-1)(x-2)}{x+1}}}\,(x+1)^{-2}$$

sur $]-1\,,\,1[\,\cup\,]2\,,\,+\infty[$; non dérivabilité en 1 et en 2. La courbe admet aux points d'abscisses 1 et 2 une tangente parallèle à (Oy).

Exercice 14

La fonction G est définie sur $]0\,,+\infty[$, x étant par définition positif et l'expression définissant G n'étant pas définie en 0.

• En 0,

$$x-\frac{1}{x}\sim-\frac{1}{x} \text{ et donc } G(x)\sim\frac{1}{\sqrt{\left(\frac{1}{x}\right)^2}}\sim|x|\sim x$$

Par conséquent $G(x)\to 0$ quand $x\to 0$, ce qui nous permet de prolonger la fonction G par continuité en posant $G(0)=0$. On en déduit $G'(0)=\lim\limits_{x\to 0}\frac{G(x)}{x}=1$.

• En $+\infty$,

$$x-\frac{1}{x}\sim x \text{ et donc } G(x)\sim\frac{1}{\sqrt{x^2}}\sim\frac{1}{|x|}\sim\frac{1}{x}$$

Par conséquent $G(x)\to 0$ quand $x\to+\infty$; la droite d'équation $y=0$ est donc asymptote à la courbe représentative de G en $+\infty$.

• Dérivons G :

$$G'(x)=-\frac{1}{2}\left(1+Q^2\left(x-\frac{1}{x}\right)^2\right)^{-\frac{3}{2}}2\,Q^2\left(x-\frac{1}{x}\right)\left(1+\frac{1}{x^2}\right)$$

G' est donc du signe de $(x-1)$, et admet par conséquent un maximum pour $x=1$; nous obtenons donc $G_{max}=G(1)=1$. Déterminons maintenant la bande passante :

$$\begin{aligned} G(x)\geq\frac{G_{max}}{\sqrt{2}} &\iff G(x)\geq\frac{1}{\sqrt{2}}\iff\sqrt{1+Q^2\left(x-\frac{1}{x}\right)^2}\leq\sqrt{2}\\ &\iff 1+Q^2\left(x-\frac{1}{x}\right)^2\leq 2\iff\left(x-\frac{1}{x}\right)^2\leq\frac{1}{Q^2}\\ &\iff -\frac{1}{Q}\leq x-\frac{1}{x}\leq\frac{1}{Q}\iff x_1\leq x\leq x_2\end{aligned}$$

D'où la bande passante $[\omega_0\,x_1\,,\,\omega_0\,x_2]$ avec

$$x_1=-\frac{1}{2Q}+\sqrt{1+\frac{1}{4Q^2}} \quad\text{et}\quad x_2=\frac{1}{2Q}+\sqrt{1+\frac{1}{4Q^2}}$$

CHAPITRE 2

Fonctions trigonométriques

Le lecteur connaît déjà la trigonométrie circulaire (?). Nous introduirons une autre trigonométrie - dite hyperbolique - et nous définirons les fonctions réciproques des différentes fonctions trigonométriques.

1. Fonctions hyperboliques directes

Définition 15 *On appelle* **cosinus hyperbolique** *et* **sinus hyperbolique** *les fonctions définies par*

$$\operatorname{ch} x = \frac{e^x + e^{-x}}{2} \quad \text{et} \quad \operatorname{sh} x = \frac{e^x - e^{-x}}{2}$$

Remarque

Nous adoptons ici les notations anciennes qui nous paraissent plus lisibles. Cependant, sous la pression des langages informatiques, on trouve de plus en plus souvent les notations cosh x pour ch x et sinh x pour sh x.

Proposition 31 *La fonction* ch *est définie sur* $\mathbb{R}$ *, paire, de dérivée* sh *et sa représentation graphique admet en* $+\infty$ *et en* $-\infty$ *une branche parabolique.*

Nous obtenons le tableau de variation de la fonction cosinus hyperbolique

x	0		$+\infty$
f'	0	$+$	
f	1	↗	$+\infty$ B.P.

Proposition 32 *La fonction* sh *est définie sur* $\mathbb{R}$ *, impaire, de dérivée* ch *et sa représentation graphique admet en* $+\infty$ *et en* $-\infty$ *une branche parabolique.*

Nous obtenons le tableau de variation de la fonction sinus hyperbolique

x	0		$+\infty$
f'	1	$+$	
f	0	↗	$+\infty$ B.P.

Pour étudier la position respective des deux courbes, nous étudions le signe de la différence des deux fonctions :

$$\operatorname{ch} x - \operatorname{sh} x = e^{-x}$$

donc

$$\forall x \in \mathbb{R},\ \operatorname{ch} x > \operatorname{sh} x$$

ce qui montre que la courbe de $\operatorname{ch} x$ est située au-dessus de celle de $\operatorname{sh} x$. Par ailleurs

$$\lim_{x \to +\infty} (\operatorname{ch} x - \operatorname{sh} x) = 0$$

ce qui exprime que les deux courbes sont asymptotes l'une de l'autre : la distance des deux points de même abscisse de chacune de ces courbes tend vers zéro.

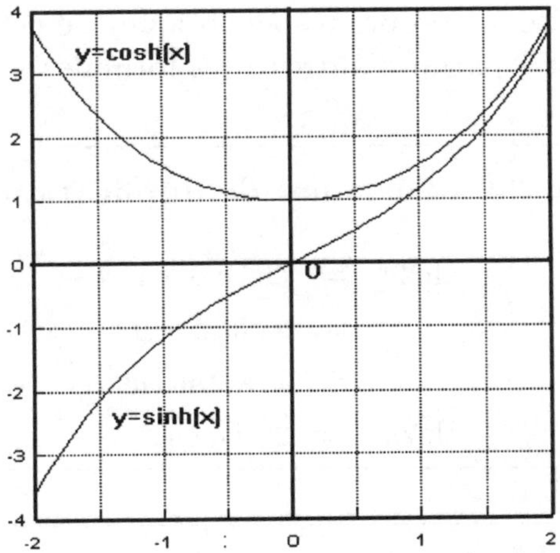

FIG. 2.1 – *Positions respectives de* ch *et* sh

Proposition 33

$$\operatorname{ch}^2 x - \operatorname{sh}^2 x = 1$$

$$\operatorname{ch}(a+b) = \operatorname{ch} a \operatorname{ch} b + \operatorname{sh} a \operatorname{sh} b$$

$$\operatorname{ch}(a-b) = \operatorname{ch} a \operatorname{ch} b - \operatorname{sh} a \operatorname{sh} b$$

$$\operatorname{sh}(a+b) = \operatorname{sh} a \operatorname{ch} b + \operatorname{ch} a \operatorname{sh} b$$

$$\operatorname{sh}(a-b) = \operatorname{sh} a \operatorname{ch} b - \operatorname{ch} a \operatorname{sh} b$$

Remarque

On reconnaît là des « formules » très proches des formules trigonométriques traditionnelles. En fait il existe un moyen mnémotechnique simple pour passer des formules (algébriques) de trigonométrie circulaire à celles de trigonométrie hyperbolique :

on remplace cos *par* ch *et* sin *par* i sh *et on simplifie éventuellement par* i.

Notons que ces formules se démontrent en exprimant les sinus et cosinus hyperboliques à l'aide de la fonction exponentielle et en appliquant ensuite les propriétés algébriques de cette fonction. On «retrouve» ainsi – parmi d'autres – les formules suivantes :

Proposition 34 - Formules de duplication

$$\begin{aligned} \operatorname{ch} 2a &= \operatorname{ch}^2 a + \operatorname{sh}^2 a \\ &= 2\operatorname{ch}^2 a - 1 \\ &= 1 + 2\operatorname{sh}^2 a \\ \operatorname{sh} 2a &= 2\operatorname{sh} a \operatorname{ch} a \end{aligned}$$

Proposition 35 - Equivalences

- *en 0,*

$$\operatorname{sh} x \sim x \quad ; \quad \operatorname{ch} x - 1 \sim \frac{x^2}{2}$$

- *en* $+\infty$ *et en* $-\infty$,

$$\operatorname{sh} x \sim \operatorname{ch} x \sim \frac{e^x}{2}$$

Définition 16 *On appelle* **tangente hyperbolique** *la fonction définie par*

$$\operatorname{th} x = \frac{\operatorname{sh} x}{\operatorname{ch} x}$$

Exemple 29

Donner un équivalent de la fonction th *en* 0 *et en* $+\infty$.
Donner un équivalent en $+\infty$ *de* $\operatorname{th} x - 1$.

En 0, $\operatorname{sh} x \sim x$ et $\operatorname{ch} x \sim 1$. Donc $\operatorname{th} x \sim x$.

En $+\infty$, $\operatorname{sh} x \sim \operatorname{ch} x$. Donc $\operatorname{th} x \sim 1$.

En $+\infty$,

$$\begin{aligned} \operatorname{th} x - 1 &\sim \frac{\operatorname{sh} x - \operatorname{ch} x}{\operatorname{ch} x} \sim \frac{-e^{-x}}{\operatorname{ch} x} \sim \frac{-e^{-x}}{e^x/2} \\ &\sim -2e^{-2x} \end{aligned}$$

Proposition 36 *la fonction* th *est définie sur* $\mathbb{R}$, *impaire, strictement croissante, de dérivée*

$$\operatorname{th}' x = \frac{1}{\operatorname{ch}^2 x} = 1 - \operatorname{th}^2 x$$

En 0, $\operatorname{th} x \sim x$ *et en* $+\infty$, $\operatorname{th} x \sim 1$

Exemple 30

Etude de la fonction f *définie par*

$$f(x) = \operatorname{th} x - \frac{1}{3} \operatorname{th}^3 x$$

- Cette fonction est trivialement définie sur $\mathbb{R}$ et impaire ; on peut donc limiter l'étude à $[0\,, +\infty[$.

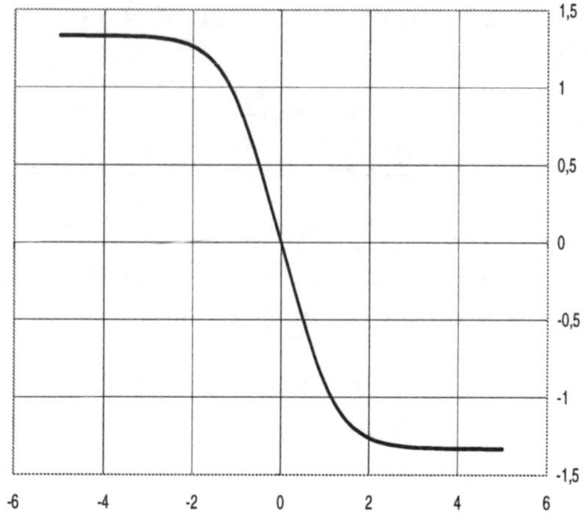

FIG. 2.2 – *Courbe d'équation* $y = \operatorname{th} x - \frac{1}{3}\operatorname{th}^3 x$

- Etude aux bornes :

$$\lim_{x \to +\infty} f(x) = \lim_{u \to 1} u - \frac{1}{3}u^3 = \frac{2}{3}$$

car $\lim_{x \to +\infty} \operatorname{th} x = 1$.
La courbe admet donc en $+\infty$ une asymptote d'équation $y = 2/3$.

- Dérivée :

Si l'on pose $u = \operatorname{th} x$, alors $f(x) = u - u^3/3$; donc

$$f'(x) = 1 - u^2 = 1 - \operatorname{th}^2 x = \frac{1}{\operatorname{ch}^2 x}$$

Cette dérivée est toujours positive.

2. Notion de fonction réciproque

Définition 17 *Soit f une fonction de E dans F. On dit que f admet une* **fonction réciproque** *s'il existe une fonction g de F dans E telle que*

$$g \circ f(x) = x \ \forall x \in D_f \quad \text{et} \quad f \circ g(y) = y \ \forall y \in D_g$$

Cette fonction g est alors unique, appelée fonction réciproque de f et notée f^{-1}.

Proposition 37 *Si f est une fonction numérique de représentation graphique (C) par rapport à un repère orthonormé et si f admet une fonction réciproque dont la représentation graphique est (C'), alors (C) et (C') sont symétriques l'une de l'autre dans une symétrie orthogonale par rapport à la première bissectrice du repère.*

Définition 18 *Soit f une fonction de E dans F. On dit que f est* **injective** *si et seulement si*

$$f(a) = f(b) \Longrightarrow a = b$$

Proposition 38 *Une fonction admet une fonction réciproque si et seulement si elle est injective.*

Soit f une fonction de E dans F. f admet une fonction réciproque si et seulement si l'équation $y = f(x)$ admet au plus une solution en x, y étant considéré comme un paramètre. L'ensemble des valeurs de y pour lesquelles l'équation admet exactement une solution est le domaine de définition de f^{-1} et l'expression de la solution x en fonction de y est alors l'expression de f^{-1}.

Notons que cette remarque n'est utilisable que lorsque l'équation $y = f(x)$ est algébriquement résoluble, ce qui est loin d'être toujours le cas.

Exemple 31

Montrer que la fonction numérique f de $\mathbb{R}$ dans $\mathbb{R}$ définie par

$$f(x) = x + 1 + \sqrt{x^2 - 3x + 2}$$

admet une fonction réciproque que l'on déterminera.

On remarque d'abord que le domaine de f est

$$D =]-\infty\,,\,1] \cup [2\,,\,+\infty[$$

Nous obtenons alors

$$\begin{aligned}
y = f(x) &\iff y - x - 1 = \sqrt{x^2 - 3x + 2}\\
&\iff y - x - 1 \geq 0 \text{ et } (y - x - 1)^2 = x^2 - 3x + 2\\
&\iff y - x - 1 \geq 0 \text{ et } y^2 - 2y - 1 = x(2y - 5)\\
&\iff y - x - 1 \geq 0 \text{ et } x = \frac{y^2 - 2y - 1}{2y - 5}\\
&\iff \frac{y^2 - 5y + 6}{2y - 5} \geq 0 \text{ et } x = \frac{y^2 - 2y - 1}{2y - 5}\\
&\iff y \in [2\,,\,5/2[\cup [3\,,\,+\infty[\text{ et } x = \frac{y^2 - 2y - 1}{2y - 5}
\end{aligned}$$

f admet donc une fonction réciproque définie sur $[2\,,\,5/2[\cup [3\,,\,+\infty[$ par

$$f^{-1}(y) = \frac{y^2 - 2y - 1}{2y - 5}$$

Proposition 39 *Toute fonction de $\mathbb{R}$ dans $\mathbb{R}$ strictement monotone est injective (et donc admet une fonction réciproque).*

Proposition 40 *Soit f une fonction numérique définie sur un intervalle I. Si f est continue et strictement monotone sur I, alors f admet une fonction réciproque définie sur $f(I)$, continue, strictement monotone de même sens de variation que f. Si de plus f est dérivable, alors la fonction réciproque f^{-1} est dérivable en tout point y tel que $f'(f^{-1}(y)) \neq 0$ et*

$$\left(f^{-1}\right)'(y) = \frac{1}{f'(f^{-1}(y))}$$

Si f est dérivable en $f^{-1}(y_0)$ et si $f'(f^{-1}(y_0)) = 0$, alors f^{-1} n'est pas dérivable en y_0, mais sa courbe représentative admet au point d'abscisse y_0 une tangente parallèle à l'axe (Oy), i.e.

$$\lim_{y \to y_0} \frac{f^{-1}(y) - f^{-1}(y_0)}{y - y_0} = \pm\infty$$

C'est en utilisant cette proposition que l'on détermine la dérivée de la fonction exponentielle sachant qu'elle est la fonction réciproque de la fonction ln et que la dérivée de $\ln x$ est $x \mapsto 1/x$. En effet, si $f(x) = \ln x$, donc $f^{-1}(x) = \exp x$, alors :

$$\left(f^{-1}\right)'(x) = (\exp x)' = \frac{1}{f(f^{-1}(x))} = \frac{1}{\frac{1}{f^{-1}(x)}} = f^{-1}(x) = \exp x$$

Proposition 41 *Soit f une fonction numérique définie sur un intervalle I. Si f est continue et strictement monotone sur I, alors $f(I)$ est un intervalle.*

Plus précisément, si f est strictement croissante (resp. décroissante), alors, a et b étant des réels ou $a = -\infty$ et/ou $b = +\infty$

$$I = [a, b] \Longrightarrow f(I) = [f(a), f(b)] \quad \text{(resp. } [f(b), f(a)])$$

$$
\begin{array}{lll}
I =]a,b] & \Longrightarrow & f(I) = [\lim_a f(x), f(b)] \ \ (\text{resp. } [f(b), \lim_a f(x)]) \\
I = [a,b[& \Longrightarrow & f(I) = [f(a), \lim_b f(x)] \ \ (\text{resp. } [\lim_b f(x), f(a)]) \\
I =]a,b[& \Longrightarrow & f(I) = [\lim_a f(x), \lim_b f(x)] \ (\text{resp. } [\lim_b f(x), \lim_a f(x)])
\end{array}
$$

Nous rajoutons une propriété particulière :

Définition 19 *Si une fonction impaire admet une fonction réciproque, cette dernière est également impaire.*

Exemple 32

|| *Fonction réciproque de la fonction* $f \ : \ x \mapsto x^2$.

Il est clair que cette fonction n'est pas injective car

$$f(-1) = f(1) \quad et \quad -1 \neq 1$$

Elle n'admet donc pas de fonction réciproque.

En revanche, l'étude de la fonction montre qu'elle est strictement croissante sur $[0\,,\,+\infty[$ (et strictement décroissante sur $]-\infty\,,\,0]$).

Par conséquent la restriction de f à $[0\,,\,+\infty[$ admet une fonction réciproque (notée $x \mapsto \sqrt{x}$), définie, continue, strictement croissante sur $[0\,,\,+\infty[$, dérivable sauf en 0 et de dérivée

$$\left(\sqrt{x}\right)' = \frac{1}{2\sqrt{x}}$$

On remarquera que l'on aurait pu aussi considérer la restriction de f à $]-\infty\,,\,0]$ et que l'on aurait également montré l'existence d'une fonction réciproque, que nous laissons au lecteur le soin de caractériser, et d'exprimer à l'aide de la fonction racine carrée.

3. Fonctions hyperboliques réciproques

3.1. Fonction argument sinus hyperbolique

Proposition 42 *La fonction* argsh *ou* arcsinh *est*
- *définie, continue, strictement croissante sur* $]-\infty\,, +\infty[$
- *impaire*
- *dérivable sur* $\mathbb{R}$, *de dérivée*

$$\operatorname{argsh}' x = \frac{1}{\sqrt{1+x^2}}$$

C'est la fonction réciproque de la fonction sh *et par conséquent*

$$y = \operatorname{sh} x \iff x = \operatorname{argsh} y$$
$$\operatorname{sh}(\operatorname{argsh}(x)) = x \quad \forall x \in \mathbb{R}$$
$$\operatorname{argsh}(\operatorname{sh}(x))) = x \quad \forall x \in \mathbb{R}$$

Exemple 33

> *Montrer que*
>
> $$\operatorname{argsh} x = \ln(x + \sqrt{1+x^2})$$

<u>1re méthode</u>

Nous partons de la définition de argsh comme fonction réciproque de la fonction sh.

$$\begin{aligned} y = \operatorname{sh} x &\iff 2y = e^x - e^{-x} \\ &\iff (e^x)^2 - 2ye^x - 1 = 0 \\ &\iff e^x = y - \sqrt{1+y^2} \quad \text{ou} \quad e^x = y + \sqrt{1+y^2} \end{aligned}$$

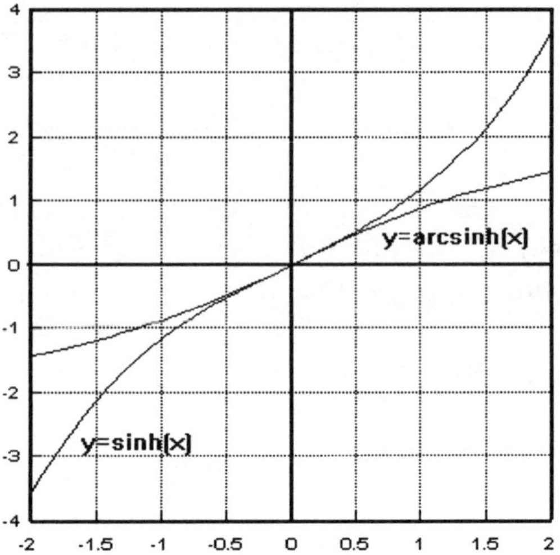

FIG. 2.3 – *Courbes de* sh *et de* argsh

Or $x_1 = y - \sqrt{1+y^2}$ et $x_2 = y - \sqrt{1+y^2}$ sont les deux solutions de l'équation du second degré $X^2 - 2yX - 1 = 0$. Leur produit est donc égal à -1 ; par conséquent l'une seulement des deux solutions est positive, et il s'agit bien évidemment alors de la plus grande des deux. Donc

$$\begin{aligned} y = \operatorname{sh} x &\iff e^x = y + \sqrt{1+y^2} \\ &\iff x = \ln(y + \sqrt{1+y^2}) \end{aligned}$$

$$\operatorname{argsh} x = \ln(x + \sqrt{1+x^2})$$

2e méthode

Nous vérifions l'égalité des dérivées de argsh x et de $\ln(x + \sqrt{1+x^2})$ et l'égalité de leurs valeurs en 0.

3.2. Fonction argument cosinus hyperbolique

La fonction ch étant paire, elle n'est pas injective :

$$\operatorname{ch}(-1) = \operatorname{ch}(1) \quad \text{et} \quad -1 \neq 1$$

Par conséquent, la fonction ch n'admet pas de fonction réciproque.

Cependant, comme dans le cas de la fonction $x \mapsto x^2$, nous constatons que ch est strictement monotone sur $\mathbb{R}^-$ et sur $\mathbb{R}^+$. Nous faisons alors le choix de considérer la restriction f de ch à $\mathbb{R}^+$.

Proposition 43 *La fonction f, restriction à $\mathbb{R}^+$ de la fonction* ch, *est définie, continue, strictement croissante sur* $[0\,,+\infty[$. *Elle admet donc une fonction réciproque - notée* argch *ou* arccosh -

- *définie, continue, strictement croissante sur* $[1\,,+\infty[$ *;*
- *dérivable sur* $]1\,,+\infty[$, *de dérivée*

$$\frac{1}{\sqrt{x^2-1}}$$

Par ailleurs

$$\operatorname{ch}(\operatorname{argch}(x)) = x \quad \forall x \in [1\,,+\infty[$$

$$\operatorname{argch}(\operatorname{ch} x)) = x \quad \forall x \in [0\,,+\infty[$$

Exemple 34

Montrer que

$$\operatorname{argch} x = \ln(x + \sqrt{x^2-1})$$

Nous utilisons le fait que argch est la fonction réciproque de la restriction de ch à $[0\,,+\infty[$.

$$\begin{aligned}
u = f(x) &\iff y = \operatorname{ch} x \;\text{ et }\; x \geq 0\\
&\iff x \geq 0 \;\text{ et }\; 2y = e^x + e^{-x}\\
&\iff x \geq 0 \;\text{ et }\; (e^x)^2 - 2ye^x + 1 = 0\\
&\iff \begin{cases} x \geq 0 \;\text{ et }\; y^2 - 1 \geq 0 \\ e^x = y - \sqrt{y^2-1} \quad \text{ou} \quad e^x = y + \sqrt{y^2-1} \end{cases}
\end{aligned}$$

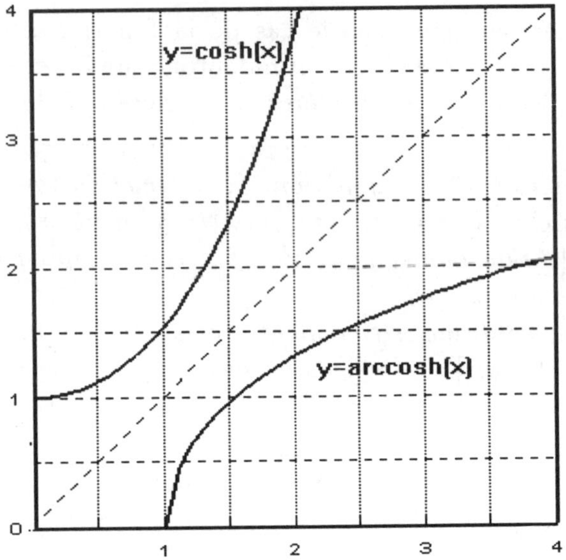

FIG. 2.4 – *Courbes de* ch *et de* argch

Or $x_1 = y + \sqrt{y^2 - 1}$ et $x_2 = y - \sqrt{y^2 - 1}$ sont les deux solutions de l'équation du second degré $X^2 - 2yX + 1 = 0$. Leur produit est donc égal à $+1$; par conséquent les deux solutions sont positives (du signe de la somme y). Cependant la condition $x \geq 0$ impose $e^x \geq 1$. Nous sommes donc amenés à positionner x_1 et x_2 par rapport à 1. En remplaçant X par 1 dans $x^2 - 2yX + 1$ nous obtenons $2(1 - y)$:
• si $y < 1$ (donc $y \leq -1$ compte tenu de la condition $y^2 - 1 \geq 0$), 1 est extérieur aux racines, et plus précisément à droite des racines car supérieur à leur demi-somme y. Ces racines ne conviennent donc pas ;
• si $y \geq 1$, 1 est intérieur aux racines, et donc seule la plus grande des deux (x_1) convient.

Par conséquent

$$
\begin{aligned}
y = f(x) \quad &\Longleftrightarrow \quad e^x = y + \sqrt{y^2 - 1} \\
&\Longleftrightarrow \quad x = \ln(y + \sqrt{y^2 - 1})
\end{aligned}
$$

Remarque

Notons que, comme la fonction racine carrée, la fonction argument cosinus hyperbolique n'est pas dérivable sur la totalité de son domaine (définie continue sur $[1\,,\,+\infty[$ mais dérivable uniquement sur $]1\,,\,+\infty[$).

Si nous sommes amenés à considérer une primitive de

$$\frac{1}{\sqrt{x^2-1}}$$

nous écrirons

$$\int \frac{1}{\sqrt{x^2-1}}\,\mathrm{d}x = \ln\left|x+\sqrt{x^2-1}\right|$$

et non

$$\int \frac{1}{\sqrt{x^2-1}}\,\mathrm{d}x = \operatorname{argch} x$$

ce qui ne serait vrai que si nous savions que $x \geq 1$.
De même, comme

$$y = x^2 \iff y \geq 0 \quad \text{et} \quad (x = \sqrt{y} \quad \text{ou} \quad x = -\sqrt{x})$$

nous avons

$$y = \operatorname{ch} x \iff y \geq 1 \quad \text{et} \quad (x = \operatorname{argch} y \quad \text{ou} \quad x = -\operatorname{argch} x)$$

ce qui provient du fait que les deux fonctions réciproques ne sont les fonctions réciproques que des restrictions à $\mathbb{R}^+$ des fonctions initiales, et de la parité des deux fonctions $x \mapsto x^2$ et argch.

Exemple 35

Montrer que

$$\operatorname{argch}(\operatorname{ch} x) = |x| \quad \forall x \in \mathbb{R}$$

On sait, par définition de la fonction argch, que

$$\operatorname{argch}(\operatorname{ch} x) = x \quad \forall x \in [0\,,\,+\infty[$$

Il nous reste alors à remarquer que la fonction $\operatorname{argch}(\operatorname{ch} x)$ est paire et coïncide avec $|x|$ sur $[0\,,\,+\infty[$.

3.3. Fonction argument tangente hyperbolique

Proposition 44 *La fonction* $\operatorname{argth} x$ *(notée aussi* arctanh*) est*

- *définie, continue, strictement croissante sur* $]-1\,;\,+1[$
- *impaire*
- *dérivable sur* $]-1\,;\,+1[$ *et telle que* $\operatorname{argth}' x = \frac{1}{1-x^2}$
- *la fonction réciproque de la fonction* th *et donc*
  $\operatorname{th}(\operatorname{argth} x) = x \quad \forall x \in]-1\,;\,+1[$
  $\operatorname{argth}(\operatorname{th} x) = x \quad \forall x \in \mathbb{R}$

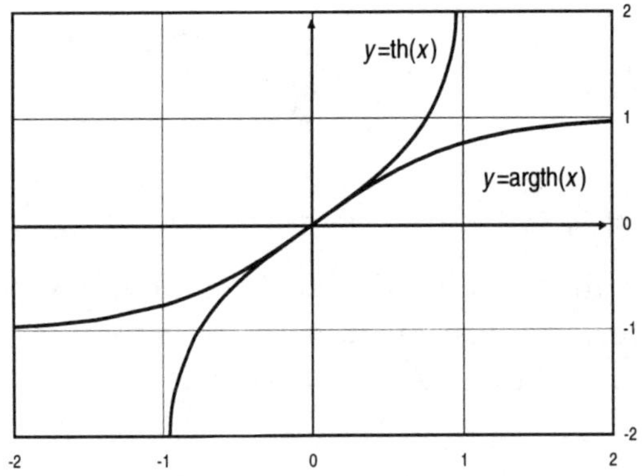

FIG. 2.5 – *Courbes de* th *et de* argth

Exemple 36

Montrer que sur $]-1\,;\,1[$,

$$\operatorname{argth} x = \frac{1}{2}\ln\frac{1+x}{1-x}$$

Nous utilisons le fait que argth est la fonction réciproque de th.

$$\begin{aligned} y = \operatorname{argth} x &\iff \operatorname{th} y = x \iff \frac{e^{2y}-1}{e^{2y}+1} = x \\ &\iff e^{2y} - 1 = x\left(e^{2y}+1\right) \\ &\iff e^{2y}(1-x) = 1+x \\ &\iff e^{2y} = \frac{1+x}{1-x} \\ &\iff x \in]-1\,;1[\quad \text{et} \quad y = \frac{1}{2}\ln\frac{1+x}{1-x} \end{aligned}$$

Comme pour la fonction argch on peut constater que l'expression de la dérivée de la fonction a un domaine de définition plus vaste que celui de la fonction elle-même.

Nous notons alors que

$$\int \frac{1}{1-x^2} = \frac{1}{2}\ln\left|\frac{1+x}{1-x}\right|$$

résultat que le lecteur montrera sans difficulté en vérifiant l'égalité des domaines et en effectuant une dérivation judicieuse.

Proposition 45 *En 0,* $\operatorname{argsh} x \sim \operatorname{argth} x \sim x$

4. Rappels de trigonométrie

Proposition 46 $\sin^2 x + \cos^2 x = 1$

Proposition 47

$$\begin{aligned}
\cos(a+b) &= \cos a\ \cos b - \sin a\ \sin b\\
\cos(a-b) &= \cos a\ \cos b + \sin a\ \sin b\\
\sin(a+b) &= \sin a\ \cos b + \cos a\ \sin b\\
\sin(a-b) &= \sin a\ \cos b - \cos a\ \sin b
\end{aligned}$$

Exemple 37

Calculer

$$\cos\frac{7\pi}{12} \qquad \textit{et} \qquad \sin\frac{7\pi}{12}$$

en remarquant que

$$\frac{7\pi}{12} = \frac{\pi}{3} + \frac{\pi}{4}$$

$$\begin{aligned}
\cos\frac{7\pi}{12} &= \cos\left(\frac{\pi}{3}+\frac{\pi}{4}\right)\\
&= \cos\frac{\pi}{3}\cos\frac{\pi}{4} - \sin\frac{\pi}{3}\sin\frac{\pi}{4}\\
&= \frac{1}{2}\frac{\sqrt{2}}{2} - -\frac{\sqrt{3}}{2}\frac{\sqrt{2}}{2} = \frac{\sqrt{2}(1-\sqrt{3})}{4}\\
\sin\frac{7\pi}{12} &= \sin\left(\frac{\pi}{3}+\frac{\pi}{4}\right) = \sin\frac{\pi}{3}\cos\frac{\pi}{4} + \cos\frac{\pi}{3}\sin\frac{\pi}{4}\\
&= \frac{\sqrt{2}(\sqrt{3}+1)}{4}
\end{aligned}$$

Proposition 48

$$\cos 2a = \cos^2 a - \sin^2 a = 2\cos^2 a - 1 = 1 - 2\sin^2 a$$

$$\sin 2a = 2\sin a\ \cos a$$

Proposition 49

$$\tan(a+b) = \frac{\tan a + \tan b}{1 - \tan a \ \tan b} \quad ; \quad \tan(a-b) = \frac{\tan a - \tan b}{1 + \tan a \ \tan b}$$

$$\sin 2a = \frac{2\tan a}{1+\tan^2 a} \quad ; \quad \cos 2a = \frac{1-\tan^2 a}{1+\tan^2 a}$$

$$\tan 2a = \frac{2\tan a}{1-\tan^2 a}$$

Proposition 50

$$\sin(x+\pi) = -\sin x \qquad \cos(x+\pi) = -\cos x \qquad \tan(x+\pi) = \tan x$$

$$\cos\left(\frac{\pi}{2} - x\right) = \sin x \qquad \sin\left(\frac{\pi}{2} - x\right) = \cos x$$

$$\cos\left(x + \frac{\pi}{2}\right) = (\cos x)' = -\sin x$$

$$\sin\left(x + \frac{\pi}{2}\right) = (\sin x)' = \cos x$$

Proposition 51

$$\begin{aligned}
\cos a \ \cos b &= \frac{1}{2}(\cos(a-b) + \cos(a+b)) \\
\sin a \ \sin b &= \frac{1}{2}(\cos(a-b) - \cos(a+b)) \\
\sin a \ \cos b &= \frac{1}{2}(\sin(a-b) + \sin(a+b))
\end{aligned}$$

Ces formules transformant produit en somme sont utiles pour intégrer et éventuellement pour dériver.

Exemple 38

Déterminer une primitive de

$$\cos 2x \ \sin(x+1)$$

Nous transformons d'abord ce produit en somme (linéarisation).

$$\begin{aligned} \cos 2x \ \sin(x+1) &= \frac{1}{2}(\sin(x+1-2x)+\sin(x+1+2x)) \\ &= \frac{1}{2}(\sin(1-x)+\sin(3x+1)) \end{aligned}$$

donc

$$\begin{aligned} \int \cos 2x \ \sin(x+1)\,\mathrm{d}x &= \frac{1}{2}\int \sin(1-x)+\sin(3x+1)\,\mathrm{d}x \\ &= \frac{1}{2}\cos(1-x)-\frac{1}{6}\cos(3x+1) \end{aligned}$$

Proposition 52

$$\begin{aligned} \cos a+\cos b &= 2\cos\frac{a+b}{2}\ \cos\frac{a-2}{2} \\ \cos a-\cos b &= -2\sin\frac{a+b}{2}\ \sin\frac{a-2}{2} \\ \sin a+\sin b &= 2\sin\frac{a+b}{2}\ \cos\frac{a-2}{2} \\ \sin a-\sin b &= 2\cos\frac{a+b}{2}\ \sin\frac{a-2}{2} \end{aligned}$$

Ces formules transformant somme en produit sont utiles pour la résolution d'équations et d'inéquations.

Proposition 53

$$\tan a = \tan b \Longleftrightarrow a = b + k\pi$$

En réalité on devrait écrire

$$\tan a = \tan b \Longleftrightarrow \exists k \in Z \ / \ a = b + k\pi$$

Proposition 54

$$\cos a = \cos b \Longleftrightarrow \left\{ \begin{array}{l} a = b + 2k\pi \\ \quad \text{ou} \\ a = -b + 2k\pi \end{array} \right.$$

(deux nombres ont même cosinus si et seulement si ils sont égaux ou opposés à 2π près)

$$\sin a = \sin b \Longleftrightarrow \left\{ \begin{array}{l} a = b + 2k\pi \\ \quad \text{ou} \\ a = \pi - b + 2k\pi \end{array} \right.$$

(deux nombres ont même cosinus si et seulement si ils sont égaux ou supplémentaires à 2π près)

Exemple 39

Résoudre l'équation

$$\cos x + \cos 3x = \cos 2x$$

$$\begin{aligned} \cos x + \cos 3x = \cos 2x &\Longleftrightarrow 2\cos\frac{x+3x}{2}\cos\frac{x-3x}{2} = \cos 2x \\ &\Longleftrightarrow 2\cos 2x \cos x = \cos 2x \\ &\Longleftrightarrow \cos 2x(2\cos x - 1) = 0 \\ &\Longleftrightarrow \cos 2x = 0 \text{ ou } \cos x = \frac{1}{2} \end{aligned}$$

Or

$$\cos 2x = 0 \iff 2x = \frac{\pi}{2} + k\pi \iff x = \frac{\pi}{4} + \frac{k\pi}{2}$$

et

$$\cos x = \frac{1}{2} \iff x = \frac{\pi}{3} + 2k\pi \text{ ou } x = -\frac{\pi}{3} + 2k\pi$$

Ce qui nous donne

$$\cos x + \cos 3x = \cos 2x \iff x + 2k\pi \in \left\{\frac{-3\pi}{4}, \frac{-\pi}{3}, \frac{-\pi}{4}, \frac{\pi}{4}, \frac{\pi}{3}, \frac{3\pi}{4}\right\}$$

Remarque

Il est d'usage lorsque 2π est période d'une équation de donner toutes les solutions à 2π près.

Rappelons également que $x = a + \frac{2k\pi}{n}$ nous donne n solutions à 2π près, solutions obtenues en donnant à k n valeurs consécutives (on s'efforcera d'obtenir les valeurs comprises entre $-\pi$ et π).

5. Fonctions trigonométriques réciproques

Nous allons maintenant définir les fonctions réciproques des fonctions de la trigonométrie circulaire. Contrairement aux fonctions hyperboliques réciproques qui s'expriment à l'aide des fonctions usuelles, les fonctions réciproques des fonctions circulaires sont des fonctions nouvelles.

Il est clair que les fonctions sin et cos, comme d'ailleurs toutes les fonctions périodiques, ne sont pas injectives et donc n'admettent pas de fonctions réciproques. En effet la condition de périodicité $(f(x+T) = f(x))$ est contradictoire avec la condition d'injectivité $(f(a) = f(b) \Longrightarrow a = b)$.

Nous sommes donc amenés (comme dans le cas des fonctions $x \mapsto x^2$ ou ch), à considérer la restriction de ces fonctions à une partie de leur domaine.

5.1. Fonctions arc sinus et arc cosinus

Proposition 55 *La fonction* arcsin *est la fonction réciproque de la restriction de* sin *à l'intervalle* $[-\frac{\pi}{2}, +\frac{\pi}{2}]$. *Elle est :*
- *continue, strictement croissante, impaire sur* $[-1, 1]$ *;*
- *dérivable sur* $]-1, 1[$*, et*

$$\arcsin' x = \frac{1}{\sqrt{1-x^2}}$$

Proposition 56 *La fonction* arccos *est la fonction réciproque de la restriction de* cos *à l'intervalle* $[0, +\pi]$. *Elle est :*
- *définie, continue, strictement décroissante sur* $[-1, 1]$ *;*
- *dérivable sur* $]-1, 1[$*, et*

$$\arccos' x = -\frac{1}{\sqrt{1-x^2}}$$

Nous remarquons que les dérivées des fonctions arcsin et arccos sont opposées ; leur somme a donc une dérivée nulle et est par conséquent constante, de valeur $\arcsin 0 + \arccos 0$ (par exemple) i.e. $\pi/2$. Donc :

Proposition 57 $\arcsin x + \arccos x = \frac{\pi}{2}$

Seule la fonction arcsin sera utilisée en pratique (sauf cas particulier, par exemple en physique lors de la recherche d'un angle dont on connaît le cosinus).

Le fait que la fonction arcsin soit la fonction réciproque d'une restriction de sin nous conduit à des relations entre sin et arcsin moins tranchées qu'entre par exemple ln et exp.

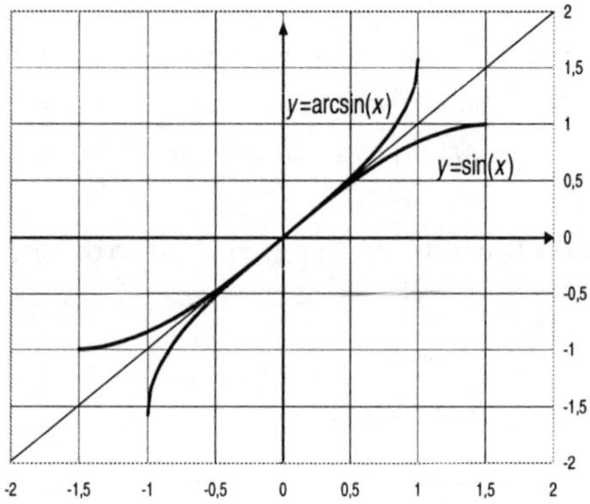

FIG. 2.6 – *Courbes de* sin *et de* arcsin

Proposition 58

$$\sin(\arcsin x) = x \quad \forall x \in [-1\,,\,1]$$

$$\arcsin(\sin x) = x \quad \forall x \in [-\frac{\pi}{2}\,,\,\frac{\pi}{2}]$$

$$si\ |y| \leq 1,\ y = \sin x \iff \left\{ \begin{array}{l} x = \arcsin y + 2k\pi \\ \quad \text{ou} \\ x = \pi - \arcsin y + 2k\pi \end{array} \right.$$

Exemple 40

Simplifier

$$f(x) = \cos^2(\frac{1}{2}\arccos x)$$

$$\cos^2 a = \frac{1 + \cos 2a}{2}$$

donc

$$f(x) = \frac{1}{2}(1 + \cos \arccos x) = \frac{1}{2}(1 + x)$$

Exemple 41

> *Etude de la fonction f définie par*
>
> $$f(x) = \arcsin(\sin x)$$

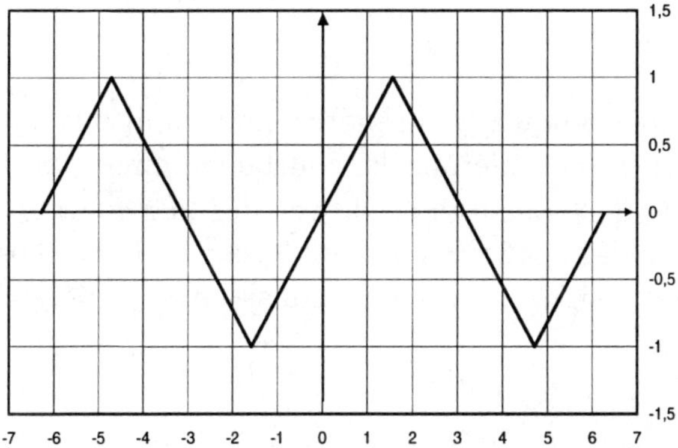

FIG. 2.7 – *Courbe de* $\arcsin(sin(x))$

La fonction f est définie si $-1 \leq \sin x \leq 1$, ce qui est toujours réalisé. Donc $D_f = \mathbb{R}$.

La fonction sin étant 2π-périodique, il en est de même de la composée $\arcsin(\sin(x))$. Par ailleurs f est impaire comme composée de deux fonctions impaires. Nous pouvons donc réduire l'étude de f au domaine $[0\,, \pi]$. D'autre part

$$f(\pi - x) = \arcsin(\sin(\pi - x)) = \arcsin(\sin x) = x$$

La courbe représentative de f admet donc pour axe de symétrie la droite d'équation $x = \pi/2$ et nous réduisons le domaine d'étude à $[0\,, \pi/2]$.

Or sur $[-\pi/2\,,\,\pi/2]$, et donc sur $[0\,,\,\pi/2]$, $f(x) = x$.

Sur $[0\,,\,\pi/2]$ la courbe représentative de f coïncide donc avec la première bissectrice ; nous complétons par une symétrie par rapport à la droite d'équation $x = \pi/2$, puis par une symétrie origine, puis par des translations de vecteur $2k\pi\,\vec{i}$, ($k \in \mathbb{Z}$).

Exemple 42

> *Etude de la fonction f définie par*
>
> $$f(x) = \sin x + \sin 2x$$

• $D_f = \mathbb{R}$
• f est 2π-périodique et impaire: nous limitons donc l'étude à $D_e = [0\,,\,\pi]$ et complétons la courbe obtenue par une symétrie origine suivie des translations de vecteur $2k\pi\,\vec{i}$ ($k \in \mathbb{Z}$)
• $f'(x) = \cos x + 2\cos 2x = \cos x + 2(2\cos^2 x - 1) = 4\cos^2 x + \cos x - 2$
Pour étudier le signe de f', nous considérons le polynôme

$$g(x) = 4x^2 + x - 1$$

(nous avons alors $f'(x) = g(\cos x)$)
g admet pour racines

$$\alpha = \frac{-1-\sqrt{33}}{8} \qquad \textit{et} \qquad \beta = \frac{-1+\sqrt{33}}{8}$$

Il nous faut maintenant positionner α et β par rapport à -1 et 1 (car $\cos x \in [-1\,,\,1]$).
$g(1) = 3$, donc 1 est extérieur aux racines α et β.
$g(-1) = 1$, donc -1 est extérieur aux racines α et β.
Comme $(\alpha + \beta)/2 = -1/4$, 1 est à droite de β et -1 à gauche de α. Par conséquent

$$-1 \leq \alpha \leq \beta \leq 1$$

Par suite

$$f'(x) \leq 0 \iff g(\cos x) \leq 0 \iff -1 \leq \alpha \leq \cos x \leq \beta \leq 1$$

et comme nous nous sommes limités à $[0\,,\,\pi]$ et que arccos est la fonction réciproque de la restriction de cos à $[0\,,\,\pi]$ et est décroissante,

$$f'(x) \leq 0 \Longleftrightarrow \arccos\beta \leq x \leq \arccos\alpha$$

d'où le tableau de variation

x	0		$\arccos\beta$		$\pi/2$		$2\pi/2$		$\arccos\alpha$		$+\pi$
f'	3	$+$	0	$-$	-2	$-$	$-3/2$	$-$	0	$+$	1
f	0	$\nearrow$	$\frac{\sqrt{414+66\sqrt{33}}}{16}$	$\searrow$	1	$\searrow$	0	$\searrow$	$\frac{\sqrt{414-66\sqrt{33}}}{16}$	$\nearrow$	0

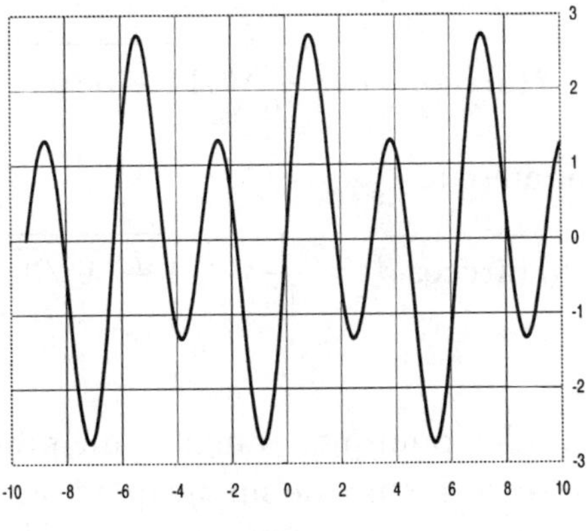

FIG. 2.8 – $f(x) = \sin x + 2\sin 2x$

Développons le calcul de $f(\arccos\alpha)$:

$$\begin{aligned} f(\arccos\alpha) &= \sin(\arccos\alpha) + \sin(2\arccos\alpha) \\ &= \sin(\arccos\alpha) + 2\sin(\arccos\alpha)\cos(\arccos\alpha) \\ &= \sin(\arccos\alpha)(1 + 2\cos(\arccos\alpha)) \\ &= \sqrt{1-\alpha^2}(1+2\alpha) \end{aligned}$$

Or $g(\alpha) = 0$; donc $4\alpha^2+\alpha-2 = 0$ et par conséquent $\alpha^2 = (2-\alpha)/4$. Donc

$$1 - \alpha^2 = \frac{\alpha - 2}{4} = \frac{15 - \sqrt{33}}{32}$$

$$1 + 2\alpha = \frac{3 - \sqrt{33}}{4}$$

$1 + 2\alpha$ étant positif,

$$1 + 2\alpha = \sqrt{(1+2\alpha)^2} = \frac{1}{4}\sqrt{42 - 6\sqrt{33}}$$

ce qui nous mène à

$$f(\arccos\alpha) = \frac{1}{16}\sqrt{414 - 66\sqrt{33}}$$

et de la même manière à

$$f(\arccos\beta) = \frac{1}{16}\sqrt{414 + 66\sqrt{33}}$$

Remarque

On peut se demander pourquoi ramener un produit d'une racine par un réel à une seule racine, de même que l'on peut se demander pourquoi « on ne laisse jamais une racine au dénominateur ». En dehors de satisfaire une obsession des professeurs, il y a bien sûr à cela une raison objective : la minimisation des erreurs d'arrondi lors d'un calcul approché.

Déterminons maintenant les points d'intersection de la courbe et des axes de coordonnées.

$$\begin{aligned} f(x) = 0 &\iff \sin x + \sin 2x = 0 \\ &\iff \sin x(1 + 2\cos x) = 0 \\ &\iff \sin x = 0 \text{ ou } \cos x = -\frac{1}{2} \\ &\iff x = k\pi \text{ ou } x = \frac{2\pi}{3} + 2k\pi \text{ ou } x = -\frac{2\pi}{3} + 2k\pi \end{aligned}$$

5.2. Fonction arc tangente

Proposition 59 *La fonction* arctan *est la fonction réciproque de la restriction de* tan *à* $]-\pi/2\,,\,\pi/2[$. *Elle est*

- *définie, continue, impaire, strictement croissante sur* $\mathbb{R}$
- *dérivable sur* $\mathbb{R}$ *et de dérivée*

$$\arctan' x = \frac{1}{1+x^2}$$

Par ailleurs

$$\tan(\arctan x) = x \quad \forall x \in \mathbb{R}$$

$$\arctan(\tan x) = x \quad \forall x \in]-\pi/2\,,\,\pi/2[$$

$$y = \tan x \iff x = \arctan y + k\pi$$

Remarque

Des trois fonctions trigonométriques circulaires réciproques (nous omettons la fonction arccotan peu utilisée et peu utile), la fonction arctan est la plus simple et la plus facile à tabuler. C'est la raison pour laquelle la plupart des langages informatiques proposent cette fonction, mais ne proposent pas les fonctions arcsin et arccos qui peuvent s'exprimer à l'aide de la fonction arctan.

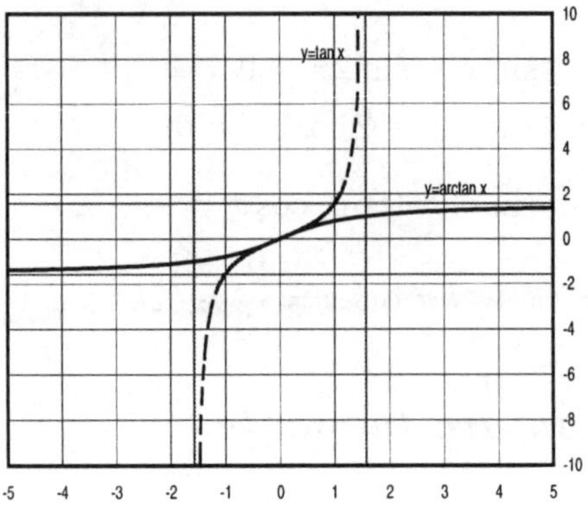

FIG. 2.9 – *Courbes de* $\tan x$ *et de* $\arctan x$

Exemple 43

> *Montrer que*
>
> $$\arcsin x = \arctan\left(\frac{x}{\sqrt{1-x^2}}\right)$$
>
> *sur un domaine que l'on déterminera.*

Posons

$$f(x) = \arcsin x \quad \text{et} \quad g(x) = \arctan\left(\frac{x}{\sqrt{1-x^2}}\right)$$

La fonction f est définie sur $[-1\,,\,1]$ tandis que la fonction g est définie sur $]-1\,,\,1[$. Dérivons

$$\begin{aligned} g'(x) &= \frac{1}{1+\left(\frac{x}{\sqrt{1-x^2}}\right)^2} \times \frac{\sqrt{1-x^2} - x\frac{-2x}{2\sqrt{1-x^2}}}{1-x^2} \\ &= \frac{1}{\sqrt{1-x^2}} = (\arcsin x)' \end{aligned}$$

Comme par ailleurs $f(0) = g(0)$, les deux fonctions coïncident sur le domaine de g.

Exemple 44

Calculer

$$A = \arctan \frac{1}{2} + \arctan \frac{1}{3}$$

$$\tan A = \frac{\frac{1}{2} + \frac{1}{3}}{1 - \frac{1}{2}\frac{1}{3}} = 1$$

donc $A = \frac{\pi}{4} + k\pi$.

Nous savons par ailleurs que $\arctan \frac{1}{2} \in]-\frac{\pi}{2}, \frac{\pi}{2}[$ et même, plus précisément, que $\frac{1}{2} < 0 \Longrightarrow 0 < \arctan \frac{1}{2} < \frac{\pi}{2}$. De même $0 < \arctan \frac{1}{3} < \frac{\pi}{2}$. Donc $0 < A < \frac{\pi}{2}$

En définitive

$$\begin{cases} A = \frac{\pi}{4} + k\pi \\ 0 < A < \pi \end{cases} \Longrightarrow A = \frac{\pi}{4}$$

Proposition 60 *En 0,* $\arcsin x \sim \arctan x \sim x$.

6. Exercices

Exercice 15

Soit f la fonction définie par $f(x) = 2 \operatorname{ch} x + 3 \operatorname{sh} x - \operatorname{th} 2x$. Calculer $f(\ln 2)$.

Exercice 16

Résoudre l'équation $2 \operatorname{ch} x + 3 \operatorname{sh} x = 5$

Exercice 17

1. Etudier la fonction numérique f définie par $f(x) = \operatorname{sh}^2 x$.

2. Ecrire l'équation de la tangente à la courbe représentative de f au point d'abscisse $\operatorname{argsh} 1$; déterminer le point d'intersection de cette tangente et de l'axe (Ox).

3. Montrer que la restriction de f à $\mathbb{R}^+$ admet une fonction réciproque que l'on déterminera et que l'on étudiera.

Exercice 18

On considère les fonctions f et g définies par

$$f(x) = 2 \operatorname{argth}(\tan\ x)$$

et

$$g(x) = \operatorname{argth}(\sin 2x)$$

1. Déterminer les domaines de définition de f et de g. Réduction ?

2. Déterminer les fonctions dérivées f' et g'. Comparer ces fonctions. Que peut-on en déduire concernant f et g ?

3. Exprimer $f(x)$ et $g(x)$ en utilisant la fonction ln. Conclusion ?

Exercice 19

Soit f la fonction numérique définie par

$$f(x) = x\ \tan x$$

1. Montrer que la courbe représentative de f admet une infinité de points d'inflexion.

2. Montrer que les points d'inflexion de cette courbe sont alignés.

3. Montrer que la normale en un point d'inflexion passe par l'origine du repère.

Exercice 20

Etudier la fonction f définie par

$$f(x) = \sin x + \sin 3x$$

Exercice 21

Un rectangle $ABCD$ est inscrit dans un demi-cercle de centre O, de diamètre $[I, J]$ et de rayon $R = 4,5$ cm; les points A et B sont situés sur le diamètre $[I, J]$. θ désigne une mesure en radians de l'angle $(\overrightarrow{OB}, \overrightarrow{OC})$ et on suppose $0 \leq \theta \leq \frac{\pi}{2}$.

1. Donner en fonction de θ l'aire $\mathcal{A}$ et le périmètre $\mathcal{P}$ du rectangle $ABCD$.
2. Déterminer la valeur de θ pour laquelle l'aire du rectangle $ABCD$ est maximale.
   Quelles sont alors les dimensions de ce rectangle?
3. Déterminer la valeur de θ pour laquelle le périmètre du rectangle $ABCD$ est maximale.
   Quelles sont alors les dimensions de ce rectangle?

Exercice 22

Résoudre

$$\arcsin \frac{4}{5} + \arcsin \frac{2}{3} = \arcsin x$$

Exercice 23

Résoudre

$$\arcsin \frac{1}{3} + \arcsin \frac{1}{4} = \arcsin x$$

Exercice 24

Etudier la fonction numérique f définie par

$$f(x) = \arcsin \frac{2x}{1 + x^2}$$

7. Corrigé des exercices

Exercice 15

On a

$$\operatorname{sh}(\ln 2) = \frac{e^{\ln 2} - e^{-\ln 2}}{2} = \frac{2 - \frac{1}{2}}{2} = \frac{3}{4}$$

$$\operatorname{ch}(\ln 2) = \frac{e^{\ln 2} + e^{-\ln 2}}{2} = \frac{2 + \frac{1}{2}}{2} = \frac{5}{4}$$

d'où

$$\operatorname{th}(\ln 2) = \frac{3}{5}$$

$$\operatorname{th}(2\ln 2) = \frac{2\operatorname{th}(\ln 2)}{1 + \operatorname{th}^2 \ln 2} = \frac{6/5}{\frac{34}{25}} = \frac{15}{17}$$

et donc

$$f(\ln 2) = 2\frac{5}{4} + 3\frac{3}{4} - \frac{15}{17} = \frac{263}{68}$$

Exercice 16

On revient à la fonction exponentielle. Posons $X = e^x$. Alors

$$\operatorname{ch} x = \frac{1}{2}(X + \frac{1}{X}) = \frac{1}{2}\frac{X^2+1}{X}$$

$$\operatorname{sh} x = \frac{1}{2}(X - \frac{1}{X}) = \frac{1}{2}\frac{X^2-1}{X}$$

donc

$$2\operatorname{ch} x + 3\operatorname{sh} x = \frac{1}{2}\frac{2(X^2+1)+3(X^2-1)}{X} = \frac{5X^2-1}{2X}$$

et

$$2\operatorname{ch} x + 3\operatorname{sh} x = 5 \iff \begin{cases} X = e^x \\ 5X^2 - 1 = 10X \end{cases} \iff x = \ln(1 + \frac{\sqrt{30}}{5})$$

Exercice 17

1/ La fonction f est définie sur $\mathbb{R}$, paire. On peut donc limiter l'étude à $[0\,,\,+\infty[$.
En $+\infty$, $\operatorname{sh} x \sim e^x/2$ et donc $f(x) \sim e^{2x}/4$. Par conséquent

$$\lim_{x\to+\infty} f(x) = +\infty \quad \text{et} \quad \lim_{x\to+\infty} f(x)/x = +\infty$$

La courbe admet donc en $+\infty$ une branche parabolique.
f est dérivable sur $\mathbb{R}$ et $f'(x) = 2\operatorname{sh} x \operatorname{ch} x = \operatorname{sh} 2x$. La suite de l'étude ne pose pas de problème.

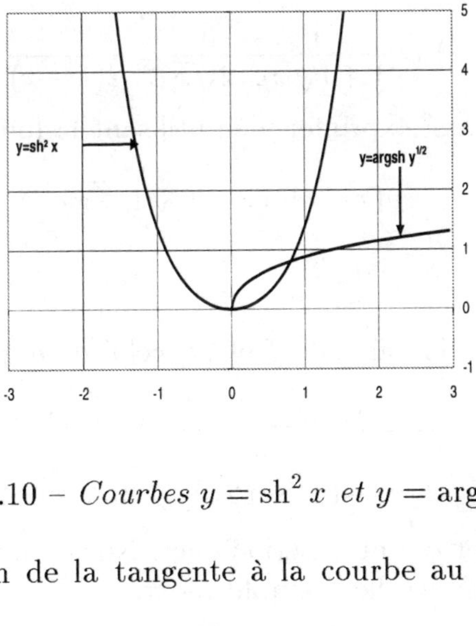

FIG. 2.10 – *Courbes* $y = \operatorname{sh}^2 x$ *et* $y = \operatorname{argsh}\sqrt{x}$

2/ L'équation de la tangente à la courbe au point d'abscisse argsh 1 est

$$y = 2\sqrt{2}(x-1)+1$$

Cette tangente coupe l'axe (Ox) au point d'abscisse

$$1 - \frac{1}{2\sqrt{2}} = \frac{4-\sqrt{2}}{4}$$

3/ La fonction f est continue, strictement croissante sur $\mathbb{R}^+$. La restriction de f à $\mathbb{R}^+$ admet donc une fonction réciproque g, définie continue sur $[0\,,+\infty[$ (car $f(0) = 0$ et $\lim\limits_{x\to+\infty} f(x) = +\infty$). Pour déterminer l'expression de g, nous résolvons

$$y = f(x) \Longleftrightarrow y = \operatorname{sh}^2 x \Longleftrightarrow \begin{cases} y \geq 0 \\ \operatorname{sh} x = \sqrt{y} \end{cases} \Longleftrightarrow x = \operatorname{argsh} \sqrt{y}$$

D'où

$$g(x) = \operatorname{argsh} \sqrt{y}$$

La courbe représentative de g est obtenue par symétrie première bissectrice à partir de la courbe représentative de la restriction de f à $\mathbb{R}^+$.

$$g'(x) = \frac{1}{1+(\sqrt{x})^2}\,\frac{1}{2\sqrt{x}} = \frac{1}{2(1+x)\sqrt{x}}$$

Nous pouvons aussi exprimer g en utilisant la fonction ln :

$$g(x) = \ln(\sqrt{x} + \sqrt{1+x})$$

Exercice 18

1/ Soit D_f le domaine de f et D_g celui de g.

$$x \in D_f \Longleftrightarrow -1 < \tan x < 1$$

$$x \in D_g \Longleftrightarrow -1 < \sin 2x < 1 \Longleftrightarrow \sin^2 2x \neq 1$$

Les fonctions f et g sont π-périodiques. Nous pouvons donc limiter les études à un intervalle d'amplitude π.

$$D_f \ \cap \ [-\pi/2\,, \pi/2] =]-\pi/4\,, \pi/4[$$

$$D_g \ \cap \ [-\pi/2\,, \pi/2] =]-\pi/2\,, \pi/2[$$

Les deux fonctions sont impaires comme composées de fonctions impaires. Nous limitons donc l'étude à $D_{f,1} = [0\,, \pi/4[$ et

$D_{g,1} = [0\,,\,\pi/2[$. Ces domaines n'étant pas centrés nous ne pouvons réduire davantage.

2/ f et g sont dérivables sur leur domaine et

$$f'(x) = 2\,\frac{1}{1-\tan^2 x}\,(1+\tan^2 x)$$

$$g'(x) = \frac{1}{1-\sin^2 2x}\,2\cos 2x = \frac{2\cos 2x}{\cos^2 x} = \frac{2}{\cos 2x}$$

Or

$$\cos 2x = \frac{1-\tan^2 x}{1+\tan^2 x}$$

donc

$$g'(x) = 2\,\frac{1+\tan^2 x}{1-\tan^2 x} = f'x)$$

Cette conclusion est un peu hâtive ! En effet si les expressions de $f'(x)$ et $g'(x)$ sont égales, f' et g' n'ont pas même domaine, donc ne sauraient être égales. Cette égalité n'est vraie que sur l'intersection de leur domaine, i.e. sur le domaine de f.

L'égalité de f' et de g' nous permet d'affirmer que, sur chaque intervalle sur lequel elles sont définies, elles diffèrent d'une constante. Ainsi sur le domaine réduit $[0\,,\,\pi/4[$, elles sont égales car $f(0) = g(0)$. Ce fait à lui seul ne nous permet pas d'en déduire l'égalité de f et de g sur leur domaine commun ; en effet sur d'autres intervalles la «constante» $f(x)-g(x)$ peut prendre d'autres valeurs. Cependant, les deux fonctions étant impaires et π-périodiques, l'égalité de f et de g sur $[0\,,\,\pi/4[$ implique leur égalité sur leur domaine commun D_f.

3/ Nous savons que

$$\operatorname{argth} x = \frac{1}{2}\ln\frac{1+x}{1-x}$$

Donc

$$f(x) = \ln\frac{1+\tan x}{1-\tan x} \quad \text{et} \quad g(x) = \frac{1}{2}\ln\frac{1+\sin 2x}{1-\sin 2x}$$

Or

$$\sin 2x = \frac{2\tan x}{1+\tan^2 x}$$

Donc

$$\frac{1+\sin 2x}{1-\sin 2x} = \frac{1+\tan^2 x + 2\tan x}{1+\tan^2 x - 2\tan x} = \left(\frac{1+\tan x}{1-\tan x}\right)^2$$

d'où

$$g(x) = \frac{1}{2}\ln\left(\frac{1+\tan x}{1-\tan x}\right)^2 = \ln\left|\frac{1+\tan x}{1-\tan x}\right|$$

ce qui montre à nouveau que $g(x)$ est égal à $f(x)$ sur le domaine de f.

Exercice 19

1/ Soit D le domaine de définition de f.

$$x \in D \Longleftrightarrow \forall k \in \mathbb{Z},\ x \neq \frac{\pi}{2} + k\pi$$

f étant paire, on peut limiter l'étude à $D \cap \mathbb{R}^+$.
f est continue, dérivable à l'ordre 2 sur son domaine.

$$f'(x) = x(1+\tan^2 x) + \tan x$$

et

$$f''(x) = 2x\tan x(1+\tan^2 x) + (1+\tan^2 x) = 2(1+\tan^2 x)(x\tan x + 1)$$

Si l'on se limite à $\mathbb{R}^+$, f'' est du signe de

$$g(x) = \tan x + \frac{1}{x}$$

Sur tout intervalle $]-\pi/2 + k\pi\,,\ \pi/2 + k\pi[$, $(k \in \mathbb{N}^*)$, la fonction tangente croît strictement entre $-\infty$ et $+\infty$ et par conséquent sa courbe coupe la courbe représentative de la fonction $-1/x$ (fonction strictement croissante) en un point et un seul d'abscisse α_k. Il

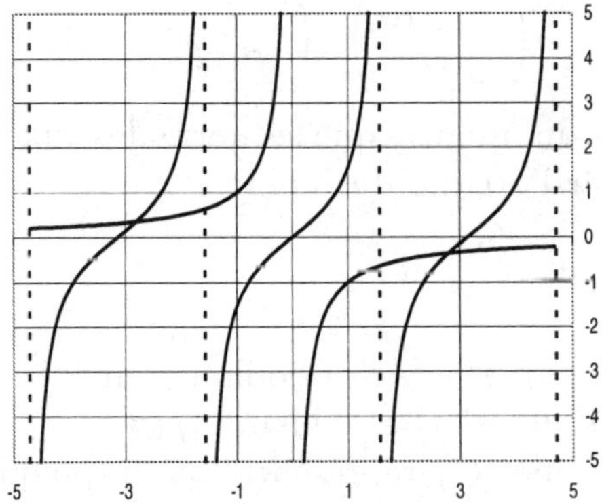

FIG. 2.11 – *Courbes* $y = \tan x$ *et* $y = -1/x$

est clair que $\tan x$ est d'abord inférieur à $-1/x$, puis supérieur. La dérivée seconde changeant de signe lorsqu'elle s'annule, nous sommes bien en présence d'un point d'inflexion pour f.

La courbe représentative de f admet donc une infinité de points d'inflexion, d'abscisses α_k, $k \in \mathbb{N}^*$) et $-\alpha_k$, $k \in \mathbb{N}^*$). Nous avons laissé en suspens le cas $k = 0$ que le lecteur pourra étudier (il montrera qu'il n'y a pas de point d'inflexion dans l'intervalle $]-\pi/2\,,\,\pi/2[$).

2/ Si donc α est l'abscisse d'un point d'inflexion,

$$\tan\alpha = -\frac{1}{\alpha}$$

Donc

$$f(\alpha) = \alpha\,\tan\alpha = \alpha\left(-\frac{1}{\alpha}\right) = -1$$

Les points d'inflexion appartiennent donc à la droite d'équation $y = 1$.

3/ L'équation de la normale à la courbe au point d'abscisse α

est

$$\begin{pmatrix} x-\alpha \\ y+1 \end{pmatrix} \cdot \begin{pmatrix} 1 \\ f'(\alpha) \end{pmatrix} = 0$$

soit $x+\alpha\, y = 0$ ce qui montre que les normales aux points d'inflexion passent toutes par l'origine du repère.

Exercice 20

f est définie sur $\mathbb{R}$, 2π-périodique, impaire. On peut donc limiter l'étude à $[0\,,\,\pi]$. Par ailleurs $f(\pi - x) = f(x)$, et par conséquent la courbe (C) représentation graphique de f admet la droite d'équation $x = \pi/2$ pour axe de symétrie ; on limitera l'étude à $D_1 = [0\,,\,\pi/2]$.

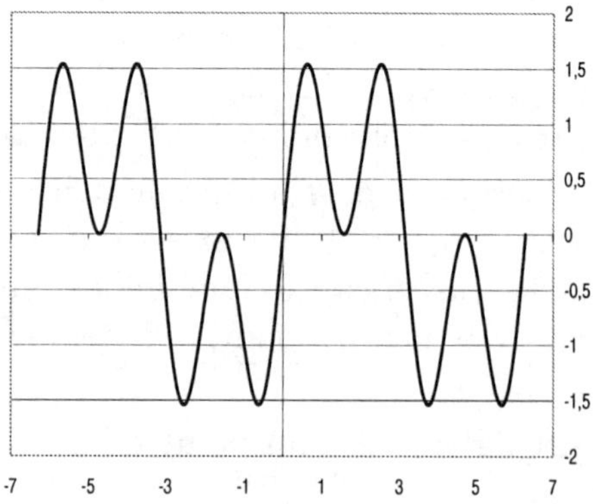

FIG. 2.12 – *Courbe* $y = \sin x + \sin 3x$

$$\begin{aligned}
\sin(3x) &= sin(2x + x) = \sin 2x\, \cos x + \cos 2x\, \sin x \\
&= 2\, \sin x\, \cos^2 x + (2\, \cos^2 x - 1) \sin x \\
&= \sin x\,(4 \cos^2 x - 1)
\end{aligned}$$

Donc

$$f(x) = 4 \sin x \cos^2 x \quad \text{et} \quad f'(x) = \cos x + 3 \cos 3x$$

Or

$$\begin{aligned} \cos(3x) &= \cos(2x + x) = \cos 2x \cos x - \sin 2x \sin x \\ &= (1 - 2 \sin^2 x) \cos x - 2 \sin^2 x \cos x \\ &= \cos x (1 - 4 \sin^2 x) \end{aligned}$$

D'où

$$f'(x) = 4 \cos x \,(1 - 3 \sin^2 x)$$

Sur D_1,

$$f'(x) = 0 \iff x \in \{\arcsin \frac{\sqrt{3}}{3}, \frac{\pi}{2}\}$$

Posons $a = \arcsin \frac{\sqrt{3}}{3}$.

$$f(a) = 4 \sin a \cos^2 a = 4 \sin a (1 - \sin^2 a) = 4 \frac{\sqrt{3}}{3} (1 - \frac{1}{3}) = \frac{8\sqrt{3}}{9}$$

Exercice 21

1/ Les dimensions du rectangle sont $BC = R \sin \theta$ et $AB = 2\,OB = 2R \cos \theta$. Donc
$\mathcal{A}(\theta) = AB \times BC = 2R^2 \sin \theta \cos \theta = R^2 \sin 2\theta$ et
$\mathcal{P}(\theta) = 2(AB + BC) = 2R(2 \cos \theta + \sin \theta)$.

Les fonctions $\mathcal{P}$ et $\mathcal{A}$ sont définies, continues et dérivables sur $[0\,,\,\pi/2]$. Les cas $\theta = 0$ et $\theta = \pi/2$ correspondent à des rectangles dégénérés d'aire nulle et de périmètre $4R$ et $2R$ respectivement.

2/ $\mathcal{A}'(\theta) = 2R^2 \cos 2\theta$. Cette dérivée s'annule en $\pi/4$, est positive entre 0 et $\pi/4$, négative entre $\pi/4$ et $\pi/2$. L'aire est donc maximum pour $\theta = \pi/4$; son maximum est $\mathcal{A}(\pi/4) = R^2$. Les dimensions du rectangle sont alors $AB = BC = R\sqrt{2}/2$ (il s'agit d'un carré).

3/ $\mathcal{P}'(\theta) = 2R(-2 \sin \theta + \cos \theta)$. Sur $]0\,,\,\pi/2[$,

$$\mathcal{P}'(\theta) = 2R \cos \theta (1 - 2 \tan \theta)$$

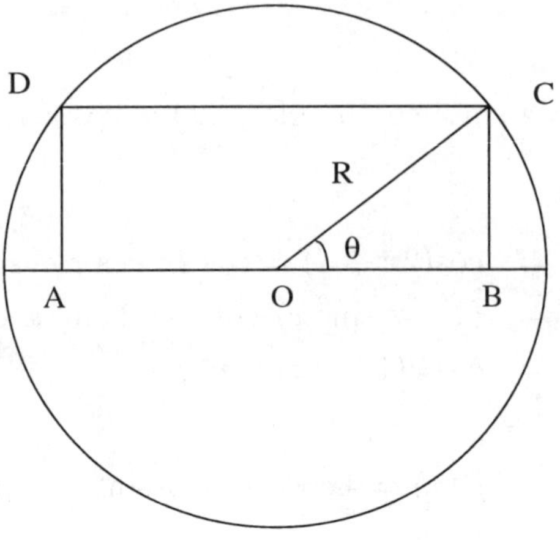

FIG. 2.13 – *Rectangle dans un cercle*

Cette dérivée s'annule pour

$$\theta = \arctan\frac{1}{2}$$

Elle est positive avant et négative après ; nous obtenons donc bien un maximum. Posons $\alpha = \arctan 1/2$. Alors $\tan\alpha = 1/2$ et

$$\cos^2\alpha = \frac{1}{1+\tan^2\alpha} = \frac{1}{1+1/4} = \frac{4}{5}$$

$$\sin^2\alpha = 1 - \cos^2\alpha = 1 - \frac{4}{5} = \frac{1}{5}$$

Les dimensions du rectangle sont donc $AB = 2R\cos\alpha = 4R/\sqrt{5}$ et $BC = R\sin\alpha = R/\sqrt{5}$. La périmètre maximum est $10\,R/\sqrt{5}$

Exercice 22

Posons $a = \arcsin\frac{4}{5}$ et $b = \arcsin\frac{2}{3}$. Comme $2/3$ et $4/5$ sont positifs, a et b appartiennnent à $]0\,,\,\pi/2[$. Mais

$$\left\{\begin{array}{l} \frac{4}{5} > \frac{1}{2} \Longrightarrow \arcsin a > \frac{\pi}{3} \\ \frac{2}{3} > \frac{1}{2} \Longrightarrow \arcsin b > \frac{\pi}{3} \end{array}\right. \Longrightarrow a + b > \frac{2\pi}{3} > \frac{\pi}{2}$$

Or, pour tout x, $\arcsin x \leq \pi/2$. Par conséquent l'équation proposée n'admet pas de solution.

Exercice 23

Posons $a = \arcsin \frac{1}{3}$ et $b = \arcsin \frac{1}{4}$. Comme $1/3$ et $1/4$ sont positifs, a et b appartiennent à $]0\,,\,\pi/2[$ donc $a+b \in\,]0\,,\,\pi[$.

$$\arcsin x = a+b \iff \left\{\begin{array}{l} a+b \in [-\pi/2\,,\,\pi/2] \\ x = \sin(a+b) \end{array}\right. \iff \left\{\begin{array}{l} \cos(a+b) \geq 0 \\ x = \sin(a+b) \end{array}\right.$$

Or

$$\begin{aligned} \cos(a+b) &= \cos a\,\cos b - \sin a\,\sin b \\ &= \sqrt{1-\frac{1}{9}}\sqrt{1-\frac{1}{16}} - \frac{1}{3}\frac{1}{4} = \frac{1}{12}\left(\sqrt{120}-1\right) \end{aligned}$$

ce qui montre que $\cos(a+b) > 0$.

$$\begin{aligned} \sin(a+b) &= \sin a\,\cos b + \sin b\,\cos a \\ &= \frac{1}{3}\frac{\sqrt{15}}{4} + \frac{1}{4}\frac{\sqrt{8}}{3} = \frac{\sqrt{15}+2\sqrt{2}}{12} \end{aligned}$$

En conclusion

$$\arcsin\frac{1}{3} + \arcsin\frac{1}{4} = \arcsin x \iff x = \frac{\sqrt{15}+2\sqrt{2}}{12}$$

Exercice 24

Soit D le domaine de définition de f.

$$\begin{aligned} x \in D &\iff -1 \leq \frac{2x}{1+x^2} \leq 1 \iff -1-x^2 \leq 2x \leq 1+x^2 \\ &\iff \left\{\begin{array}{l} 1+x^2-2x \geq 0 \\ 1+x^2+2x \geq 0 \end{array}\right. \iff \left\{\begin{array}{l} (x-1)^2 \geq 0 \\ (x+1)^2 \geq 0 \end{array}\right. \end{aligned}$$

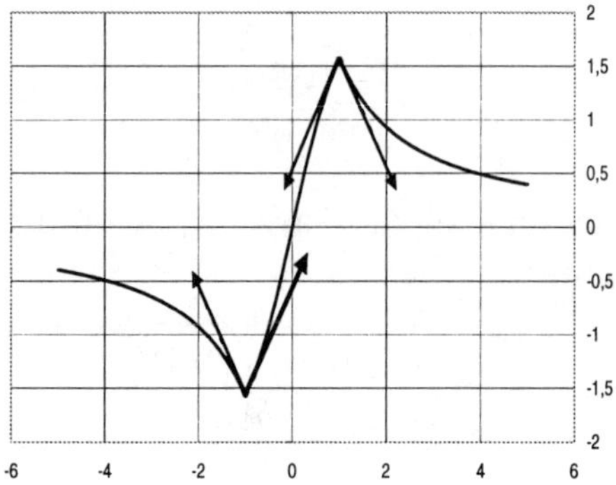

FIG. 2.14 – *Courbe* $y = \arcsin \frac{2x}{1+x^2}$

Donc $D = \mathbb{R}$. La fonction f étant impaire nous limitons l'étude à $\mathbb{R}^+$.
La fonction arcsin n'est dérivable que sur $]-1\,,\,1[$. Or l'étude du domaine nous montre que $\dfrac{2x}{1+x^2}$ prend les valeurs -1 en -1 et 1 en 1. Par conséquent, sur $\mathbb{R}\setminus\{-1\,,\,1\}$, f est dérivable et

$$f'(x) = \frac{1}{\sqrt{1-\left(\frac{2x}{1+x^2}\right)^2}}\,2\,\frac{(1+x^2)-x(2x)}{(1+x^2)^2} = \frac{2(1-x^2)}{|1-x^2|(1+x^2)}$$

Donc sur $]0\,,\,1[$, $f'(x) = \dfrac{2}{1+x^2}$ et sur $]1\,,\,+\infty[$, $f'(x) = -\dfrac{2}{1+x^2}$.
Par suite, sur $]0\,,\,1[$, $f(x) = 2\arctan x$ (car $f(0) = \arctan 0$) et sur $]1\,,\,+\infty[$,

$$f(x) = -\arctan x + \arctan 1 + f(1) = -\arctan x + \frac{3\pi}{4}$$

La suite de l'étude ne pose alors plus de problème.

CHAPITRE 3

Formules de Taylor

1. Fonctions continues sur un intervalle

Proposition 61 *L'image d'un intervalle par une fonction continue est un intervalle.*
L'image d'un intervalle fermé par une fonction continue est un intervalle fermé.

Nous rappelons quelques définitions nécessaires à la bonne compréhension de ce théorème.

Définition 20 *Soit f une fonction de E dans F. L'image d'un sous-ensemble D de E par f est le sous-ensemble de F noté $f(D)$ défini par*

$$y \in f(D) \Longleftrightarrow \exists x \in D \ / \ y = f(x)$$

Définition 21 *Un sous-ensemble D de $\mathbb{R}$ est un intervalle si et seulement si*

$$a \in D, \ b \in D \Longrightarrow [a, b] \subset D$$

Proposition 62 - Théorème des valeurs intermédiaires
Si f est une fonction continue sur $[a, b]$, alors

$$\forall y \in [f(a), f(b)] \ (ou \ [f(b), f(a)]), \ \exists x \in [a, b] \ / \ y = f(x)$$

Comme cas particulier ($y = 0$), nous obtenons :

Proposition 63 *Si f est continue sur $[a, b]$ et si $f(a)f(b) < 0$, alors*

$$\exists c \in [a, b] \ / \ f(c) = 0$$

Cette proposition assure, sous la condition $f(a)\,f(b) < 0$, l'existence d'une solution de l'équation $f(x) = 0$ dans l'intervalle $]a\,,\,b[$. Elle est à la base de techniques de recherche d'une valeur approchée d'une telle solution, notamment de la méthode « par dichotomie ». Rappelons que si nous savons que f est strictement monotone sur $[a\,,\,b]$ la solution de l'équation $f(x) = 0$ est unique sur cet intervalle.

Recherche par dichotomie d'une valeur approchée d'une solution de l'équation $f(x) = 0$ (lorsque f est continue).

Supposons f continue sur $[a, b]$ et $f(a)f(b) < 0$. Nous savons alors (théorème des valeurs intermédiaires) que l'équation $f(x) = 0$ admet une solution x_0 dans l'intervalle $[a, b]$. Il s'ensuit que $(a+b)/2$ est une valeur approchée de x_0 à $(b-a)/2$ près. Si cette incertitude est trop grande, nous appliquons alors l'algorithme suivant :

- nous posons $a_0 = a$ et $b_0 = b$.
- soit $c_n = (a_n + b_n)/2$;
  si $f(a_n)f(c_n) \leq 0$, on pose $a_{n+1} = c_n$, $b_{n+1} = b_n$
  sinon on pose $b_{n+1} = c_n$, $a_{n+1} = a_n$

Dans ces conditions, pour tout entier n, l'équation $f(x) = 0$ admet une solution comprise entre a_n et b_n.

Comme, par ailleurs, on montre aisément que $(b_n - a_n)$ est une suite géométrique de raison $1/2$, nous avons

$$b_n - a_n = \frac{b-a}{2^n}$$

ce qui montre que $(a_n + b_n)/2$ est une valeur approchée d'une solution de l'équation $f(x) = 0$ à $(b-a)/2^n$ près, précision qui peut donc être rendue aussi petite que l'on veut.

Exemple 45

> *Montrer que l'équation*
>
> $$e^{1/x} + x^2(\sqrt{e} - e) = 0$$
>
> *admet au moins une solution comprise entre* 1 *et* 2.

Posons $f(x) = e^{1/x} + x^2(\sqrt{e} - e)$. f est trivialement continue sur $[1\,,\,2]$. $f(1) = e + (\sqrt{e} - e) = \sqrt{e}$; donc $f(1) > 0$.
$f(2) = \sqrt{e} + 4(\sqrt{e} - e) = 5\sqrt{e} - 4e = \sqrt{e}(5 - 4\sqrt{e})$. Or

$$e > 2 \Longrightarrow e > \frac{25}{16} \Longrightarrow \sqrt{e} > \frac{5}{4} \Longrightarrow f(2) < 0$$

Par conséquent, d'après le théorème des valeurs intermédiaires,

$$\exists c \in]1\,,\,2[\ /\ f(c) = 0$$

2. Théorème de Rolle et corollaires

Proposition 64 - Théorème de Rolle
Si f est une fonction continue sur $[a, b]$, dérivable sur $]a, b[$ et telle que $f(a) = f(b)$, alors

$$\exists c \in]a, b[\ / \ f'(c) = 0$$

Proposition 65 - Théorème des accroissements finis
Si f est une fonction continue sur $[a, b]$ et dérivable sur $]a, b[$, alors

$$\exists c \in]a, b[\ / \ f(b) = f(a) + f'(c)(b - a)$$

Proposition 66 - Formule des accroissements finis
Si f est une fonction continue sur $[a, b]$ et dérivable sur $]a, b[$, alors

$$\forall h \in [0, b - a], \ \exists \theta \in]0, 1[\ / \ f(a + h) = f(a) + hf'(a + \theta h)$$

La formule des accroissements finis n'est qu'une autre formulation du théorème des accroissements finis, obtenue en utilisant d'abord le fait que si les hypothèses sont vérifiées sur $[a, b]$, alors elles le sont sur $[a, x]$ pour tout x dans $[a, b]$, puis en posant $x = a + h$.

Exemple 46

Appliquer la formule des accroissements finis à la fonction f définie par $f(x) = ax^2 + bx + c$ sur l'intervalle $[x_0, x_0 + h]$; déterminer la valeur de θ correspondante et en déduire une propriété remarquable de la tangente à la parabole.

• La fonction f est trivialement continue et dérivable sur $\mathbb{R}$ et par conséquent

$$\exists\theta \in]0\,,\,1[\ /\ f(x_0+h) = f(x_0) + h\,f'(x_0+\theta\,h)$$

• Nous vérifions directement : posons $A = f(x_0+h) - f(x_0)$ et $B = h\,f'(x_0+\theta\,h)$.

$$\begin{aligned} A &= a(x_0+h)^2 + b(x_0+h) + c - ax_0^2 - bx_0 - c \\ &= ax_0^2 + 2ahx_0 + h^2 + bx_0 + bh + c - ax_0^2 - bx_0 - c \\ &= 2ahx_0 + bh \end{aligned}$$

donc

$$\begin{aligned} A = B &\iff 2ahx_0 + bh = h(2a(x_0+\theta\,h) + b) \\ &\iff ah^2(1-2\theta) = 0 \\ &\iff \theta = \frac{1}{2} \end{aligned}$$

• θ est donc indépendant de x_0 et de h. $x_0 + \theta\,h$ est le milieu (la demi-somme) de x_0 et de x_0+h. Nous pouvons interpréter ce résultat en énonçant que la tangente au point d'abscisse $(a+b)/2$ est parallèle à la corde passant par les points d'abscisses a et b, ou encore que la tangente à la parabole au point d'abscisse x est parallèle à la corde passant par les points d'abscisses $x-h$ et $x+h$, et ce pour tout h.

Exemple 47

Théorème de Cauchy

Montrer que si f et g sont deux fonctions continues sur $[a\,,\,b]$, dérivables sur $]a\,,\,b[$, et si g' ne s'annule pas sur $]a\,,\,b[$, alors

$$\exists c \in]a\,,\,b[\ /\ \frac{f(b)-f(a)}{g(b)-g(a)} = \frac{f'(c)}{g'(c)}$$

• Montrons d'abord que $g(b) \neq g(a)$.
Supposons $g(a) = g(b)$. Alors g vérifie les hypothèses du théorème de Rolle sur $[a\,,\,b]$, et donc

$$\exists d \in]a\,,\,b[\ /\ g'(d) = 0$$

ce qui est contraire aux hypothèses.

• Posons

$$\varphi(x) = f(x) - f(a) - A(g(x) - g(a)) \quad A \in \mathbb{R}$$

Alors $\varphi(a) = 0$ et

$$\varphi(b) = \varphi(a) \iff \varphi(b) = 0 \iff A = \frac{f(b) - f(a)}{g(b) - g(a)}$$

Nous posons alors

$$A = \frac{f(b) - f(a)}{g(b) - g(a)}$$

Puisque φ est continue sur $[a\,,\,b]$ comme somme de fonctions continues et dérivables sur $]a\,,\,b[$, avec

$$\varphi'(x) = f'(x) - Ag'(x)$$

φ vérifie les hypothèses du théorème de Rolle et donc

$$\exists c \in]a\,,\,b[\ /\ \varphi'(c) = 0$$

Or

$$\varphi'(c) = 0 \iff \frac{f'(c)}{g'(c)} = A \iff \frac{f'(c)}{g'(c)} = \frac{f(b) - f(a)}{g(b) - g(a)}$$

Proposition 67 - "Règle" de l'Hospital
Soient f et g deux fonctions continues sur $[a\,,\,b]$ et dérivables sur $]a\,,\,b[$ sauf peut-être en x_0 ($x_0 \in]a\,,\,b[$). Alors

$$\lim_{x \to x_0} \frac{f'(x)}{g'(x)} = l \Longrightarrow \lim_{x \to x_0} \frac{f(x) - f(x_0)}{g(x) - g(x_0)} = l$$

Exemple 48

> *Déterminer*
> $$\lim_{x\to 1} \frac{x^n - 1}{x - 1} \quad (n \in \mathbb{Q})$$

Soit $f(x) = x^n - 1$ et $g(x) = x - 1$. Alors $f(1) = g(1) = 0$, f et g sont continues et dérivables au voisinage de 1 (par exemple sur $]0\,,\,2[$) et

$$\lim_{x\to 1} f'(x) = \lim_{x\to 1} \frac{nx^{n-1}}{1} = n$$

Par conséquent, d'après l'Hospital,

$$\lim_{x\to 1} \frac{x^n - 1}{x - 1} = n$$

Exemple 49

> *Etudier le comportement asymptotique en* 1 *de* f *définie par*
> $$f(x) = \frac{\ln x}{x - 1}$$

Nous savons que

$$\lim_{x\to 1} \frac{\ln x}{x - 1} = 1$$

Nous sommes donc en présence d'un point asymptote, et il nous faut étudier la tangente asymptotique, i.e. rechercher

$$\lim_{x\to 1} \frac{f(x) - 1}{x - 1}$$

Or

$$\frac{f(x) - 1}{x - 1} = \frac{\frac{\ln x}{x-1} - 1}{x - 1} = \frac{\ln x - (x - 1)}{(x - 1)^2}$$

Posons $g(x) = \ln x - (x - 1)$ et $h(x) = (x - 1)^2$. Alors $g(1) = h(1) = 0$, g et h sont continues et dérivables au voisinage de 1 et

$$\lim_{x\to 1} \frac{g'(x)}{h'(x)} = \lim_{x\to 1} \frac{\frac{1}{x} - 1}{2(x - 1)} = \lim_{x\to 1} \frac{1 - x}{2x(x - 1)} = -\frac{1}{2}$$

Par conséquent, d'après l'Hospital,

$$\lim_{x \to 1} \frac{f(x) - 1}{x - 1} = -\frac{1}{2}$$

En conclusion, le point de coordonnées $(1\,,\,1)$ est point asymptote, et la courbe représentative de f admet en ce point une tangente de pente $-1/2$, donc d'équation $y = -1/2(x-1)+1$, i.e. $y = -(1/2)x + 3/2$.

3. Formules de Taylor

Définition 22 *Une fonction f est dite* **de classe $\mathcal{C}^n$** *sur $[a\,,\,b]$ si elle admet sur $[a\,,\,b]$ une dérivée d'ordre n (notée $f^{(n)}$) continue.*
Une fonction f est dite **de classe $\mathcal{C}^0$** *sur $[a\,,\,b]$ si elle continue sur $[a\,,\,b]$; on note alors $f^{(0)} = f$.*
Une fonction f est dite **de classe $\mathcal{C}^\infty$** *sur $[a\,,\,b]$ si elle admet sur $[a\,,\,b]$ une dérivée d'ordre n pour tout entier n.*

Proposition 68 - Théorème de Taylor-Lagrange
Si f est une fonction de classe $\mathcal{C}^n$ sur $[a\,,\,b]$, dérivable à l'ordre $(n+1)$ sur $]a\,,\,b[$, alors

$$\exists c \in]a\,,\,b[\ /\ f(b) = \sum_{k=0}^{n} f^{(k)}(a)\frac{(b-a)^k}{k!} + f^{(n+1)}(c)\frac{(b-a)^{n+1}}{(n+1)!}$$

Dans la formule précédente, la somme

$$\sum_{k=0}^{n} f^{(k)}(a)\frac{(b-a)^k}{k!}$$

est appelée **partie régulière du développement de Taylor** de f, tandis que

$$f^{(n+1)}(c)\frac{(b-a)^{n+1}}{(n+1)!}$$

est appelé **reste de Lagrange**.

Comme dans le cas du théorème des accroissements finis, on remarque que :

- si les hypothèses sont vérifiées sur $[a\,,\,b]$ elles le sont sur $[a\,,\,x]$ pour tout x entre a et b ;
- les rôles de a et b peuvent être échangés sans autre effet qu'une écriture différente des intervalles ;
- l'existence d'une valeur c comprise entre a et b équivaut à l'existence d'une valeur θ dans $]0\,,\,1[$ ($c = a + \theta(b-a)$),

d'où :

Proposition 69 - Formule de Taylor-Lagrange
Si f est une fonction de classe $\mathcal{C}^n$ sur un voisinage V de a et dérivable à l'ordre $(n+1)$ sur V alors, $\forall x \in V\ \exists\theta \in]0\,,\,1[\ /$

$$f(x) = \sum_{k=0}^{n} f^{(k)}(a)\frac{(x-a)^k}{k!} + f^{(n+1)}(a+\theta(x-a))\frac{(x-a)^{n+1}}{(n+1)!}$$

En considérant le cas $a = 0$, on obtient :

Proposition 70 - Formule de Mac Laurin-Lagrange
Si f est une fonction de classe $\mathcal{C}^n$ sur un voisinage V de 0 et dérivable à l'ordre $(n+1)$ sur V alors $\forall x \in V$

$$\exists\theta \in]0\,,\,1[\ /\ f(x) = \sum_{k=0}^{n} f^{(k)}(0)\frac{x^k}{k!} + f^{(n+1)}(\theta\, x))\frac{x^{n+1}}{(n+1)!}$$

On pourra remarquer que si Mac Laurin est trivialement un cas particulier de Taylor, un changement de variable permet aisément de passer de Mac Laurin à Taylor. En pratique on utilisera cette méthode (changement de variable) pour se ramener en 0.

Exemple 50

> *Soit f une fonction de classe $\mathcal{C}^2$ sur une voisinage V de x_0. En appliquant Taylor Lagrange à la fonction f, montrer que*
>
> 1. *Si f admet un extremum en x_0, alors $f'(x_0) = 0$;*
> 2. *Si $f'(x_0) = 0$ alors :*
>   (a) *si $f''(x_0) > 0$, f admet un minimum en x_0,*
>   (b) *si $f''(x_0) < 0$, f admet un maximum en x_0 ;*
> 3. *Si $f'(x_0) = 0$ et $f''(x_0) = 0$, si f est de classe $\mathcal{C}^3$ sur un voisinage V de x_0, et si $f^{(3)}(x_0) \neq 0$, f n'admet pas d'extremum en x_0.*

1/ L'application de Taylor Lagrange à l'ordre 0 (reste d'ordre 1) à la fonction f nous donne, pour tout x de V,

$$\exists \theta \in]0\,,\,1[\;/\; f(x) = f(x_0) + (x - x_0)\, f'(x_0 + \theta(x - x_0))$$

Si $f'(x_0) \neq 0$, alors f' est de signe constant sur un voisinage V_1 de x_0. Donc si $x \in V \cap V_1$, $(x - x_0)\, f'(x_0 + \theta(x - x_0))$ change de signe en x_0, ce qui montre que $f(x) - f(x_0)$ change de signe en x_0, et donc que $f(x_0)$ n'est pas un extremum.

Ceci montre (par l'absurde) que si f est de classe $\mathcal{C}^1$ sur un voisinage de x_0 et si f admet un extremum en x_0, alors $f'(x_0) = 0$.

2/ Appliquons maintenant Taylor Lagrange à l'ordre 1 (reste d'ordre 2) à la fonction f.

Nous obtenons, pour tout x de V, $\exists \theta \in]0\,,\,1[\;/$

$$f(x) = f(x_0) + (x - x_0)\, f'(x_0) + \frac{(x - x_0)^2}{2} f''(x_0 + \theta(x - x_0))$$

Si donc $f'(x_0) = 0$,

$$\exists \theta \in]0\,,\,1[\;/\; f(x) - f(x_0) = \frac{(x - x_0)^2}{2} f''(x_0 + \theta(x - x_0))$$

$f(x) - f(x_0)$ est donc sur V du signe de $f''(x_0 + \theta(x - x_0))$, et par conséquent du signe de $f''(x_0)$ – s'il est non nul – sur un voisinage V_1 de x_0. Par conséquent :
• si $f''(x_0) > 0$, $f(x) - f(x_0) > 0$ sur un voisinage de x_0, ce qui exprime que $f(x_0)$ est un minimum de f ;
• si $f''(x_0) < 0$, $f(x) - f(x_0) < 0$ sur un voisinage de x_0, ce qui exprime que $f(x_0)$ est un maximum de f.

3/ Supposons maintenant f de classe $\mathcal{C}^3$ sur un voisinage V de x_0, telle que $f'(x_0) = f''(x_0) = 0$ et $f^{(3)}(x_0) \neq 0$. Nous appliquons Taylor Lagrange à l'ordre 2 :

$$\exists \theta \in]0\,,\,1[\ /\ f(x) = f(x_0) + \frac{(x - x_0)^3}{3!} f^{(3)}(x_0 + \theta(x - x_0))$$

Si $f^{(3)}(x_0) \neq 0$, alors $f^{(3)}$ est de signe constant sur un voisinage de x_0 et par conséquent $f(x) - f(x_0)$ est du signe de $(x - x_0)^3$, donc change de signe en x_0, ce qui montre que f n'admet pas d'extremum en ce point.

Plus généralement nous pouvons appliquer Taylor Lagrange à un ordre plus grand, si f veut bien satisfaire aux hypothèses de ce théorème. Nous nous arrêtons à la première dérivée non nulle, et un raisonnement analogue au précédent montre que :

Proposition 71 *Si f est de classe $\mathcal{C}^n$ $(n \geq 2)$ sur un voisinage de x_0 et si :*
• $f^{(n)}(x_0) \neq 0$;
• $1 \leq k < n \Longrightarrow f^{(k)}(x_0) = 0$,
alors :
• *si n est impair, f n'admet pas d'extremum en x_0 ;*
• *si n est pair, f admet un extremum en x_0 et :*

  • *si $f^{(n)}(x_0) > 0$, $f(x_0)$ est un minimum de f,*

  • *si $f^{(n)}(x_0) < 0$, $f(x_0)$ est un maximum de f.*

Exemple 51

Soit f une fonction numérique de classe $\mathcal{C}^2$ sur $[a,b]$, x_0 et x_1 deux éléments de $]a,b[$, (Γ) la courbe représentative de f dans un plan rapporté à un repère orthonormé $(O, \overrightarrow{i}, \overrightarrow{j})$, (T) la tangente à (Γ) au point de coordonnées $(x_0, f(x_0))$. Soit M (resp. N) le point de (Γ) (resp. (T)) d'abscisse x_0.

1. *Montrer que*

$$\exists \theta \in]0,1[\ / \ \overline{MN} = \frac{(x-x_0)^2}{2} f''(x_0 + \theta(x - x_0))$$

   la droite (MN) étant orientée par $\overrightarrow{j}$.

2. *On rappelle que si une fonction continue en x_0 est strictement positive (resp. négative) en x_0, alors elle est positive (resp. négative) sur un voisinage de x_0. En déduire que, si $f''(x_0) > 0$ (resp. $f''(x_0) < 0$), $\exists \eta > 0$ /*

$$x \in]x_0 - \eta, x_0 + \eta[\Longrightarrow \overline{MN} > 0 \text{ (resp. } \overline{MN} < 0)$$

3. *Interpréter graphiquement ce résultat.*

4. *Montrer de même que si $f''(x_0) = 0$, f de classe $\mathcal{C}^3$ et $f^{(3)}(x_0) \neq 0$, alors M est un point d'inflexion.*

1/ L'équation de (T) est

$$y = f'x_0)(x - x_0) + f(x_0)$$

Soit H le projeté orthogonal de M (et donc de N) sur (Ox). Nous avons

$$\overline{NM} = \overline{MO} - \overline{ON} = f(x) - f(x_0) - f'(x_0)(x - x_0)$$

L'application de la formule de Taylor Lagrange à la fonction f nous donne

$$\exists\theta \in]0\,,\,1[\ /\ f(x) = f(x_0)+(x-x_0)f'(x_0)+\frac{(x-x_0)^2}{2}f''(x_0+\theta(x-x_0))$$

et donc

$$\exists\theta \in]0\,,\,1[\ /\ \overline{NM} = \frac{(x-x_0)^2}{2}f''(x_0+\theta(x-x_0))$$

2/ Si $f''(x_0) > 0$, f'' est positive sur un voisinage de x_0, donc

$$\exists\eta > 0\ /\ x \in]x_0-\eta\,,\,x_0+\eta[\Longrightarrow f''(x) > 0$$

Comme $\theta \in]0\,,\,1[$,

$$x \in]x_0-\eta\,,\,x_0+\eta[\Longrightarrow x_0+\theta(x-x_0) \in]x_0-\eta\,,\,x_0+\eta[\Longrightarrow \overline{NM} > 0$$

Le cas $f''(x_0) < 0$ est traité de la même manière.

3/ Le signe de $\overline{NM}$ donne la position de la courbe par rapport à sa tangente au point d'abscisse x_0, au voisinage de ce point. Nous pouvons donc énoncer :
si $f''(x_0) > 0$ (resp. $f''(x_0) < 0$) alors la courbe est localement située au dessus (resp. au dessous) de sa tangente au point d'abscisse x_0

4/ Si $f''(x_0) = 0$ et si f est de classe $\mathcal{C}^3$, nous pouvons appliquer Taylor Lagrange à l'ordre 2 (reste d'ordre 3) et nous obtenons

$$\exists\theta \in]0\,,\,1[\ /\ \overline{NM} = \frac{(x-x_0)^3}{3!}f^{(3)}(x_0+\theta(x-x_0))$$

Pour les mêmes raisons que précédemment, si $f^{(3)}(x_0) > 0$, $\overline{NM}$ est du signe de $(x-x_0)^3$ et donc de signe différent à gauche et à droite de x_0. La courbe traverse donc sa tangente en x_0 : le point d'abscisse x_0 est un point d'inflexion.

Le cas $f^{(3)}(x_0) < 0$ est similaire.

Notons que si $f^{(3)}(x_0) = 0$ et si f est de classe $\mathcal{C}^\infty$, nous pouvons appliquer Taylor Lagrange à l'ordre $n-1$ où n est l'ordre de la première dérivée non nulle en x_0. Nous montrons alors aisément que :

> **Proposition 72** *Si f est une fonction de classe $\mathcal{C}^\infty$ et si n ($n \geq 2$) est l'ordre de la première dérivée non nulle en x_0, alors :*
>
> - *si n est impair, le point d'abscisse x_0 est un point d'inflexion ;*
> - *si n est pair, la courbe représentative de f est située au dessous (resp. en dessous) de sa tangente au point d'abscisse x_0 si $f^{(n)}(x_0)$ est positif (resp. négatif).*

Exemple 52

> *Appliquer la formule de Taylor-Lagrange aux fonctions sinus et cosinus, en 0 et en $\pi/4$.*
> *En déduire un polynôme donnant une valeur approchée de* $\sin x$ *(resp. de* $\cos x$ *) à* 10^{-12} *près pour tout* $x \in [0\,,\,\pi/4]$.

Il nous faut d'abord déterminer les dérivées successives des fonctions cos et sin. Nous vérifions sans difficulté que

$$\boxed{\sin' x = \sin(x + \tfrac{\pi}{2}) \text{ et } \cos' x = \cos(x + \tfrac{\pi}{2})}$$

résultats qui peuvent être utiles par ailleurs sous la forme :
« ajouter $\pi/2$ à l'argument d'un cosinus ou d'un sinus revient à dériver ».

Par récurrence, nous montrons que les fonctions sinus et cosinus sont de classe $\mathcal{C}^\infty$ et que

$$\sin^{(n)} x = \sin(x + n\frac{\pi}{2}) \text{ et } \cos^{(n)} x = \cos(x + n\frac{\pi}{2})$$

ce qui nous donne en 0

$$\sin^{(n)}(0) = \sin(n\frac{\pi}{2}) \text{ et } \cos^{(n)}(0) = \cos(n\frac{\pi}{2})$$

d'où en distinguant les cas n pair et n impair :

$$\begin{aligned}
\sin^{(2k)}(0) &= \sin(2k\frac{\pi}{2}) = \sin k\pi = 0 \\
\sin^{(2k+1)}(0) &= \sin((2k+1)\frac{\pi}{2}) = \sin(\frac{\pi}{2} + k\pi) = \cos k\pi = (-1)^k \\
\cos^{(2k)}(0) &= \cos(2k\frac{\pi}{2}) = \cos k\pi = (-1)^k \\
\cos^{(2k+1)}(0) &= \cos((2k+1)\frac{\pi}{2}) = \cos(\frac{\pi}{2} + k\pi) = 0
\end{aligned}$$

La formule de Mac Laurin-Lagrange nous donne donc, pour tout entier n, $\forall x \in \mathbb{R}\ \ \exists\theta \in]0\,,\,1[\ /$

$$\sin x = \sum_{k=0}^{n} (-1)^k \frac{x^{2k+1}}{(2k+1)!} + \frac{x^{2n+3}}{(2n+3)!} \sin(\theta x + (2n+3)\frac{\pi}{2})$$

et $\forall x \in \mathbb{R}\ \ \exists\theta \in]0\,,\,1[\ /$

$$\cos x = \sum_{k=0}^{n} (-1)^k \frac{x^{2k}}{(2k)!} + \frac{x^{2n+2}}{(2n+2)!} \cos(\theta x + (2n+2)\frac{\pi}{2})$$

Interprétons ce résultat en commençant par la fonction sinus ; appelons $R_n(x)$ le reste de Lagrange :

$$R_n(x) = \frac{x^{2n+3}}{(2n+3)!} \sin(\theta x + (2n+3)\frac{\pi}{2})$$

Un sinus étant compris entre -1 et 1,

$$|R_n(x)| \leq \frac{|x|^{2n+3}}{(2n+3)!}$$

et si nous considérons $x \in [0\,,\,\pi/4]$,

$$|R_n(x)| \leq \frac{(\pi/4)^{2n+3}}{(2n+3)!}$$

Posons

$$u_n = \frac{(\pi/4)^{2n+3}}{(2n+3)!}$$

alors

$$u_0 = \frac{(\pi/4)^3}{3!} \quad \text{et} \quad u_{n+1} = u_n \frac{(\frac{\pi}{4})^2}{(2n+4)(2n+5)}$$

d'où le tableau suivant donnant un majorant de u_n

n	0	2	4	6	8	10
u_n	10^{-1}	10^{-2}	10^{-4}	10^{-7}	10^{-9}	10^{-12}
n	12	14	16	18	20	
u_n	10^{-15}	10^{-18}	10^{-21}	10^{-25}	10^{-28}	

Par conséquent nous pouvons énoncer que sur $[0\,,\,\pi/4]$, le polynôme

$$\sum_{k=0}^{n} (-1)^k \frac{x^{2k+1}}{(2k+1)!}$$

donne une valeur approchée de $\sin x$ à u_n près.

En particulier

$$\sum_{k=0}^{5} (-1)^k \frac{x^{2k+1}}{(2k+1)!} = x - \frac{x^3}{3!} + \frac{x^5}{5!} - \frac{x^7}{7!} + \frac{x^9}{9!} - \frac{x^{11}}{11!}$$

donne une valeur approchée de $\sin x$ à 10^{-12} près. On remarquera que ceci est vrai pour tout x dans l'intervalle $[0\,,\,\pi/4]$, mais que pour les «petites» valeurs de x l'approximation est nettement meilleure.

Par un raisonnement analogue, on montre que

$$\sum_{k=0}^{6} (-1)^k \frac{x^{2k}}{(2k)!} = 1 - \frac{x^2}{2!} + \frac{x^4}{4!} - \frac{x^6}{6!} + \frac{x^8}{8!} - \frac{x^{10}}{10!} + \frac{x^{12}}{12!}$$

donne une valeur approchée de $\cos x$ à 10^{-12} près.

C'est en utilisant ces « formules » que les calculatrices et les différents langages informatiques déterminent les fonctions sinus et cosinus (on utilise également la périodicité, la parité, les formules liant $\sin(\pi - x)$ et $\cos(\pi - x)$ à $\sin x$ et $\cos x$ et enfin le passage au complémentaire pour se ramener au cas d'un réel compris entre 0 et $\pi/4$).

On remarquera également que lorsque les physiciens approximent $\sin x$ par x pour x «petit», ceci est justifié par cette formule qui indique plus précisément que x est une valeur approchée de $\sin x$ à $\frac{x^3}{6}$ près pour $x \leq 1$ et en particulier à 10^{-3} près pour un angle inférieur à 10 degrés.

Proposition 73 - Théorème de Taylor-Young

Si f est une fonction de classe $\mathcal{C}^n$ sur $[a\,,\,b]$, dérivable à l'ordre $(n+1)$ en a, alors il existe une fonction ε de $[a\,,\,b]$ dans $\mathbb{R}$ telle que

$$\forall x \in [a\,,\,b],\ f(x) = \sum_{k=0}^{n+1} f^{(k)}(a)\frac{(x-a)^k}{k!} \ + \ (x-a)^{n+1}\varepsilon(x)$$

$$\lim_{x \to a} \varepsilon(x) = 0$$

Dans la formule précédente, la somme

$$\sum_{k=0}^{n+1} f^{(k)}(a)\frac{(x-a)^k}{k!}$$

est appelée **partie régulière du développement de Taylor** de f, tandis que $(x-a)^{n+1}\varepsilon(x)$ est appelé **reste de Young**.

Le cas particulier $a = 0$ auquel nous pouvons toujours nous ramener après un changement de variable donne :

Proposition 74 - Théorème de Mac Laurin-Young
Si f est une fonction de classe $\mathcal{C}^n$ sur un voisinage V de 0, dérivable à l'ordre $(n+1)$ en 0, alors il existe une fonction ε de V dans $\mathbb{R}$ telle que

$$\forall x \in V,\ f(x) = \sum_{k=0}^{n+1} f^{(k)}(0)\frac{x^k}{k!} + x^{n+1}\varepsilon(x)$$

$$\lim_{x\to 0} \varepsilon(x) = 0$$

Nous remarquerons que dans ces théorèmes la fonction ε est définie par la première relation, le véritable « théorème » étant le fait que la fonction ε tende vers 0. Dans le cas de Mac Laurin, sous les hypothèses du théorème, celui-ci pourrait s'énoncer

$$\lim_{x\to 0} \frac{f(x) - \sum_{k=0}^{n+1} f^{(k)}(0)\frac{x^k}{k!}}{x^{n+1}}$$

Il s'ensuit que si les formules avec reste de Lagrange permettent d'obtenir une approximation polynomiale d'une fonction sur un intervalle (à condition que le reste tende vers 0), les formules avec reste de Young permettent uniquement d'obtenir une limite en un point.

Nous allons maintenant développer cette dernière notion.

4. Développements limités

Définition 23 *On dit qu'une fonction f définie sur un voisinage V de a admet un* **développement limité** *à l'ordre n en a s'il existe un polynôme P de degré au plus n tel que*

$$\lim_{x\to a} \frac{f(x) - P(x-a)}{(x-a)^n} = 0$$

Proposition 75 *Une fonction f définie sur un voisinage V de a admet un développement limité à l'ordre n en a s'il existe un polynôme P de degré au plus n et une fonction ε définie sur V tels que*

$$f(x) = P(x-a) + (x-a)^n \varepsilon(x)$$

$$\lim_{x \to a} \varepsilon(x) = 0$$

Le polynôme P est unique ; $P(x-a)$ est appelé **partie régulière** *du développement limité de f en a.*

Dans la suite, nous nous intéresserons essentiellement au cas $a = 0$, cas auquel on peut toujours se ramener par un changement de variable. Nous abrégerons « admet un développement limité à l'ordre n en a» par «admet un $DL_n(a)$ ».

Définition 24 *Certains auteurs notent* (**notation de Landau**) $o(x^n)$ *en lieu et place de* $x^n\varepsilon(x)$ *avec* $\lim_{x \to 0} \varepsilon(x) = 0$.

Dans cet ouvrage nous maintiendrons la notation $x^n\varepsilon(x)$ mais en supposant, comme dans la notation de Landau, que $\lim_{x \to 0} \varepsilon(x) = 0$ – sans le rappeler à chaque fois – et en notant $\varepsilon(x)$ toute fonction tendant vers 0 avec x (ainsi $\varepsilon(x) + \varepsilon(x) = \varepsilon(x)$!).

Il est clair que le théorème de Mac Laurin-Young, lorsqu'il s'applique, nous permet d'obtenir un développement limité d'une fonction.

Proposition 76

$$e^x = \sum_{k=0}^{n} \frac{x^k}{k!} + x^n \varepsilon(x)$$

ou encore

$$e^x = 1 + x + \frac{x^2}{2!} + \ldots + \frac{x^n}{n!} + x^n \varepsilon(x)$$

Proposition 77

$$\begin{aligned}
\sin x &= \sum_{k=0}^{n} (-1)^k \frac{x^{2k+1}}{(2k+1)!} + x^{2n+2}\varepsilon(x) \\
&= x - \frac{x^3}{3!} + \ldots + (-1)^n \frac{x^{2n+1}}{(2n+1)!} + x^{2n+2}\varepsilon(x) \\
\cos x &= \sum_{k=0}^{n} (-1)^k \frac{x^{2k}}{(2k)!} + x^{2n+1}\varepsilon(x) \\
&= 1 - \frac{x^2}{2!} + \ldots + (-1)^n \frac{x^{2n}}{(2n)!} + x^{2n+1}\varepsilon(x)
\end{aligned}$$

Proposition 78

$$\begin{aligned}
\operatorname{sh} x &= \sum_{k=0}^{n} \frac{x^{2k+1}}{(2k+1)!} + x^{2n+2}\varepsilon(x) \\
&= x + \frac{x^3}{3!} + \ldots + \frac{x^{2n+1}}{(2n+1)!} + x^{2n+2}\varepsilon(x) \\
\operatorname{ch} x &= \sum_{k=0}^{n} \frac{x^{2k}}{(2k)!} + x^{2n+1}\varepsilon(x) \\
&= 1 + \frac{x^2}{2!} + \ldots + \frac{x^{2n}}{(2n)!} + x^{2n+1}\varepsilon(x)
\end{aligned}$$

Proposition 79

$$(1+x)^\alpha = 1 + \alpha x + \ldots + \frac{\alpha(\alpha-1)\ldots(\alpha-n+1)x^2}{n!} + x^n\varepsilon(x)$$

Proposition 80 *En particulier :*

$$\frac{1}{1+x} = \sum_{k=0}^{n}(-1)^k x^k + x^2\varepsilon(x)$$

Proposition 81 - Développement d'une combinaison linéaire
Si f et g admettent un $DL_n(0)$,
$f(x) = A(x) + x^n\varepsilon(x)$; $g(x) = B(x) + x^n\varepsilon(x)$
alors $\forall(\lambda, \mu) \in \mathbb{R}^2$, $(\lambda f + \mu g)$ admet un $DL_n(0)$ et

$$\lambda f(x) + \mu g(x) = \lambda A(x) + \mu B(x) + x^n\varepsilon(x)$$

Les développements limités de $\operatorname{sh} x$ et $\operatorname{ch} x$ peuvent être obtenus soit directement par Mac Laurin-Young, soit en appliquant la proposition précédente à leur définition :

$$\operatorname{ch} x = (e^x + e^{-x})/2 \quad \text{et} \quad \operatorname{sh} x = (e^x - e^{-x})/2$$

Proposition 82 - Développement d'un polynôme
Tout polynôme admet un $DL_n(0)$ et

$$P(x) = \mathcal{T}_n(P)(x) + x^n\varepsilon(x)$$

où $\mathcal{T}_n$ est la fonction qui à un polynôme P associe le polynôme somme des monômes de P dont le degré est inférieur ou égal à n.

Exemple 53

|| *Déterminer le $DL_3(0)$ de $(1+x)^5$*

La formule du binôme nous donne

$$(1+x)^5 = 1 + 5x + 10x^2 + 10x^3 + 5x^4 + x^5$$

et donc

$$(1+x)^5 = 1 + 5x + 10x^2 + 10x^3 + x^3\varepsilon(x)$$

Proposition 83 - Développement d'un produit
Si f et g admettent un $DL_n(0)$,
$f(x) = A(x) + x^n\varepsilon(x)$; $g(x) = B(x) + x^n\varepsilon(x)$
alors $f \times g$ admet un $DL_n(0)$ et

$$f(x)\,g(x) = \mathcal{T}_n(A \times B)(x) + x^n\varepsilon(x)$$

En pratique, on ordonnera $A(x)$ et $B(x)$ suivant les puissances croissantes (ce qui est usuel dans le cas des développements limités) et on effectuera le produit en commençant par le monôme de plus bas degré et en s'arrêtant à l'ordre n.

Exemple 54

|| *Déterminer le $DL_3(0)$ de $(1+x)^5 \sin x$*

Nous savons que

$$\sin x = x - \frac{x^3}{6} + x^3\varepsilon(x)$$

Par ailleurs, la formule du binôme nous donne

$$(1+x)^5 = 1 + 5x + 10x^2 + 10x^3 + x^3\varepsilon(x)$$

d'où

$$\begin{aligned}(1+x)^5 \sin x &= x + 5x^2 + x^3(10 - \frac{1}{6}) + x^3\varepsilon(x) \\ &= x + 5x^2 + \frac{59}{6} + x^3\varepsilon(x)\end{aligned}$$

Proposition 84 - Développement d'un rapport
Si f et g admettent un $DL_n(0)$,
$f(x) = A(x) + x^n\varepsilon(x)$; $g(x) = B(x) + x^n\varepsilon(x)$
et si $B(0) \neq 0$, alors f/g admet un $DL_n(0)$ et

$$\frac{f(x)}{g(x)} = Q(x) + x^n\varepsilon(x)$$

où $Q(x)$ est le quotient de la division suivant les puissances croissantes de A par B à l'ordre n.

On remarquera que seul le quotient de la division nous intéresse, ce qui nous permet de tronquer tous les polynômes (y compris dans les calculs intermédiaires) à l'ordre n.

Exemple 55

|| *Déterminer un $DL_5(0)$ de* $\tan x$.

$\tan x$ est le rapport de $\sin x$ par $\cos x$ Nous savons que

$$\sin x = x - \frac{x^3}{3!} + \frac{x^5}{5!} + x^5\varepsilon(x)$$

$$\cos x = 1 - \frac{x^2}{2!} + \frac{x^4}{4!} + x^5\varepsilon(x)$$

comme $\cos 0 \neq 0$, nous pouvons donc effectuer la division suivant les puissances croissantes de $x - \frac{x^3}{3!} + \frac{x^5}{5!}$ par $1 - \frac{x^2}{2!} + \frac{x^4}{4!}$, ce qui nous donne

$$
\begin{array}{llll|l}
+x & -\frac{x^3}{3!} & +\frac{x^5}{5!} & & 1-\frac{x^2}{2!}+\frac{x^4}{4!} \\
\cline{5-5}
-x & +\frac{x^3}{3} & -\frac{x^4}{4!} & & x+\frac{x^3}{3}+\frac{2x^5}{15} \\
\cline{1-4}
 & +\frac{x^3}{3} & -\frac{4x^5}{5!} & & \\
 & -\frac{x^3}{3} & +\frac{x^5}{3!}+\dots & & \\
\cline{1-4}
 & & +\frac{2x^5}{15}+\dots & & \\
 & & -\frac{2x^5}{15}+\dots & & \\
\cline{1-4}
 & & \dots & &
\end{array}
$$

donc

$$\tan x = x + \frac{x^3}{3} + \frac{2x^5}{15} + x^5\varepsilon(x)$$

> **Proposition 85 - Développement d'une composée**
> *Si f et g admettent un $DL_n(0)$,*
> $f(x) = A(x) + x^n\varepsilon(x)$; $g(x) = B(x) + x^n\varepsilon(x)$
> *et si $B(0) = 0$, alors $f \circ g$ admet un $DL_n(0)$ et*
>
> $$f(g(x)) = \mathcal{T}_n(A(B(x)) + x^n\varepsilon(x)$$

Exemple 56

|| *Déterminer un $DL_5(0)$ de* $\exp(\sin x)$.

$\exp(\sin x) = \exp(u)$ avec $u = \sin x$.
Comme $\sin 0 = 0$ nous pouvons appliquer la proposition précédente.

$$e^u = 1 + u + \frac{u^2}{2} + \frac{u^3}{3!} + \frac{u^4}{4!} + \frac{u^5}{5!} + u^5\varepsilon(x)$$

et

$$\sin x = x - \frac{x^3}{3!} + \frac{x^5}{5!} + x^5\varepsilon(x)$$

Nous sommes donc amenés à remplacer u par $x - \frac{x^3}{3!} + \frac{x^5}{5!}$ ce que nous noterons
$u := x - \frac{x^3}{3!} + \frac{x^5}{5!}$ (:= comme en Pascal pour indiquer «on donne à u la valeur ...»)
Nous calculons ensuite les différentes puissances de u en tronquant à chaque fois à l'ordre 5.
$u^2 := x^2 - \frac{x^4}{3}$
$u^3 := x^3 - \frac{x^5}{2}$ (nous utilisons $u^3 = u^2 \times u$)
$u^4 := x^4$ ($u^4 = (u^2)^2$)
$u^5 := x^5$ ($u^5 = u^4 \times u$)
d'où

$$\begin{aligned} e^{\sin x} &= 1 + (x - \frac{x^3}{3!} + \frac{x^5}{5!}) + \frac{1}{2}(x^2 - \frac{x^4}{3}) \\ &\quad + \frac{1}{3!}(x^3 - \frac{x^5}{2}) + \frac{x^4}{4!} + \frac{x^5}{5!} + x^5\varepsilon(x) \\ &= 1 + x + \frac{x^2}{2} - \frac{x^4}{8} - \frac{x^5}{15} + x^5\varepsilon(x) \end{aligned}$$

Exemple 57

|| *Déterminer un* $DL_5(0)$ *de* $\exp(\cos x)$.

Comme $\cos 0 = 1$ nous ne pouvons pas appliquer la proposition précédente, du moins pas directement. Par contre $\cos x = 1 + u$ avec $u = \cos x - 1$ et donc $u(0) = 0$. d'où

$$e^{\cos x} = e^{1+u} = e \times e^u = e\left(1 + u + \frac{u^2}{2} + \frac{u^3}{3!} + \frac{u^4}{4!} + \frac{u^5}{5!} + u^5\varepsilon(u)\right)$$

Comme

$$\cos x - 1 = -\frac{x^2}{2} + \frac{x^4}{4!} + x^5\varepsilon(x)$$

nous obtenons
$u := -\frac{x^2}{2} + \frac{x^4}{4!}$
$u^2 := \frac{x^4}{4}$

$u^3 : = 0$, $u^4 : = 0$, $u^5 : = 0$
d'où

$$\begin{aligned} e^{\cos x} &= e\left(1 + (-\frac{x^2}{2} + \frac{x^4}{4!}) + \frac{1}{2}(\frac{x^4}{4})\right) + x^5\varepsilon(x) \\ &= e\left(1 - \frac{x^2}{2} + \frac{x^4}{3!}\right) + x^5\varepsilon(x) \end{aligned}$$

Proposition 86 - Développement d'une primitive
Si f' admet un $DL_n(0)$,
$f'(x) = \sum_{k=0}^{n} a_k x^k + x^n\varepsilon(x)$
alors f *admet un* $DL_{n+1}(0)$ *et*

$$f(x) = f(0) + \sum_{k=0}^{n} a_k \frac{x^{k+1}}{k+1} + x^{n+1}\varepsilon(x)$$

Exemple 58

|| *Déterminer un* $DL_n(0)$ *de* $\ln(1+x)$.

Posons $f(x) = \ln(1+x)$.

$$f'(x) = \frac{1}{1+x} = \sum_{k=0}^{n}(-1)^k x^k + x^n\varepsilon(x)$$

d'où

$$f(x) = f(0) + \sum_{k=0}^{n}(-1)^k \frac{x^{k+1}}{k+1} + x^{n+1}\varepsilon(x)$$

d'où

$$\begin{aligned} ln(1+x) &= \sum_{k=1}^{n}(-1)^{k+1}\frac{x^k}{k} + x^n\varepsilon(x) \\ &= x - \frac{x^2}{2} + \frac{x^3}{3} + \ldots + (-1)^{n+1}\frac{x^n}{n} + x^n\varepsilon(x) \end{aligned}$$

Exemple 59

|| *Déterminer un* $DL_n(0)$ *de* $\arctan x$.

$\arctan' x = \frac{1}{1+x^2}$

Comme $\dfrac{1}{1+u} = \sum_{k=0}^{n}(-1)^k u^k + u^n \varepsilon(u)$, en posant $u = x^2$, on obtient

$$\frac{1}{1+x^2} = \sum_{k=0}^{n}(-1)^k x^{2k} + x^{2n}\varepsilon(x)$$

(puisque $u \to 0$ quand $x \to 0$).
Par intégration,

$$\arctan x = \arctan 0 + \sum_{k=0}^{n}(-1)^k \frac{x^{2k+1}}{2k+1} + x^{2n+1}\varepsilon(x)$$

soit

$$\begin{aligned}\arctan x &= \sum_{k=0}^{n}(-1)^k \frac{x^{2k+1}}{2k+1} + x^{2n+1}\varepsilon(x) \\ &= x - \frac{x^3}{3} + \frac{x^5}{5} + \ldots + (-1)^n \frac{x^{2n+1}}{2n+1} + x^{2n+1}\varepsilon(x)\end{aligned}$$

Exemple 60

|| *Déterminer un* $DL_5(0)$ *de* $\arcsin x$.

$$\arcsin' x = \frac{1}{\sqrt{1-x^2}} = (1-x^2)^{-1/2}$$

Or, en utilisant le DL de $(1+u)^\alpha$ avec $\alpha = 1/2$,

$$\begin{aligned}(1+u)^{-1/2} &= 1 + (-\frac{1}{2})u + (-\frac{1}{2})(-\frac{1}{2}-1)\frac{u^2}{2} + u^2\varepsilon(u) \\ &= 1 - \frac{u}{2} + \frac{3u^2}{8} + u^2\varepsilon(u)\end{aligned}$$

d'où en remplaçant u par $-x^2$ puis en intégrant

$$(1-x^2)^{-1/2} = 1 + \frac{x^2}{2} + \frac{3x^4}{8} + x^4\varepsilon(x)$$

$$\arcsin x = \arcsin 0 + x + \frac{x^3}{6} + \frac{3x^5}{40} + x^5\varepsilon(x) = x + \frac{x^3}{6} + \frac{3x^5}{40} + x^5\varepsilon(x)$$

Exemple 61

|| *Déterminer un* $DL_5(0)$ *de* $\ln(1+\cos x)$.

1re méthode : On considère la fonction comme une composée ; mais comme $\cos 0 \neq 0$ on ne peut utiliser le développement de $\ln(1+u)$ avec $u = \cos x$. Cependant, puisque $1+\cos x$ tend vers 2 en 0, $(1+\cos x)/2$ tend vers 1 et peut donc se mettre sous la forme $1+u$ avec u tendant vers 0. D'où

$$\begin{aligned}\ln(1+\cos x) &= \ln 2\left(\frac{1+\cos x}{2}\right) = \ln 2 + \ln\frac{1+\cos x}{2}\\ &= \ln 2 + \ln\left(1 + \frac{\cos x - 1}{2}\right)\end{aligned}$$

Comme

$$\begin{aligned}\frac{\cos x - 1}{2} &= \frac{1}{2}\left(-\frac{x^2}{2} + \frac{x^4}{4!}\right) + x^5\varepsilon(x) = -\frac{x^2}{4} + \frac{x^4}{48} + x^5\varepsilon(x)\\ \ln(1+u) &= u - \frac{u^2}{2} + \frac{u^3}{3} - \frac{u^4}{4} + \frac{u^5}{5} + u^5\varepsilon(u)\end{aligned}$$

nous avons
$u\ :\ = -\frac{x^2}{4} + \frac{x^4}{48}$
$u^2\ :\ = \frac{x^4}{16}$
$u^3\ :\ = 0 \ldots u^5\ :\ = 0$
et donc

$$\ln(1+\cos x) = \ln 2 - \frac{x^2}{4} - \frac{x^4}{96} + x^5\varepsilon(x)$$

2e méthode : On dérive la fonction :

$$(\ln(1+\cos x))' = \frac{-\sin x}{1+\cos x}$$

L'ordre 4 suffisant, puisque l'intégration augmente de 1 l'ordre du DL,

$$\sin x = x - \frac{x^3}{3!} + x^4\varepsilon(x)$$

$$1+\cos x = 2 - \frac{x^2}{2!} + \frac{x^4}{4!} + x^4\varepsilon(x)$$

d'où par division

$$\frac{-\sin x}{1+\cos x} = -\frac{x}{2} - \frac{x^3}{24} + x^4\varepsilon(x)$$

puis par intégration, la valeur en 0 de la fonction étant $\ln 2$,

$$\ln(1+\cos x) = \ln 2 - \frac{x^2}{4} - \frac{x^4}{96} + x^5\varepsilon(x)$$

5. Exercices

Exercice 25

Soit $x < y < z$ trois réels et f une fonction deux fois dérivable sur $[x, z]$. On suppose que f s'annule en x, en y et en z. Démontrer, en utilisant le théorème de Rolle, d'abord appliqué à f sur $[x, y]$ puis sur $[y, z]$, puis appliqué à f' sur un intervalle à déterminer, que

$$\exists c \in]x, z[\ / \ f''(c) = 0$$

Exercice 26

Soit f la fonction numérique définie par

$$f(x) = \begin{cases} \frac{3-x^2}{2} & \text{si} \quad x \in]-\infty, 1[\\ \frac{1}{x} & \text{si} \quad x \in [1, +\infty[\end{cases}$$

Montrer que f satisfait aux hypothèses du théorème des accroissements finis sur $[0, 2]$ et déterminer toutes les valeurs c telles que

$$f(2) - f(0) = 2f'(c)$$

Exercice 27

En utilisant le théorème des accroissements finis, établir les inégalités suivantes :

$$1 - \frac{a}{b} < \ln \frac{b}{a} < \frac{b}{a} - 1 \text{ pour } 0 < a < b$$

$$|\cos b - \cos a| \leq |b - a|$$

$$\sqrt[3]{1+b} - \sqrt[3]{1+a} \leq \frac{1}{3}(b - a) \text{ pour } 0 < a < b$$

Exercice 28

Soit f une fonction de classe $\mathcal{C}^1$ sur $\mathbb{R}$. Montrer que

$$\lim_{h \to 0} \frac{f(x + bh) - f(x - ah)}{(a + b)h} = f'(x)$$

a et b étant deux réels positifs.

Exercice 29

Soit $a \in \,]0, 1[$. Etablir, en utilisant le théorème des accroissements finis appliqué à la fonction $x \mapsto x^a$, les inégalités

$$\frac{a}{(n+1)^{1-a}} \leq (n + 1)^a - n^a \leq \frac{a}{n^{1-a}}$$

pour tout $n \in \mathbb{N}^*$.

En déduire que, lorsque n tend vers $+\infty$, la somme

$$\frac{1}{1^{1-a}} + \frac{1}{2^{1-a}} + \ldots + \frac{1}{n^{1-a}}$$

a pour équivalent An^b, A et b étant des nombres que l'on déterminera.

Exercice 30

Soit f la fonction numérique définie par

$$f(x) = \sqrt[3]{x^3 - 3x^2 + x}$$

Etudier le comportement asymptotique de f aux bornes de son domaine de définition et préciser la position de la courbe par rapport à son asymptote sur un voisinage de l'infini.

Exercice 31

Soit f la fonction numérique définie par

$$f(x) = e^{-x} \ln(1 + e^x)$$

1. Montrer que f vérifie

$$f'(x) + f(x) = \frac{1}{1 + e^x}$$

2. Utiliser le résultat précédent pour calculer $f''(0)$ et $f'''(0)$. Ecrire un développement limité à l'ordre 3 de f en 0.

Exercice 32

Déterminer un $DL_4(0)$ des fonctions suivantes :

$$\sin x \ln(1+x) \qquad \cos x \,\mathrm{sh}\, x \qquad \sqrt{1+x}\, e^x$$

$$\frac{\sin x}{\mathrm{ch}\ x} \qquad \frac{\ln(1+x)}{\cos x} \qquad \frac{\sqrt{1+x} - x}{1 + e^x}$$

$$\frac{e^x - 1}{\sin x} \qquad \frac{\ln(1+x) - x}{\cos x - 1} \qquad \frac{\sqrt{1+x} - 1}{\ln(1+x)}$$

$$\ln(1 + \cos 2x) \qquad e^{\cos x} \qquad \left(\frac{\sin x}{x}\right)^{1/x}$$

Exercice 33

Soit f une fonction numérique définie et continue sur $\mathbb{R}$ telle que

$$\forall x \neq 0,\ f(x) = \frac{x}{e^x - 1}$$

1. Calculer $f(0)$ et étudier la dérivabilité de f en 0. Ecrire l'équation de la tangente à la courbe au point d'abscisse 0. Vérifier la continuité de f' en 0.

2. Déterminer un $DL_2(0)$ de $f(x)$.

3. Déterminer la dérivée seconde de f en 0.

6. Corrigé des exercices

Exercice 25

D'après Rolle

$$\exists a \in]x\,,\, y[\ /\ f'(a) = 0$$

$$\exists b \in]y\,,\, z[\ /\ f'(b) = 0$$

Comme f est deux fois dérivable sur $[a\,,\, b]$ et que

$$a < y < b \Longrightarrow a \neq b$$

f' satisfait aux hypothèses de Rolle sur $[a\,,\, b]$ et donc

$$\exists c \in]a\,,\, b[\ /\ f''(c) = 0$$

Exercice 26

La continuité et la dérivabilité de f ne pose problème qu'en 1.

$$\lim_{x \to 1^-} f(x) = \lim_{x \to 1^-} \frac{3 - x^2}{2} = 1$$

$$\lim_{x\to 1^+} f(x) = \lim_{x\to 1^+} \frac{1}{x} = 1$$

Donc, comme $f(1) = 1$, f est continue en 1.

$$\lim_{x\to 1^-} \frac{f(x) - f(1)}{x - 1} = \lim_{x\to 1^-} \frac{1 - x^2}{2(x - 1)} = -1$$

$$\lim_{x\to 1^+} \frac{f(x) - f(1)}{x - 1} = \lim_{x\to 1^+} \frac{\frac{1}{x} - 1}{x - 1} = -1$$

donc f est dérivable en 1 et $f'(1) = -1$

Par conséquent, d'après le théorème des accroissements finis,

$$\exists c \in]0\,,\,2[\ /\ f(2) - f(0) = (2 - 0)f'(c)$$

Vérifions directement ce résultat.

$$f(2) - f(0) = 2f'(c) \iff \frac{1}{2} - \frac{3}{2} = 2f'(c) \iff f'(c) = -\frac{1}{2}$$

Or, sur $[0\,,\,1[$, $f'(x) = -x$ et sur $]1\,,\,2[$ $f'(x) = -1/x^2$ tandis que $f'(1) = -1$. Donc

$$f'(c) = -1/2 \iff \left\{ \begin{array}{l} x \in]0\,,\,1[\text{ et } -x = -1/2 \\ x \in]1\,,\,2[\text{ et } -1/x^2 = -1/2 \end{array} \right.$$

Il existe donc deux valeurs de c ($1/2$ et $\sqrt{2}$) telles que

$$f(2) - f(0) = 2f'(c)$$

Exercice 27

1/ Le théorème des accroissements finis appliqué à la fonction ln nous donne

$$\exists c \in]a\,,\,b[\ /\ \ln b = \ln a + (b - a)\frac{1}{c}$$

Or

$$\begin{aligned} a < c < b &\Longrightarrow \frac{1}{b} < \frac{1}{c} < \frac{1}{a} \\ &\Longrightarrow \frac{b-a}{b} < \frac{b-a}{c} < \frac{b-a}{a} \\ &\Longrightarrow \frac{b-a}{b} < \ln b - \ln a < \frac{b-a}{a} \\ &\Longrightarrow 1 - \frac{a}{b} < \ln \frac{b}{a} < \frac{b}{a} - 1 \end{aligned}$$

2/ Le théorème des accroissements finis appliqué à la fonction cos nous donne

$$\exists c \in]a\,,\, b[\ /\ \cos b = \cos a + (b-a)(-\sin c)$$

donc

$$|\sin c| \leq 1 \Longrightarrow \left|\frac{\cos b - \cos a}{b-a}\right| \leq 1 \Longrightarrow |\cos b - \cos a| \leq |b-a|$$

3/ Le théorème des accroissements finis appliqué à la fonction $x \mapsto \sqrt[3]{1+x}$ nous donne

$$\exists c \in]a\,,\, b[\ /\ \sqrt[3]{1+b} = \sqrt[3]{1+a} + (b-a)\frac{1}{3}(1+c)^{-2/3}$$

Or

$$c > a \Longrightarrow c > 0 \Longrightarrow (1+c)^{-2/3} < 1$$

donc

$$\sqrt[3]{1+b} - \sqrt[3]{1+a} < \frac{b-a}{3}$$

Exercice 28

Nous allons d'abord donner une méthode directe. Soit

$$A = \frac{f(x+bh) - f(x-ah)}{(a+b)h}$$

$$A = \frac{f(x+bh)-f(x)}{bh}\,\frac{b}{a+b} - \frac{f(x-ah)-f(x)}{-ah}\,\frac{-a}{a+b}$$

Comme

$$\lim_{h\to 0} \frac{f(x+bh)-f(x)}{bh} = \lim_{u\to 0} \frac{f(x+u)-f(x)}{u} = f'(x)$$

et

$$\lim_{h\to 0} \frac{f(x-ah)-f(x)}{-ah} = \lim_{u\to 0} \frac{f(x+u)-f(x)}{u} = f'(x)$$

nous obtenons

$$\lim_{h\to 0} \frac{f(x+bh)-f(x-ah)}{(a+b)h} = \frac{b}{a+b}f'(x) + \frac{a}{a+b}f'(x) = f'(x)$$

Nous remarquerons que cette démonstration n'utilise que la dérivabilité de f en x et non la continuité de f'.

Profitons maintenant du fait que l'hypothèse nous permet d'appliquer la règle de l'Hospital. La limite du rapport des dérivées est

$$\lim_{h\to 0} \frac{b\,f'(x+bh) + a f'(x-ah)}{a+b}$$

d'où le résultat en remarquant que la continuité de f' nous donne

$$\lim_{h\to 0} f'(x+bh) = \lim_{h\to 0} f'(x-ah) = f'(x)$$

Exercice 29

Posons $f(x) = x^a = \exp(a \ln x)$. f est trivialement de classe $\mathcal{C}^\infty$ sur $]0\,,+\infty[$ et en particulier $f'(x) = \frac{a}{x}\exp(a\ln x) = ax^{a-1}$. L'application du théorème des accroissements finis sur $[n\,,\,n+1]$ nous donne

$$\exists c \in]n\,,\,n+1[\ /\ f(n+1) = f(n) + 1\,f'(c)$$

Or

$$\begin{aligned} n < c < n+1 \quad &\Longrightarrow \quad (n+1)^{a-1} < c^{a-1} < n^{a-1} \\ &\Longrightarrow \quad a(n+1)^{a-1} < f'(c) < n^{a-1} \end{aligned}$$

car $a < 1 \Longrightarrow a-1 < 0$ et par conséquent la fonction $x \mapsto x^{a-1}$ est décroissante.

Nous obtenons donc

$$a(n+1)^{a-1} < (n+1)^a - n^a < an^{a-1}$$

et ce pour tout entier naturel n non nul.

Par addition membre à membre nous en déduisons

$$\sum_{k=1}^{n} a(k+1)^{a-1} < \sum_{k=1}^{n} ((k+1)^a - k^a) < \sum_{k=1}^{n} ak^{a-1}$$

Un changement d'indice ($i = k+1$) nous donne

$$\sum_{k=1}^{n} a(k+1)^{a-1} = \sum_{i=2}^{n+1} a\, i^{a-1} = \sum_{k=2}^{n+1} \frac{a}{k^{1-a}}$$

par ailleurs

$$\begin{aligned}
\sum_{k=1}^{n} ((k+1)^a - k^a) &= \sum_{k=1}^{n} (k+1)^a - \sum_{k=1}^{n} k^a \\
&= \sum_{k=2}^{n+1} k^a - \sum_{k=1}^{n} k^a \\
&= (n+1)^a - 1
\end{aligned}$$

Nous obtenons donc

$$\sum_{k=2}^{n+1} \frac{a}{k^{1-a}} < (n+1)^a - 1 < \sum_{k=1}^{n} \frac{a}{k^{1-a}}$$

Posons

$$S_n = \sum_{k=1}^{n} \frac{a}{k^{1-a}}$$

Alors

$$S_n + \frac{a}{(n+1)^{1-a}} - a < (n+1)^a - 1 < S_n$$

$$(n+1)^a - 1 < S_n < (n+1)^a - 1 + a - \frac{1}{(n+1)^{1-a}}$$

$$1 - \frac{1}{(n+1)^a} < \frac{S_n}{(n+1)^a} < 1 + \frac{a-1}{(n+1)^a} - \frac{1}{n+1}$$

et donc

$$\lim_{n \to +\infty} \frac{S_n}{(n+1)^a} = 1$$

ce qui montre qu'en $+\infty$

$$S_n \sim (n+1)^a$$

Exercice 30

La fonction f est trivialement définie sur $\mathbb{R}$. Posons $h = 1/x$.

$$f(x) = f(1/h) = \sqrt[3]{\frac{h^2 - 3h + 1}{h^3}} = \frac{1}{h}\sqrt[3]{h^2 - 3h + 1}$$

effectuons un $DL_2(0)$ de $\sqrt[3]{h^2 - 3h + 1}$. Nous savons que

$$\sqrt[3]{1+u} = (1+u)^{\frac{1}{3}} = 1 + \frac{1}{3}u + \frac{1}{3}(-\frac{2}{3})\frac{u^2}{2!} + u^2\varepsilon(u)$$

Comme $h^2 - 3h \to 0$ quand $h \to 0$, nous pouvons effectuer la composition des développements limités.
$u := h^2 - 3h$
$u^2 := 9h^2$
d'où

$$\sqrt[3]{h^2 - 3h + 1} = 1 - h - \frac{2}{3}h^2 + u^2\varepsilon(h)$$

et

$$f(x) = f(1/h) = \frac{1}{h}(1 - h - \frac{2}{3}h^2 + u^2\varepsilon(h)) = \frac{1}{h} - 1 - \frac{2}{3}h + h\varepsilon(h)$$

Nous obtenons un **développement limité généralisé** de $f(1/h)$ à l'ordre 1 en 0 ; dans un développement limité généralisé la partie régulière est un polynôme généralisé, i.e. une somme de monômes généralisés, un monôme généralisé étant de la forme $a_n x^n$ où $n \in \mathbb{Q}$ (au lieu de $n \in \mathbb{N}$ dans le cas d'un monôme usuel). Par suite

$$f(x) = x - 1 + \frac{1}{x}(-\frac{2}{3} + \varepsilon(1/x))$$

où $\varepsilon(1/x)$ tend vers 0 quand x tend vers l'infini ($+\infty$ ou $-\infty$).

Il apparaît donc clairement que $f(x) - (x - 1)$ tend vers 0 quand x tend vers l'infini, donc que la droite d'équation $y = x - 1$ est asymptote à la courbe représentative de f en $+\infty$ et en $-\infty$.

Comme la limite en l'infini de $-2/3 + \varepsilon(1/x)$ est strictement négative $(-2/3)$, $-2/3 + \varepsilon(1/x)$ est négatif sur un voisinage de l'infini. Par conséquent $f(x) - (x - 3)$ est du signe de $-x$ au voisinage de l'infini. Nous pouvons donc conclure que :

- en $+\infty$ la courbe est située au dessous de son asymptote ;
- en $-\infty$ la courbe est située au dessus de son asymptote.

Exercice 31

1/ f est trivialement définie et de classe $\mathcal{C}^{+\infty}$ sur $\mathbb{R}$. Sa dérivée est

$$f'(x) = -e^{-x}\ln(1 + e^x) + (1 + e^x)^{-1}$$

donc

$$f'(x) + f(x) = \frac{1}{1 + e^x}$$

2/ Par dérivation de la formule précédente, nous obtenons,

$$f''(x) + f'(x) = -\frac{e^x}{(1 + e^x)^2}$$

puis

$$f^{(3)}(x) + f''(x) = \frac{e^x\,(e^x - 1)}{(1 + e^x)^3}$$

En appliquant en 0 nous obtenons $f(0) = \ln 2$, $f'(0) + f(0) = 1/2$ d'où $f'(0) = 1/2 - \ln 2$,
$f''(0) + f'(0) = -1/4$ d'où $f''(0) = -3/4 + \ln 2$ et enfin
$f^{(3)}(0) + f''(0) = 0$ d'où $f^{(3)}(0) = 3/4 - \ln 2$. L'application de la formule de Taylor-Young nous donne alors

$$\begin{aligned} f(x) &= \ln(2) + \left(\frac{1}{2} - \ln(2)\right) x + \left(-\frac{3}{8} + 1/2 \ln(2)\right) x^2 \\ &\quad + \frac{1}{6}\left(\frac{3}{4} - \ln 2\right) x^3 + x^3\varepsilon(x)) \end{aligned}$$

Exercice 32

Comme produits de développements limités usuels, nous obtenons

$$\sin x \ln(1+x) = x^2 - \frac{1}{2}x^3 + \frac{1}{6}x^4 + x^4\varepsilon(x)$$

$$\operatorname{sh} x \cos x = x - \frac{1}{3}x^3 + x^4\varepsilon(x)$$

$$\sqrt{1+x}\, e^x = 1 + \frac{3}{2}x + \frac{7}{8}x^2 + \frac{17}{48}x^3 + \frac{11}{128}x^4 + x^4\varepsilon(x)$$

Comme rapports de développements limités usuels, nous obtenons

$$\frac{\sin x}{\operatorname{ch} x} = x - \frac{2}{3}x^3 + x^4\varepsilon(x)$$

$$\frac{\ln(1+x)}{\cos x} = x - \frac{1}{2}x^2 + \frac{5}{6}x^3 - \frac{1}{2}x^4 + x^4\varepsilon(x)$$

$$\frac{\sqrt{1+x} - x}{1 + e^x} = \frac{1}{2} - \frac{1}{2}x + \frac{1}{16}x^2 + \frac{1}{12}x^3 - \frac{35}{768}x^4 + x^4\varepsilon(x)$$

Nous avons ensuite toujours des rapports de développements limités usuels, mais les dénominateurs s'annulent en 0. Nous sommes donc amenés à partir d'un ordre supérieur à 4 en espérant une simplication par une puissance de x. Pour savoir à quel ordre nous devons partir nous pouvons déterminer d'abord un équivalent en 0 du dénominateur.

$\sin x \sim x$. Nous partons donc à l'ordre $4+1=5$;

$$\frac{e^x-1}{\sin x} = 1 + \frac{1}{2}x + \frac{1}{3}x^2 + \frac{1}{8}x^3 + \frac{1}{18}x^4 + x^4\varepsilon(x)$$

$\cos x - 1 \sim -x^2/2$. Nous partons donc à l'ordre $4+2=6$;

$$\frac{\ln(1+x)-x}{\cos x - 1} = 1 - \frac{2}{3}x + \frac{7}{12}x^2 - \frac{41}{90}x^3 + \frac{91}{240}x^4 + x^4\varepsilon(x)$$

$\ln(1+x) \sim x$. Nous partons donc à l'ordre $4+1=5$;

$$\frac{\sqrt{1+x}-1}{\ln(1+x)} = \frac{1}{2} + \frac{1}{8}x - \frac{1}{24}x^2 + \frac{3}{128}x^3 - \frac{91}{5760}x^4 + x^4\varepsilon(x)$$

Pour déterminer un DL de $\ln(1+\cos x)$ nous déterminons d'abord la dérivée

$$(\ln(1+\cos x))' = \frac{-\sin x}{1+\cos 2x}$$

dont nous cherchons un DL à l'ordre 3 comme rapport de DL :

$$-\frac{\sin x}{1+\cos(2\,x)} = -\frac{1}{2}x - \frac{5}{12}x^3 + x^3\varepsilon(x)$$

d'où par intégration

$$\ln(1+\cos 2\,x)) = (\ln 2 - x^2 - \frac{1}{6}x^4 + x^4\varepsilon(x)$$

la constante étant la valeur en 0 de la fonction.

$$e^{\cos x} = e^{\cos x - 1} \times e$$

d'où le DL par composition de $u = \cos x - 1$ et de e^u

$$e^{\cos x} = e - \frac{e}{2}\,x^2 + \frac{e}{6}\,x^4 + x^4\varepsilon(x)$$

$$\left(\frac{\sin x}{x}\right)^{1/x} = \exp\left(\frac{1}{x}\ln\frac{\sin x}{x}\right)$$

Nous partons donc du *DL* de $\sin x$ à l'ordre 6 car nous sommes amenés à diviser $\sin x$ par x puis $\ln \frac{\sin x}{x}$ par x. Nous obtenons

$$\frac{\sin x}{x} = 1 - \frac{1}{6}x^2 + \frac{1}{120}x^4 + x^5\varepsilon(x)$$

En posant $u = \sin x/x - 1$ nous composons avec $\ln(1+u)$ (u tend vers 0)

$$\ln(\frac{\sin x}{x}) = -\frac{1}{6}x^2 - \frac{1}{180}x^4 + x^5\varepsilon(x)$$

et donc

$$\frac{1}{x}\ln\frac{\sin x}{x} = -\frac{1}{6}x - \frac{1}{180}x^3 + x^4\varepsilon(x)$$

et donc

$$\left(\frac{\sin x}{x}\right)^{x^{-1}} = 1 - \frac{1}{6}x + \frac{1}{72}x^2 - \frac{41}{6480}x^3 + \frac{149}{155520}x^4 + x^4\varepsilon(x)$$

Exercice 33

1/ f étant continue sur $\mathbb{R}$ par définition (on utilise $e^x - 1 \sim x$)

$$f(x) = \lim_{x\to 0} f(x) = \lim_{x\to 0}\frac{x}{e^x - 1} = 1$$

Pour déterminer la dérivabilité en 0, on étudie

$$\lim_{x\to 0}\frac{f(x) - f(0)}{x - 0} = \lim_{x\to 0}\frac{x - e^x + 1}{x(e^x - 1)} = \lim_{x\to 0}\frac{x - e^x + 1}{x^2}$$

car $x(e^x - 1) \sim x^2$; mais nous ne pouvons pas obtenir simplement d'équivalent du numérateur. Appliquons la règle de l'Hospital. La limite des dérivées est, puisque $1 - e^x \sim -x$

$$\lim_{x\to 0}\frac{1 - e^x}{2x} = -1/2$$

Définition 25 *Soit* $\overrightarrow{F}$ *une fonction de* $\mathbb{R}$ *dans* $\mathbb{R}^2$ *(fonction vectorielle) définie par*

$$\overrightarrow{F}(t) = (x(t), y(t))$$

La courbe d'équations paramétriques $x = x(t)$; $y = y(t)$ *est appelée* **indicatrice** *de* $\overrightarrow{F}$.

L'indicatrice de $\overrightarrow{F}$ peut également être définie par

$$\{M \; / \; \overrightarrow{OM} = \overrightarrow{F}(t)\}$$

2. Domaine de définition, réduction

• **Domaine de définition** :

Le domaine est l'intersection des domaines de x et de y : $D = D_x \cap D_y$.

Exemple 62

Domaine de la courbe définie par

$$x = \ln(1+t) \quad ; \quad y = \sqrt{t^2 - 3t + 2}$$

La fonction $x(t)$ est définie sur $]-1\,,+\infty[$.
La fonction $y(t)$ est définie sur $]-\infty\,,1] \cup [2\,,+\infty[$
Le domaine de définition est donc $]-1\,,1] \cup [2\,,+\infty[$.

• **Réduction du domaine** :

Contrairement au cas des courbes d'équation $y = f(x)$, le paramètre t n'a aucune interprétation géométrique. On distinguera donc nettement la transformation effectuée sur t – qui influera sur le choix du domaine réduit – et la transformation géométrique laissant la courbe invariante.

On est amené à calculer $x(\varphi(t))$ et $y(\varphi(t))$, $\varphi(t)$ étant l'une des fonctions suivantes :

Proposition 87 *S'il existe une transformation géométrique faisant correspondre les points de paramètre t et $\varphi(t)$, alors :*

- *si $\varphi(t) = t + T$, le domaine d'étude est limité à un intervalle d'amplitude T ;*
- *si $\varphi(t) = 2\alpha - t$, le domaine d'étude est limité à $]-\infty\,,\alpha] \cap D$ ou à $[\alpha\,,+\infty[\, \cap D$;*
- *si $\varphi(t) = 1/t$, le domaine d'étude est limité à $[-1\,,1] \cap D$.*

Nous n'avons cité que les fonctions φ les plus couramment utilisées (encore que la dernière le soit plutôt rarement). Il est bien évident que le domaine doit être invariant par φ.

φ étant l'une des fonctions traitées dans la proposition précédente (le domaine étant réduit conformément à cette proposition à D_e),

Proposition 88 *Si $x(\varphi(t)) = x(t)$ et $y(\varphi(t)) = y(t)$, on obtient toute la courbe sur D_e*

Proposition 89

- *Si $x(\varphi(t)) = 2a - x(t)$ et $y(\varphi(t)) = y(t)$, on complète par la symétrie d'axe D d'équation $x = a$.*
- *Si $x(\varphi(t)) = x(t)$ et $y(\varphi(t)) = 2b - y(t)$, on complète par la symétrie d'axe D d'équation $y = b$.*

Proposition 90

- *Si* $x(\varphi(t)) = 2a - x(t)$ *et* $y(\varphi(t)) = 2b - y(t)$, *on complète par la symétrie de centre* A *de coordonnées* (a, b).
- *Si* $x(\varphi(t)) = x(t) + a$ *et* $y(\varphi(t)) = y(t) + b$, *on complète par la translation de vecteur* $\overrightarrow{u}$ *de coordonnées* (a, b).
- *Si* $x(\varphi(t)) = y(t)$ *et* $y(\varphi(t)) = x(t)$, *on complète la courbe par une symétrie première bissectrice.*
- *Si* $x(\varphi(t)) = -y(t)$ *et* $y(\varphi(t)) = -x(t)$, *on complète la courbe par une symétrie seconde bissectrice.*

Exemple 63

Domaine et réduction du domaine de la courbe définie par

$$x = \sin t \,\cos 2t \quad ; \quad y = \cos t \sin 2t$$

Le domaine est $\mathbb{R}$. x et y sont 2π-périodiques ; on obtient donc toute la courbe sur un intervalle d'amplitude 2π.
On teste alors la demi-période :

$$x(t + \pi) = -x(t) \quad ; \quad y(t + \pi) = -y(t)$$

On peut donc limiter l'étude à un intervalle d'amplitude π à condition de compléter par une symétrie origine.
On teste le quart de période : $x(t + \pi/2) = -\cos t \,\cos 2t$, ce qui mène à une impasse.

$$x(-t) = -x(t) \quad ; \quad y(-t) = -y(t)$$

On peut donc limiter l'étude à $[0\,,\,\pi/2]$ en complétant par une symétrie origine. Ce domaine étant centré en $\pi/4$ on teste :

$$x(2 \times \pi/4 - t) = x(\pi/2 - t) = -\cos t \cos 2t$$

ce qui mène à une impasse.

Le domaine réduit sera donc $[0\,,\,\pi/2]$; on complétera la courbe obtenue par une symétrie origine.

Exemple 64

Domaine et réduction du domaine de la courbe définie par

$$x = \frac{t^2}{t^2-1} \quad ; \quad y = \frac{1}{1-t^2}$$

x et y sont définis sur $]-\infty\,,\,1[\,\cup\,]-1\,,\,1[\,\cup\,]1\,,\,+\infty[$.

Le domaine étant centré en 0, on teste

$$x(-t) = x(t) \quad ; \quad y(-t) = y(t)$$

On obtient donc toute la courbe sur $[0\,,\,1[\,\cup\,]1\,,\,+\infty[$.

A l'exclusion de 0, ce domaine est invariant par la transformation $t \mapsto 1/t$.

$$x(1/t) = y(t) \quad ; \quad t(1/t) = x(t)$$

La courbe privée du point de paramètre 0 est donc invariante par la symétrie par rapport à la première bissectrice ; on réduit donc l'étude à $[0\,,\,1]$ et on complète par une symétrie première bissectrice ; on peut s'attendre à ce que le symétrique du point de paramètre 0 soit point asymptote en $+\infty$ (ce que l'on vérifiera par la suite).

Exemple 65

Domaine et réduction du domaine de la courbe définie par

$$x = \frac{2t+1}{t-1} \quad ; \quad y = (t-1)^3$$

Le domaine est $\mathbb{R}\setminus\{1\}$. Ce domaine est centré en 1.

$$x(2-t) = \frac{2(2-t)+1}{2-t-1} = \frac{5-2t}{1-t}$$

Le domaine et sa réduction ont été étudiés à l'exemple 64. Le domaine d'étude est $[0\,,\,1[$ et on avait laissé en suspens le comportement en $+\infty$.

• En $+\infty$,

$$x \sim \frac{t^2}{t^2} \sim 1 \quad ; \quad y \sim -\frac{1}{t^2}$$

et donc

$$\lim_{t\to+\infty} x = 1 \quad ; \quad \lim_{t\to+\infty} y = 0$$

le point de coordonnées $(1,0)$ est donc point asymptote (on vérifie sans difficulté que ce point est le symétrique du point de paramètre 0 dans la symétrie première bissectrice).

On recherche la tangente asymptotique : en $+\infty$,

$$\frac{y-0}{x-1} \sim \frac{-1/t^2}{\frac{t^2-(t^2-1)}{t^2-1}} \sim \frac{-1/t^2}{-1/t^2} \sim 1$$

La courbe admet donc au point asymptote une tangente asymptotique de pente 1.

• en 1,

$$x \sim \frac{1}{(t-1)(t+1)} \sim \frac{1}{2(t-1)} \quad ; \quad y \sim \frac{1}{2(1-t)}$$

donc

$$\lim_{t\to1^-} x = -\infty \quad ; \quad \lim_{t\to1^-} y = +\infty$$

Nous sommes amenés à étudier

$$\lim_{t\to1^-} \frac{y}{x} = -1$$

puis

$$\lim_{t\to1^-} y + x = 1$$

ce qui exprime que la droite d'équation $y = -x + 1$ est asymptote.

En fait, lors de la recherche de la limite de $y + x$ on montre que $y + x = 1$, donc que la courbe est la droite d'équation $y = -x + 1$! Le lecteur vérifiera la cohérence des résultats précédents avec cette « découverte ».

4. Dérivées et étude locale

On rappelle que

$$\frac{\mathrm{d}\overrightarrow{OM}}{\mathrm{d}t} = x'\overrightarrow{i} + y'\overrightarrow{j}$$

et plus généralement

$$\frac{\mathrm{d^k}\overrightarrow{OM}}{\mathrm{d}t^k} = x^{(k)}\overrightarrow{i} + y^{(k)}\overrightarrow{j}$$

Notons

$$\overrightarrow{V}_k = \frac{\mathrm{d^k}\overrightarrow{OM}}{\mathrm{d}t^k}(t_0),$$

p l'ordre du premier vecteur dérivée non nul et q l'ordre du premier vecteur d'ordre plus grand que p $(q > p)$ non colinéaire à $\overrightarrow{V_p}$, soit $k < p \Longrightarrow \overrightarrow{V}_k = \overrightarrow{0}$ et

$$p < k < q \Longrightarrow \text{dét}\,(\overrightarrow{V}_{\mathrm{p}}, \overrightarrow{V}_{\mathrm{k}}) = 0 \quad \text{et dét}\,(\overrightarrow{V}_{\mathrm{p}}, \overrightarrow{V}_{\mathrm{q}}) \neq 0$$

Alors

Proposition 94 *p et q étant les ordres des deux premiers vecteurs dérivés non nuls et non colinéaires, $\overrightarrow{V}_{\mathrm{p}}$ est un vecteur directeur de la tangente à la courbe au point de paramètre t_0.*

Proposition 95 *p et q étant les ordres des deux premiers vecteurs dérivés non nuls et non colinéaires, si p est impair, alors :*

- *Si q pair : la courbe ne traverse pas la tangente et traverse la normale : le point est un* **point ordinaire** *;*
- *Si q impair : la courbe traverse la tangente et traverse la normale : le point est un* **point d'inflexion**.

Proposition 96 *p et q étant les ordres des deux premiers vecteurs dérivés non nuls et non colinéaires, si p est pair, alors :*

- *Si q impair : la courbe traverse la tangente et ne traverse pas la normale : le point est un* **point de rebroussement de première espèce** *;*
- *Si q pair : la courbe ne traverse pas la tangente et ne traverse pas la normale : le point est un* **point de rebroussement de seconde espèce**.

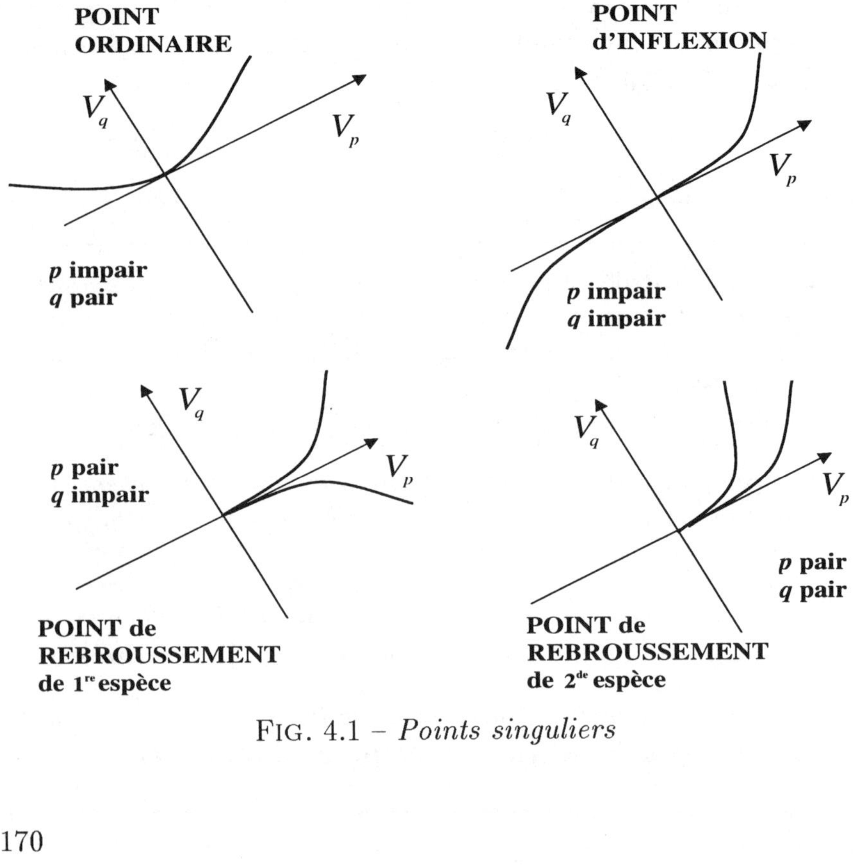

FIG. 4.1 – *Points singuliers*

Tout point en lequel le vecteur dérivée première est nul est dit **point singulier**.

En pratique,

- pour les valeurs du paramètre en lesquelles le vecteur dérivée première est nul, on effectue une étude locale complète en déterminant les deux premiers vecteurs dérivés non nuls et non colinéaires ; pour cela, soit on calcule les dérivées successives de x et de y, soit on effectue un développement limité de x et de y en t_0 (la formule de Taylor-Young nous permet d'en déduire les dérivées en t_0).

- pour les autres valeurs de t nous ne pouvons obtenir que des points ordinaires ou des points d'inflexion (puisque $p = 1$ et donc impair). S'il s'avère utile de déterminer les points d'inflexion, on recherche alors les **points d'inflexion analytique** qui, par définition, correspondent aux valeurs de t vérifiant l'équation

$$\text{dét}\,(\overrightarrow{V}_1\,,\ \overrightarrow{V}_2) = 0$$

(sinon le point est un point ordinaire) et on effectue alors l'étude locale complète en ces points.

Exemple 68

Montrer que la courbe définie par

$$x = \cos^2 t + \ln \sin t \quad ; \quad y = \cos t \sin t$$

admet un point de rebroussement que l'on déterminera.

Le domaine est caractérisé par $\sin t > 0$. Les fonctions x et y étant 2π-périodiques, on obtiendra toute la courbe en effectuant l'étude sur $]0\,,\,\pi[$.

Ce domaine étant centré en $\pi/2$, on étudie

$$x(\pi - t) = x(t) \quad ; \quad y(\pi - t) = -y(t)$$

On réduit donc l'étude à $[0\,,\,\pi/2]$ et on complète par une symétrie (Ox)

L'étude du comportement asymptotique en 0 montre que la droite d'équation $y = 0$ est asymptote.

$$x' = -2\cos t\sin t + \frac{\cos t}{\sin t} = \frac{\cos t}{\sin t}(1 - 2\sin^2 t) = \frac{\cos t\cos 2t}{\sin t}$$

$$y' = \cos^2 t - \sin^2 t = \cos 2t$$

L'étude des signes de x' et de y' montre que ces dérivées s'annulent simultanément en $\pi/4$. Nous sommes donc amenés à déterminer les deux premiers vecteurs dérivés non nuls et non colinéaires. Si les dérivées successives de y sont faciles à calculer, il n'en est pas de même de celles de x ; nous préférons donc déterminer un développement limité en $\pi/4$ de x' et de y'.

$$\begin{aligned} y'(\frac{\pi}{4} + h) &= \cos 2(\frac{\pi}{4} + h) = \cos(\frac{\pi}{2} + 2h) \\ &= -\sin 2h = -2h + \frac{(2h)^3}{3!} + h^3\varepsilon(h) \end{aligned}$$

d'où

$$y(\frac{\pi}{4} + h) = y(\frac{\pi}{4}) - h^2 + \frac{h^4}{3} + h^4\varepsilon(h) = \frac{1}{2} - h^2 + \frac{h^4}{3} + h^4\varepsilon(h)$$

par ailleurs

$$x'(\frac{\pi}{4} + h) = \frac{\cos(\frac{\pi}{4} + h)\cos 2(\frac{\pi}{4} + h)}{\sin(\frac{\pi}{4} + h)} = \frac{(\cos h - \sin h)(-\sin 2h)}{\cos h + \sin h}$$

or

$$\cos h - \sin h = 1 - h - \frac{h^2}{2} + \frac{h^3}{6} + h^3\varepsilon(h)$$

$$-\sin 2h = -2h + \frac{(2h)^3}{3!} + h^3\varepsilon(h)$$

d'où en effectuant le produit des deux parties régulières et en tronquant à l'ordre 3 :

$$-\sin 2h(\cos h - \sin h) = -2h + 2h^2 + \frac{7}{3}h^3 + h^3\varepsilon(h)$$

puis par division (suivant les puissances croissantes)

$$x'(\pi/4 + h) = -2h + 4h^2 - \frac{5}{3}h^3 + h^3\varepsilon(h)$$

et donc

$$x(\pi/4 + h) = \frac{1}{2}(1 - \ln 2) - h^2 + \frac{4}{3}h^3 - \frac{2}{3}h^4 + h^4\varepsilon(h)$$

et en définitive

$$\begin{pmatrix} x(\pi/4+h) \\ y(\pi/4+h) \end{pmatrix} = \begin{pmatrix} \frac{1}{2}(1-\ln 2) \\ \frac{1}{2} \end{pmatrix} - h^2 \begin{pmatrix} 1 \\ 1 \end{pmatrix} + \frac{h^3}{3} \begin{pmatrix} 4 \\ 0 \end{pmatrix} + h^3 \overrightarrow{\varepsilon}(h)$$

Les deux premiers vecteurs dérivés non nuls et non colinéaires sont donc d'ordre 2 et 3 (pair - impair), ce qui traduit un point de rebroussement de première espèce. La tangente à la courbe au point de paramètre $\frac{\pi}{4}$ a pour vecteur directeur le vecteur de coordonnées $(1, 1)$.

5. Tableau de variation, tracé

Tableau de variation :

On reporte dans un tableau comprenant 5 lignes (t, x', x, y', y) les informations issues de l'étude précédente auxquelles on ajoute les points d'intersection avec les axes de coordonnées (résolution des équations $x(t) = 0$ et $y(t) = 0$) et éventuellement avec les asymptotes.

Tracé de la courbe :

On prendra soin de déterminer suffisamment de points particuliers et on joindra ces points deux à deux en respectant les sens de variations de x et de y.

Recherche des points doubles :

Si un premier tracé de la courbe nous montre l'existence de **points doubles** (points obtenus pour deux valeurs distinctes du paramètre) on résout

$$\begin{cases} x(u) = x(v) \\ y(u) = y(v) \\ u \neq v \end{cases}$$

Remarquons que les équations $x(y) = x(v)$ et $y(u) = y(v)$ sont **symétriques** en u et v (i.e. invariantes par échange de u et v) et admettent trivialement $u = v$ pour solution. Si ces équations sont polynomiales (ou peuvent s'y ramener), on regroupe les termes symétriques ($u^p v^q$ et $u^q v^p$), on factorise $(u - v)$ et après simplification on ramène ces équations à des équations en s et p où s et p désignent respectivement la somme et le produit de u et de v.

Exemple 69

> *Montrer que la courbe d'équations paramétriques*
>
> $$x = \frac{t^2 - 1}{t} \qquad y = \frac{1 + t}{t(t-1)}$$
>
> *admet un point double que l'on déterminera. On donnera également les équations des tangentes en ce point.*

On est donc amené à résoudre le système

$$\begin{cases} \frac{u^2-1}{u} = \frac{v^2-1}{v} \ (a) \\ \frac{1+u}{u(u-1)} = \frac{1+v}{v(v-1)} \ (b) \\ u \neq v \end{cases}$$

$$\begin{aligned}(a) \iff & (u^2-1)v = (v^2-1)u \\ \iff & u^2v - v^2u - v + u = 0 \\ \iff & uv(u-v) + (u-v) = 0 \\ \iff & uv = -1\end{aligned}$$

(en tenant compte de la condition $u \neq v$)

$$\begin{aligned}(b) \iff & (1+u)v(v-1) = (1+v)u(u-1) \\ \iff & uv^2 + v^2 - uv - v = vu^2 + u^2 - vu - u \\ \iff & uv^2 - u^2v + v^2 - u^2 - v + u \\ \iff & uv(v-u) - (u-v)(u+v) + (u-v) = 0 \\ \iff & (u-v)(-uv - (u+v) + 1) = 0 \\ \iff & uv + (u+v) - 1 = 0\end{aligned}$$

(en tenant compte de la condition $u \neq v$)

Nous sommes donc ramenés au système

$$\begin{cases} uv = -1 \\ u + v = 2 \end{cases}$$

ce qui nous conduit à la résolution de l'équation

$$X^2 - 2X - 1 = 0$$

(on rappelle que si u et v ont pour somme S et pour produit P, alors u et v sont les solutions de l'équation $X^2 - SX + P = 0$.)

Par conséquent $\{u, v\} = \{1 - \sqrt{2}\,, 1 + \sqrt{2}\}$

Posons $\alpha = 1 + \varepsilon\sqrt{2}$ avec $\varepsilon^2 = 1$ (i.e. $\varepsilon = 1$ ou $\varepsilon = -1$) Nous avons alors $\alpha^2 - 2\alpha - 1 = 0$ et donc $\alpha^2 = 2\alpha + 1$.

D'où

$$x(\alpha) = \frac{\alpha^2 - 1}{\alpha} = \frac{2\alpha}{\alpha} = 2$$

et

$$y(\alpha) = \frac{\alpha + 1}{\alpha^2 - u} = \frac{\alpha + 1}{2\alpha + 1 - \alpha} = 1$$

ce qui montre que le point A de coordonnées $(2,1)$ est point double obtenu pour les valeurs $1+\sqrt{2}$ et $1-\sqrt{2}$ du paramètre.

Pour déterminer les équations des tangentes en A, nous calculons d'abord les dérivées de x et de y :

$$x'(t) = \left(t - \frac{1}{t}\right)' = 1 + \frac{1}{t^2}$$

$$y'(t) = \frac{(t^2 - t) - (t+1)(2t-1)}{(t^2 - t)^2} = \frac{-t^2 - 2t + 1}{(t^2 - t)^2}$$

donc

$$\begin{aligned}
x'(\alpha) &= \frac{\alpha^2 + 1}{\alpha^2} = \frac{2\alpha + 2}{2\alpha + 1} = 2\frac{2 + \varepsilon\sqrt{2}}{3 + 2\varepsilon\sqrt{2}} \\
&= 2(2 + \varepsilon\sqrt{2})(3 - 2\varepsilon\sqrt{2}) = 2(2 - \varepsilon\sqrt{2}) \\
y'(\alpha) &= \frac{-\alpha^2 - 2\alpha + 1}{(\alpha^2 - \alpha)^2} = \frac{-4\alpha}{(\alpha + 1)^2} \\
&= -4\frac{\alpha}{\alpha^2 + 2\alpha + 1} = -4\frac{\alpha}{2\alpha^2} = -\frac{2}{\alpha} \\
&= \frac{-2}{1 + \varepsilon\sqrt{2}} = 2(1 - \varepsilon\sqrt{2})
\end{aligned}$$

La tangente au point de paramètre $(1+\varepsilon\sqrt{2})$ admet donc pour vecteur directeur $(2(2-\varepsilon\sqrt{2})\,,\, 2(1-\varepsilon\sqrt{2}))$. La pente de cette tangente est

$$m = \frac{2(1 - \varepsilon\sqrt{2}))}{2(2 - \varepsilon\sqrt{2})} = \frac{(1 - \varepsilon\sqrt{2})(2 + \varepsilon\sqrt{2})}{2} = -\frac{\varepsilon\sqrt{2}}{2}$$

ce qui nous donne pour équation de la tangente

$$y = -\frac{\varepsilon\sqrt{2}}{2}(x - 2) + 1$$

soit

$$y = \frac{\sqrt{2}}{2}x + 1 - \sqrt{2} \quad \text{et} \quad y = -\frac{\sqrt{2}}{2}x + 1 + \sqrt{2}$$

Exemple 70

> *Etudier la courbe d'équations paramétriques*
>
> $$x = \frac{t^2}{1+t} \qquad y = \frac{1+t^2}{1+t}$$

• $D = \mathbb{R} \setminus \{-1\}$

• Réduction du domaine :

Le domaine étant centré en -1, on calcule
$x(-2-t) = \frac{(2+t)^2}{-(1+t)}$, d'où

$$x(-2-t) + x(t) = \frac{t^2 - (2+t)^2}{1+t} = -4$$

De même $y(-2-t) = \frac{1+(2+t)^2}{-(1+t)}$, d'où

$$y(-2-t) + y(t) = \frac{1 + t^2 - 1 - (2+t)^2}{1+t} = -4$$

Donc le point de coordonnées $(-2\,,\,-2)$ est **centre de symétrie pour la courbe** et on limite l'étude au domaine $]-1\,,\,+\infty[$.

• Etude aux bornes :

en -1, $x \sim \frac{1}{1+t}$, $y \sim \frac{2}{1+t}$, $\frac{y}{x} \sim 2$ et $y - 2x \sim \frac{1-t^2}{1+t} \sim 1 - t \sim 2$.
Par conséquent la droite d'équation $y = 2x + 2$ est asymptote.

en $+\infty$, $x \sim t$, $y \sim t$, $\frac{y}{x} \sim 1$, $y - x \sim \frac{1}{t}$. Par conséquent la droite d'équation $y = x$ est asymptote.

• Dérivées :

$$x' = \frac{t(2+t)}{(1+t)^2} \qquad y' = \frac{t^2 + 2t - 1}{(t+1)^2}$$

Ce qui nous donne le tableau de variation :

t	-1		0		$\sqrt{2}$		$+\infty$
x'	‖	$-$	0		$+$		
x	‖ $+\infty$	↘	0	↗	$\frac{3\sqrt{2}-4}{2}$	↗	$+\infty$
y'	‖		$-$		0	$+$	
y	‖ $+\infty$ $[y = 2x + 2]$	↘	1	↘	$2\sqrt{2} - 2$	↗	$+\infty$ $[y = x]$

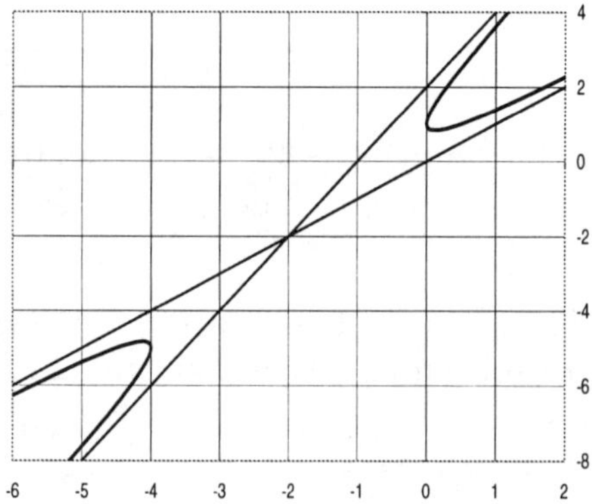

FIG. 4.2 – *Courbe d'équations* $x = \frac{t^2}{1+t}$; $y = \frac{1+t^2}{1+t}$

Exemple 71

Etudier la courbe d'équations paramétriques

$$x = \cos t \qquad y = \sin t(1 + \cos t)$$

• $D = \mathbb{R}$

• Réduction du domaine :

x et y sont 2π-périodiques ; x est paire et y impaire : on peut donc limiter l'étude à $[0\,,\,\pi]$ et compléter la courbe obtenue par une symétrie Ox.

Ce domaine étant centré en $\pi/2$, on est amené à calculer $x(\pi - t)$ et $y(\pi - t)$: on n'obtient rien d'intéressant.

• Dérivées :

$$x' = -\sin t \qquad y' = \cos t + \cos 2t = 2\cos(3t/2)\,\cos(t/2)$$

Ce qui nous donne le tableau de variation :

t	0		$\frac{\pi}{3}$		$\frac{\pi}{2}$		π
x'	0		$-$		(-1)	$-$	0
x	1	↘	$\frac{1}{2}$	↘	0	↘	-1
y'		$+$	0	$+$	(-1)	$-$	0
y	0	↗	$\frac{3\sqrt{3}}{4}$	↘	1	↘	0

• Etude locale en π :

Le vecteur dérivée première étant nul en 0, nous sommes amenés soit à calculer les dérivées successives de x et de y, soit à déterminer un développement limité en π de x et de y.

$$x'' = -\cos t \;;\; y'' = -\sin t - 2\sin 2t \quad \text{donc } x''(\pi) = 1 \;;\; y''(\pi) = 0$$

La courbe admet donc au point de paramètre π une tangente «horizontale». La recherche du second vecteur directeur non nul et non colinéaire au premier est ici inutile car l'invariance par symétrie montre que le point en question est un point de rebroussement de première espèce.

• Recherche des points d'inflexion :

$$\begin{aligned}
\begin{vmatrix} x' & x'' \\ y' & y'' \end{vmatrix} &= \begin{vmatrix} -\sin t & -\cos t \\ \cos t + \cos 2t & -\sin t - 2\sin 2t \end{vmatrix} \\
&= \sin^2 t + 2\sin t \sin 2t - \cos^2 t + \cos t \cos 2t \\
&= 1 + \sin t \sin 2t + (\cos t \cos 2t + \sin t \sin 2t) \\
&= 1 + \sin t \sin 2t + \cos t \\
&= 1 + 2\sin^2 t \cos t + \cos t \\
&= 1 + 2(1 - \cos^2 t)\cos t + \cos t \\
&= 1 + \cos t + 2(1 - \cos t)(1 + \cos t)\cos t \\
&= (1 + \cos t)(-2\cos^2 t + 2\cos t + 1)
\end{aligned}$$

donc, sur $[0\,,\,\pi]$,

$$\begin{aligned}
\begin{vmatrix} x' & x'' \\ y' & y'' \end{vmatrix} = 0 &\iff \cos t = -1 \quad \text{ou} \quad 2\cos^2 t - 2\cos t - 1 = 0 \\
&\iff t = \pi \quad \text{ou} \quad \cos t = \frac{1-\sqrt{3}}{2} \quad \text{ou} \quad \cos t = \frac{1+\sqrt{3}}{2} \\
&\iff t = \pi \quad \text{ou} \quad t = \arccos\frac{1-\sqrt{3}}{2}
\end{aligned}$$

(car $\frac{1+\sqrt{3}}{2} > 1$)

Pour $t = \pi$ nous retrouvons comme prévisible le point de rebroussement.

Posons $\alpha = \arccos\frac{1-\sqrt{3}}{2}$. Alors

$$x(\alpha) = \cos\alpha = \frac{1-\sqrt{3}}{2}$$

$$\begin{aligned} y(\alpha) &= \sin\alpha(1+\cos(\alpha)) = \sqrt{1-\left(\frac{1-\sqrt{3}}{2}\right)^2}\left(1+\frac{1-\sqrt{3}}{2}\right) \\ &= \sqrt{\frac{6\sqrt{3}-9}{2}} \end{aligned}$$

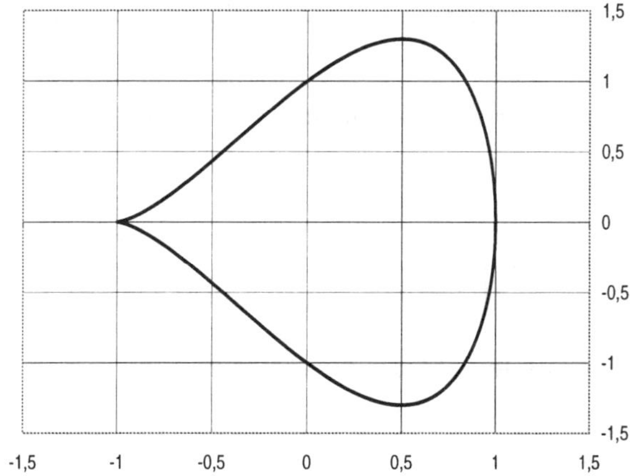

FIG. 4.3 – *Courbe d'équations* $x = \cos t$; $y = \sin t(1+\cos t)$

Exemple 72

Etudier la courbe d'équations paramétriques

$$x = \frac{t^2}{t^2-1} \qquad y = \frac{t^2-2}{t-1}$$

- $D = \mathbb{R} \setminus \{-1\,,\,1\}$
- Réduction du domaine :

Le domaine est centré en 0, mais pas celui de y ; aucune réduction n'est donc possible.

Exemple 73

Etudier la courbe d'équations paramétriques

$$x = \tan t + \sin t \qquad y = \frac{1}{\cos t}$$

• $D = \mathbb{R} \setminus \{\frac{\pi}{2} + k\pi\}$

• Réduction du domaine :

x et y sont 2π-périodiques ; x est impaire et y paire : on peut donc limiter l'étude à $[0\,,\,\pi/2[\,\cup\,]\pi/2\,,\,\pi]$ et compléter la courbe obtenue par une symétrie Oy.

Ce domaine étant centré en $\pi/2$, on est amené à calculer $x(\pi - t)$ et $y(\pi - t)$: on n'obtient rien d'intéressant.

• Etude aux bornes ($t = \pi/2$) :

Posons $t = \pi/2 + h$ pour ramener l'étude en 0.

$$\begin{aligned} x(\frac{\pi}{2} + h) &= \tan(\frac{\pi}{2} + h) + \sin(\frac{\pi}{2} + h) \\ &= -\operatorname{cotan} h + \cos h = \cos h \frac{\sin h - 1}{\sin h} \\ y(\frac{\pi}{2} + h) &= \frac{1}{\cos(\frac{\pi}{2} + h)} = -\frac{1}{\sin h} \end{aligned}$$

Donc

$$x \sim y \sim \frac{-1}{h} \qquad \frac{y}{x} \sim 1$$

$$y - x \sim -\frac{1}{\sin h} - \cos h \frac{\sin h - 1}{\sin h} \sim \frac{\operatorname{ch}(\sin h - 1) - \sin h}{\sin h} \sim \frac{h}{h} \sim 1$$

Par conséquent la droite d'équation $y = x - 1$ est asymptote.

• Dérivées :

$$x' = \frac{1}{\cos^2 t} + \cos t = \frac{\cos^3 t + 1}{\cos^2 t} \qquad y' = \frac{\sin t}{\cos^2 t}$$

Ce qui nous donne le tableau de variation :

t	0		$\frac{-\pi}{2}$		π
x'		$+$	‖	$+$	0
x	0	↗	$+\infty$ ‖ $-\infty$	↗	0
y'	0	$+$	‖	$+$	0
y	1	↗	$+\infty$ ‖ $-\infty$	↗	-1

• Etude locale en π :
Le vecteur dérivée première étant nul en π, nous sommes amenés soit à calculer les dérivées successives de x et de y, soit à déterminer un développement limité en π de x et de y.

$$x(\pi+h) = \tan(\pi+h)+\sin(\pi+h) = \tan h - \sin h = \frac{\sin h(\cos h - 1)}{\cos h}$$

$$\sin h = h - \frac{h^3}{3!} + h^3\varepsilon(h) \quad \text{et} \quad \cos h - 1 = -\frac{h^2}{2} + h^3\varepsilon(h)$$

Le produit des développements limités nous donne

$$\sin h(\cos h - 1) = -\frac{h^3}{2} + h^3\varepsilon(h)$$

Par division suivant les puissances croissantes à l'ordre 3 nous obtenons

$$\frac{\sin h(\cos h - 1)}{\cos h} = -\frac{h^3}{2} + h^3\varepsilon(h)$$

de même

$$y(\pi + h) = \frac{1}{\cos(\pi + h)} = \frac{-1}{\cos h}$$

et par division

$$y(\pi + h) = -1 - \frac{h^2}{2} + h^3\varepsilon(h)$$

et donc

$$\begin{pmatrix} x \\ y \end{pmatrix} = \begin{pmatrix} 0 \\ -1 \end{pmatrix} + \frac{h^2}{2}\begin{pmatrix} 0 \\ -1 \end{pmatrix} + \frac{h^3}{2}\begin{pmatrix} 1 \\ 0 \end{pmatrix} + h^3\overrightarrow{\varepsilon}(h)$$

La courbe admet donc au point de paramètre π une tangente « verticale » ; c'est un point de rebroussement de première espèce ($p = 2$ et $q = 3$).

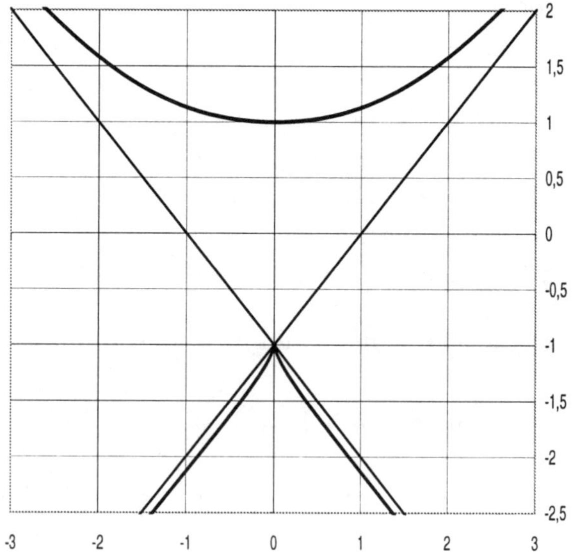

FIG. 4.5 – *Courbe d'équations* $x = \tan t + \sin t$; $y = \frac{1}{\cos t}$

Exemple 74

> *Un point P décrit le cercle (C) de centre O et de rayon R. On projette P en H sur (Ox), en K sur (Oy) et en M sur (HK).*
> *Quel est l'ensemble Γ des points M (lorsque P décrit (C))?*
> *Montrer que la droite (HK) est tangente à Γ en M.*

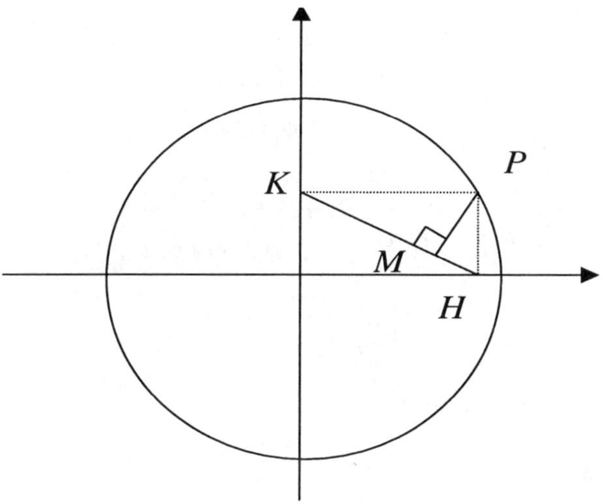

FIG. 4.6 – *Lieu géométrique*

• Equation de la courbe Γ

Le point P décrivant le cercle de centre O et de rayon R, nous avons

$$\overrightarrow{OP} = R\cos t\ \overrightarrow{i} + R\sin t\ \overrightarrow{j}$$

(t représentant l'angle ($\overrightarrow{i}$, $\overrightarrow{OM}$)) Les coordonnées de P, H et K sont donc

$$P \begin{pmatrix} R\cos t \\ R\sin t \end{pmatrix} \qquad H \begin{pmatrix} R\cos t \\ 0 \end{pmatrix} \qquad K \begin{pmatrix} 0 \\ R\sin t \end{pmatrix}$$

De par la définition de M, (PM) est orthogonale à (HK) et $\overrightarrow{HM}$ est colinéaire à $\overrightarrow{HK}$. D'où

$$\begin{cases} \overrightarrow{PM}.\overrightarrow{HK} = 0 \\ \text{dét}\,(\overrightarrow{HM}\,,\,\overrightarrow{HK}) = 0 \end{cases}$$

$$\begin{cases} \begin{pmatrix} x - R\cos t \\ y - R\sin t \end{pmatrix} . \begin{pmatrix} -R\cos t \\ R\sin t \end{pmatrix} = 0 \\ \begin{vmatrix} x - R\cos t & -R\cos t \\ y & R\sin t \end{vmatrix} = 0 \end{cases}$$

$$\begin{cases} x\cos t - y\sin t = R(\cos^2 t - \sin^2 t) \\ x\sin t + y\cos t = R\sin t\cos t \end{cases}$$

$$\begin{cases} x = - \begin{vmatrix} -\sin t & R(\cos^2 t - \sin^2 t) \\ \cos t & R\sin t\cos t \end{vmatrix} \\ y = \begin{vmatrix} \cos t & R(\cos^2 t - \sin^2 t) \\ \sin t & R\sin t\cos t \end{vmatrix} \end{cases}$$

$$\begin{cases} x = R\cos^3 t \\ y = R\sin^3 t \end{cases}$$

- Etude de la courbe Γ
- $D = \mathbb{R}$
- Réduction du domaine

↪ x et y sont $2\pi-$périodiques ; on peut donc réduire l'étude à un intervalle d'amplitude 2π et on obtient toute la courbe ;

↪ $x(t+\pi) = -x(t)$ et $y(t+\pi) = -y(t)$: on peut donc réduire l'étude à un intervalle d'amplitude π et compléter par une symétrie origine.

↪ $x(t+\frac{\pi}{2}) = -y(t)$ et $y(t+\frac{\pi}{2}) = x(t)$: ce qui traduit l'invariance de la courbe par une rotation de centre O et d'angle $\frac{\pi}{2}$. Nous n'utilisons pas cette invariance pour réduire le domaine d'étude, mais nous vérifierons après le tracé de la courbe cette invariance.

↪ $x(-t) = x(t)$ et $y(-t) = -y(t)$: on peut donc réduire l'étude à $[0\,,\,\pi/2]$ et compléter par une symétrie (Ox) (suivie d'une symétrie O).

↪ ce domaine est centré en $\pi/4$: $x(\pi/2 - t) = y(t)$ et $y(\pi/2 - t) = x(t)$: on peut donc réduire l'étude à $[0\,,\,\pi/4]$ et compléter par une symétrie première bissectrice (suivie d'une symétrie Ox puis d'une symétrie origine).

↪ ce domaine étant centré en $\pi/4$ on est amené à calculer $x(\pi/2 - t)$ et $y(\pi/2 - t)$, ce qui ne nous donne rien d'intéressant.

- Dérivées

$$x'(t) = -3\cos^2 t \sin t \qquad y'(t) = 3\sin^2 t \cos t$$

- Courbe (**astroïde**)

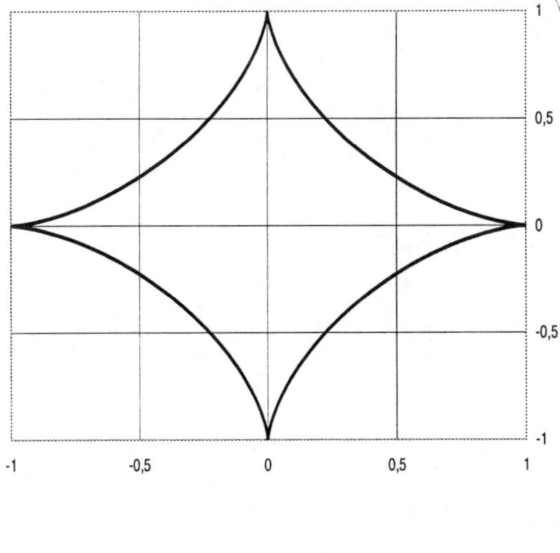

FIG. 4.7 – *Astroïde d'équations* $x = \cos^3 t$; $y = \sin^3 t$

- tableau de variation

t	0		π
x'	0	$-$	$-R\frac{\sqrt{2}}{4}$
x	1	$\searrow$	$R\frac{\sqrt{2}}{2}$
y'	0	$+$	$R\frac{\sqrt{2}}{4}$
y	0	$\nearrow$	$R\frac{\sqrt{2}}{2}$

- Etude locale en 0
  Le vecteur dérivée première étant nul en 0, nous sommes amenés soit à calculer les dérivées successives de x et de y, soit à déterminer un développement limité en 0 de x et de y.
  $\cos t = 1 - \frac{t^2}{2} + t^3\varepsilon(t)$; donc

$$\cos^3 t = \left(1 - \frac{t^2}{2}\right)^3 + t^3\varepsilon(t) = 1 - \frac{3t^2}{2} + t^3\varepsilon(t)$$

  $\sin t = t - \frac{t^3}{6} + t^3\varepsilon(t)$; donc

$$\sin^3 t = \left(t - \frac{t^3}{6}\right)^3 + t^3\varepsilon(t) = \frac{t^3}{6} + t^3\varepsilon(t)$$

$$\begin{pmatrix} x \\ y \end{pmatrix} = \begin{pmatrix} R \\ 0 \end{pmatrix} + R\frac{t^2}{2}\begin{pmatrix} -3 \\ 0 \end{pmatrix} + Rt^3\begin{pmatrix} 0 \\ 1 \end{pmatrix} + t^3\overrightarrow{\varepsilon}(h)$$

  La courbe admet donc au point de paramètre 0 une tangente « horizontale ». Ce point est un point de rebroussement de première espèce.

- Montrons maintenant que la tangente en M est la droite (HK). Ces deux droites passant par M, il suffit de montrer que leurs vecteurs directeurs sont colinéaires ; or

$$\frac{d\overrightarrow{OM}}{dt} = \begin{pmatrix} -3R\cos^2 t \sin t \\ 3R\sin^2 t \cos t \end{pmatrix} = 3R\cos t \sin t \begin{pmatrix} -\cos t \\ \sin t \end{pmatrix}$$

et

$$\overrightarrow{HK} = \begin{pmatrix} -R\cos t \\ R\sin t \end{pmatrix}$$

donc

$$\frac{d\overrightarrow{OM}}{dt} = \cos t \sin t \overrightarrow{HK}$$

Exemple 75

Un point P décrit la droite D d'équation $y = a$ $(a \neq 0)$. On projette P en H sur (Ox) puis H en M sur (OP). Déterminer l'ensemble Γ des points M (lorsque P décrit la droite D)

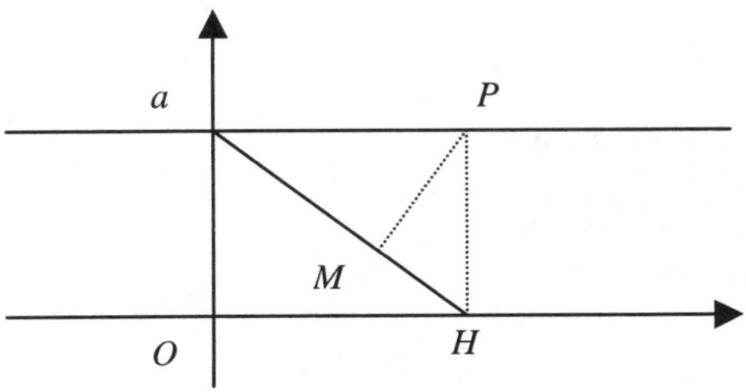

FIG. 4.8 – *lieu géométrique*

- Equation de Γ

Notons t l'abscisse de P ; les coordonnées de P sont donc (t, a) et celles de H $(t, 0)$. M est défini par

$$\begin{cases} \overrightarrow{HM}.\overrightarrow{OP} = 0 \\ \text{dét}\ (\overrightarrow{OM}, \overrightarrow{OP}) = 0 \end{cases}$$

d'où

$$\begin{pmatrix} x - t \\ y \end{pmatrix} . \begin{pmatrix} t \\ a \end{pmatrix} = 0 \quad \text{et} \quad \begin{vmatrix} x & t \\ y & a \end{vmatrix} = 0$$

$$tx + ay = t^2 \quad \text{et} \quad ax - ty = 0$$

$$x = \frac{-\begin{vmatrix} a & t^2 \\ -t & 0 \end{vmatrix}}{\begin{vmatrix} t & a \\ a & -t \end{vmatrix}} \quad \text{et} \quad y = \frac{\begin{vmatrix} t & t^2 \\ a & 0 \end{vmatrix}}{\begin{vmatrix} t & a \\ a & -t \end{vmatrix}}$$

$$x = \frac{t^3}{t^2 + a^2} \qquad y = \frac{at^2}{t^2 + a^2}$$

Remarquons que dans ce problème a et t sont des longueurs ; nous pouvons donc vérifier la plausibilité de notre solution en vérifiant que x et y ont également la dimension d'une longueur.

• Etude de la courbe

⋆ $D = \mathbb{R}$

⋆ Réduction du domaine :
x est impaire et y paire ; nous limitons donc l'étude à $[0\,, +\infty[$ et complétons par une symétrie (Oy).

⋆ Etude aux bornes :
En $+\infty$, $x \sim t$ et $y \sim a$. Par conséquent la droite d'équation $y = a$ est asymptote.

⋆ Dérivées :

$$x'(t) = \frac{t^2\,(t^2 + 3\,a^2)}{(t^2 + a^2)^2}, \qquad y'(t) = 2\,\frac{ta^3}{(t^2 + a^2)^2}$$

⋆ Tableau de variation :

t	0		a		$+\infty$
x'	0		$+$		
x	0	$\nearrow$	$a/2$	$\nearrow$	$+\infty$
y'	0		$+$		
y	0	$\nearrow$	$a/2$	$\nearrow$	a

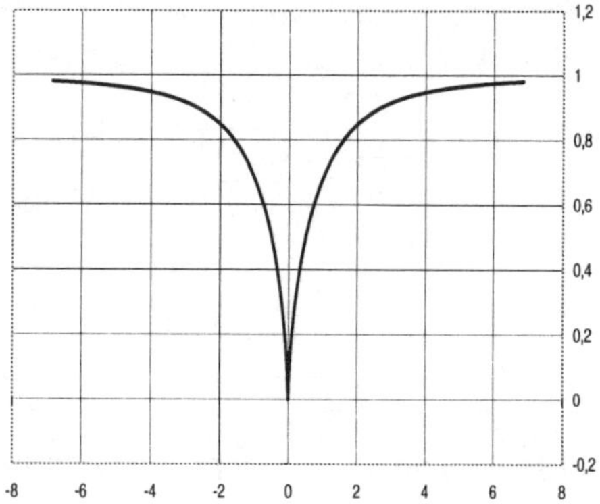

FIG. 4.9 – *Courbe d'équations* $x = \frac{t^3}{t^2+1}$; $y = \frac{t^2}{t^2+1}$

La valeur $t = a$ pour le point particulier a été choisie parce que dans ce cas (OP) est une diagonale d'un carré, et qu'il est alors clair que M est le milieu de $[OP]$, ce qui nous donne une nouvelle vérification de plausibilité des équations que nous avons obtenues.

La courbe (figure 4.9 pour $a = 1$) est une **cissoïde droite**.

6. Rayon de courbure, développée

Définition 26 *Etant donné une courbe paramétrée (C) et un point A de (C) de paramètre t_0, on définit* **l'abscisse curviligne** *du point M de (C) de paramètre t par*

$$s(t) = \int_{y_0}^{t} \sqrt{x'^2 + y'^2}\, \mathrm{d}t$$

Proposition 97 *La longueur de l'arc (AM) est égale à $|s(t)|$.*

Proposition 98 *Notons*

$$\overrightarrow{V} = \frac{\mathrm{d}\overrightarrow{OM}}{\mathrm{d}t}$$

Alors

$$\mathrm{d}s = ||\overrightarrow{V}(t)||\ \mathrm{d}t$$

Proposition 99 *En un point M non stationnaire*

$$\left(\ \frac{\mathrm{d}\overrightarrow{OM}}{\mathrm{d}t} \neq \overrightarrow{0}\ \right)$$

le vecteur $\overrightarrow{T}$ défini par

$$\overrightarrow{T} = \frac{\mathrm{d}\overrightarrow{OM}}{\mathrm{d}s} = \frac{\mathrm{d}\overrightarrow{OM}}{\mathrm{d}t} \times \frac{\mathrm{d}t}{\mathrm{d}s}$$

est un vecteur unitaire tangent à la courbe (C).

Proposition 100 *Soit φ l'angle* $(\vec{i}, \vec{T})$. *Alors*

$$\tan\varphi = \frac{y'}{x'} \text{ si } x' \neq 0$$

et

$$\vec{N} = \frac{\mathrm{d}\vec{T}}{\mathrm{d}\varphi}$$

est un vecteur unitaire orthogonal à $\vec{T}$ *(et donc à* (C) *).*

$\dfrac{\mathrm{d}\vec{T}}{\mathrm{d}s}$ est également un vecteur orthogonal à $\vec{T}$ – et donc colinéaire à $\vec{N}$ – comme dérivée d'un vecteur unitaire, et

$$\frac{\mathrm{d}\vec{T}}{\mathrm{d}s} = \frac{\mathrm{d}\varphi}{\mathrm{d}s}\vec{N}$$

.

Définition 27 *On appelle* **courbure** *au point M le nombre*

$$C = \frac{\mathrm{d}\varphi}{\mathrm{d}s}$$

et **vecteur courbure** *le vecteur* $\dfrac{\mathrm{d}\vec{T}}{\mathrm{d}s} = C\vec{N}$.
On appelle **rayon de courbure** *au point M le nombre*

$$R = \frac{1}{C} = \frac{\mathrm{d}s}{\mathrm{d}\varphi}$$

et **centre de courbure** *le point I défini par* $\overrightarrow{MI} = R\vec{N}$
On appelle **développée** *de* (C) *l'ensemble de ses centres de courbure.*

Exemple 76

> *Déterminer le rayon de courbure de la courbe d'équations paramétriques*
> $$\begin{cases} x = a + r\cos\theta \\ y = b + r\sin\theta \end{cases}$$
> *où* $(a,b) \in \mathbb{R}^2$ *et* $r > 0$

Nous avons $\overrightarrow{V} = -r\sin\theta\,\overrightarrow{i} + r\cos\theta\,\overrightarrow{j}$ et donc $||\overrightarrow{V}|| = r$. D'où $\mathrm{d}s = r\,\mathrm{d}\theta$ et donc

$$\overrightarrow{T} = \frac{\mathrm{d}\overrightarrow{OM}}{\mathrm{d}s} = \frac{1}{r}\frac{\mathrm{d}\overrightarrow{OM}}{\mathrm{d}\theta} = -\sin\theta\,\overrightarrow{i} + \cos\theta\,\overrightarrow{j}$$

Par ailleurs

$$\tan\varphi = \frac{y'}{x'} = -\operatorname{cotan}\theta = \tan(\theta + \frac{\pi}{2})$$

d'où $\varphi = \theta + \frac{\pi}{2} + k\pi$ et donc $\mathrm{d}\varphi = \mathrm{d}\theta$.

On en déduit donc

$$R = \frac{\mathrm{d}s}{\mathrm{d}\varphi} = r$$

et donc

$$\overrightarrow{N} = \frac{\mathrm{d}\overrightarrow{T}}{\mathrm{d}\varphi} = \frac{\mathrm{d}\overrightarrow{T}}{\mathrm{d}\theta} = -\cos\theta\,\overrightarrow{i} - \sin\theta\,\overrightarrow{j}$$

D'où

$$\overrightarrow{OI} = \overrightarrow{OM} + \overrightarrow{MI} = \overrightarrow{OM} + R\overrightarrow{N} = \begin{pmatrix} a + r\cos\theta - r\cos\theta \\ b + r\sin\theta - r\sin\theta \end{pmatrix} = \begin{pmatrix} a \\ b \end{pmatrix}$$

On vérifie aisément que la courbe (C) est un cercle, et donc que le rayon de courbure d'un cercle est son rayon, et que le centre de courbure d'un cercle est son centre.

Proposition 101 *Si* I *est le centre de courbure associé à* M*, la normale à* (C) *en* M *est la tangente en* I *à la développée de* (C).

Proposition 102 *Le centre de courbure en M est situé dans la concavité de (C) en M.*

Proposition 103 *Posons*

$$\vec{V} = \frac{\mathrm{d}\overrightarrow{OM}}{\mathrm{d}t} \quad \text{et} \quad \vec{\Gamma} = \frac{\mathrm{d}^2\overrightarrow{OM}}{\mathrm{d}t^2}$$

I le centre de courbure de (C) en M et R le rayon de courbure. Alors I est caractérisé par

$$\begin{cases} \overrightarrow{MI}.\vec{V} = 0 \\ \overrightarrow{MI}.\vec{\Gamma} = ||\vec{V}||^2 \end{cases}$$

et

$$R = \frac{||\vec{V}||^3}{\det(\vec{V}, \vec{\Gamma})}$$

Exemple 77

Déterminer le rayon de courbure et la développée de la chaînette (C) d'équation

$$y = a \operatorname{ch} \frac{x}{a}$$

où $a > 0$.

Nous paramétrons la courbe par

$$\begin{pmatrix} x = at \\ y = a \operatorname{ch} t \end{pmatrix}$$

Alors

$$\vec{V} = \begin{pmatrix} a \\ a \operatorname{sh} t \end{pmatrix} \quad \text{et} \quad \vec{\Gamma} = \begin{pmatrix} 0 \\ a \operatorname{ch} t \end{pmatrix}$$

d'où le rayon de courbure

$$R = \frac{||\overrightarrow{V}||^3}{\det(\overrightarrow{V}\,,\,\overrightarrow{\Gamma})} = \frac{\left(a^2 + a^2\,\mathrm{sh}^2\,t\right)^{3/2}}{a^2\,\mathrm{ch}\,t} = a\,\mathrm{ch}^2\,t$$

Posons maintenant

$$\overrightarrow{MI} = \begin{pmatrix} X \\ Y \end{pmatrix}$$

Alors

$$\begin{cases} \overrightarrow{MI}.\overrightarrow{V} = 0 \\ \overrightarrow{MI}.\Gamma = ||\overrightarrow{V}||^2 \end{cases} \iff \begin{cases} X + Y\,\mathrm{sh}\,t = 0 \\ Y\,\mathrm{ch}\,t = a\,\mathrm{ch}^2(t/a) \end{cases}$$

$$\iff \begin{cases} X = -a\,\mathrm{sh}(t/a)\cos(t/a) \\ Y = a\cos t \end{cases}$$

et donc

$$\overrightarrow{OI} = \overrightarrow{OM} + \overrightarrow{MI} = \begin{pmatrix} x + X \\ y + Y \end{pmatrix} = \begin{pmatrix} at - a\,\mathrm{ch}\,t\,\mathrm{sh}\,t \\ 2a\,\mathrm{ch}\,t \end{pmatrix}$$

ce qui nous fournit une représentation paramétrique de la développée.

Exemple 78

> *Déterminer le rayon de courbure et la développée de la courbe (C) d'équations paramétriques*
>
> $$\begin{cases} x = a(t - \sin t) \\ y = a(1 - \cos t) \end{cases}$$
>
> *où $a > 0$.*

La courbe (C) est une **cycloïde.** Elle est invariante par les translations de vecteurs $2ka\pi\,\overrightarrow{i}$ car

$$\begin{cases} x(t + 2\pi) = x(t) + 2a\pi \\ y(t + 2\pi) = y(t) \end{cases}$$

Nous pouvons donc réduire l'étude à un intervalle d'amplitude 2π

$$D = [0\,,\,2\pi]$$

Nous obtenons

$$\vec{V} = \begin{pmatrix} a(1-\cos t) \\ a\sin t \end{pmatrix} \quad \text{et} \quad \vec{\Gamma} = \begin{pmatrix} a\sin t \\ -a\cos t \end{pmatrix}$$

Donc

$$||\vec{V}||^2 = a^2(1-2\cos t+\cos^2 t+\sin^2 t) = 2a^2(1-\cos t) = 4a^2\sin^2(t/2)$$

d'où, sur D,

$$\mathrm{d}s = ||\vec{V}||\,\mathrm{d}t = 2a|\sin(t/2)|\,\mathrm{d}t = 2a\sin(t/2)\,\mathrm{d}t$$

Par ailleurs

$$\begin{aligned} \tan\varphi &= \frac{\sin t}{1-\cos t} \\ &= \frac{2\sin(t/2)\cos(t/2)}{2\sin^2(t/2)} = \mathrm{cotan}(t/2) = \tan(\pi/2 - t/2) \end{aligned}$$

d'où $\varphi = \dfrac{\pi}{2} - \dfrac{t}{2} + k\pi$ et donc $\mathrm{d}\varphi = -1/2\,\mathrm{d}t$ et

$$R = \frac{\mathrm{d}s}{\mathrm{d}\varphi} = -4\sin(t/2)$$

Les coordonnées du centre de courbure sont

$$\begin{aligned} \begin{pmatrix} X \\ Y \end{pmatrix} &= \begin{pmatrix} x + R\cos(\varphi+\pi/2) \\ y + R\sin(\varphi+\pi/2) \end{pmatrix} \\ &= \begin{pmatrix} x - R\sin\varphi \\ y + R\cos\varphi \end{pmatrix} = \begin{pmatrix} a(t+\sin t) \\ -a(1-\cos t) \end{pmatrix} \end{aligned}$$

7. Exercices

Exercice 34

Etudier le comportement asymptotique et les points singuliers de la courbe d'équations

$$\begin{cases} x = t^2 - t^5 \\ y = t^4 \end{cases}$$

Exercice 35

On considère la courbe d'équations

$$x = \frac{t^3 + t^2 + 1}{t + 1} \quad ; \quad y = \frac{t^3 - t + 1}{t^2 - 1}$$

1. Etudier le comportement asymptotique de la courbe.
2. Montrer que cette courbe ne possède pas de point de rebroussement (contrairement à ce qu'une calculatrice graphique ou un logiciel de tracé de courbe peut laisser paraître !)

Exercice 36

Déterminer les points doubles de la courbe d'équations

$$\begin{cases} x = 4\,t^3 + 3\,t^2 - t \\ y = 3\,t^2 + 2\,t - 1 \end{cases}$$

Exercice 37

Etudier le comportement asymptotique de la courbe d'équations

$$x = t^3 - 1 \quad ; \quad y = \frac{t^4 + t^3 + t + 4}{t + 1}$$

Exercice 38

Etudier le comportement asymptotique de la courbe d'équation

$$x = \frac{t^3}{t^2 - 1} \quad ; \quad y = \frac{t - 2}{(t - 1)^2}$$

Montrer que cette courbe admet un point double que l'on déterminera.

Exercice 39

On considère la courbe (C) d'équations

$$x = \frac{t^2 + 2t - 3}{4t} \quad ; \quad y = \frac{(t - 1)^3(t + 3)}{16t}$$

1. Etudier le comportement asymptotique de la courbe.
2. Déterminer les points doubles de la courbe. Donner l'équation des tangentes en ces points.
3. Calculer les dérivées premières et secondes de x et y et en déduire :
   (a) que la courbe n'admet pas de point de rebroussement ;
   (b) que la courbe admet deux points d'inflexion que l'on déterminera ; donner l'équation de la tangente en ces points.
4. Déterminer les points d'intersection de la courbe et de son asymptote. Donner l'équation des tangentes en ces points. Tracer la courbe.

Exercice 40

On considère la courbe d'équations

$$x = \frac{t^3}{t^2 - 9} \quad \text{et} \quad y = \frac{t(t - 2)}{t - 3}$$

Etudier le comportement asymptotique de la courbe et déterminer les points doubles.

Exercice 41

Une **Courbe de Lissajous** est une courbe d'équations paramétriques

$$x = a\ \cos(\omega_1 t + \varphi_1) \quad ; \quad y = b\ \cos(\omega_2 t + \varphi_2)$$

Etudier la courbe de Lissajous d'équations

$$x = \cos t \quad ; \quad y = 2\ \sin 3t$$

Exercice 42

Etudier la courbe de Lissajous d'équations

$$x = \sin 2t \quad ; \quad y = \cos 3t$$

Exercice 43

Etudier la courbe de Lissajous d'équations

$$x = \sin 2t \quad ; \quad y = \cos(t/2)$$

Exercice 44

Déterminer le rayon de courbure et le centre de courbure en $t = 1$ de la courbe d'équations

$$x = 3t^2 \quad ; \quad y = 3t - t^3$$

Exercice 45

Déterminer le rayon de courbure et le centre de courbure en $x = 1$ de la courbe d'équation

$$y = \ln x$$

Exercice 46

Déterminer le rayon de courbure et le centre de courbure de l'astroïde d'équation

$$x = \cos^3 t \quad ; \quad y = \sin^3 t$$

Etudier la développée de l'astroïde.

Exercice 47

Donner une équation de la développée des courbes d'équations

$$x = 3t \quad , \quad y = t^2 - 6$$

$$x = \cos t + t \sin t \quad ; \quad y = \sin t - t \cos t$$

$$x = \cos^2 t + \ln(\sin t) \quad ; \quad y = \sin t \cos t$$

$$x = (1 + \cos^2 t) \sin t \quad ; \quad y = \sin^2 t \cos t$$

Exercice 48

1. Etudier la courbe (C) d'équations

$$x = a(\ln(\tan t/2) + \cos t) \quad ; \quad y = a \sin t$$

2. La tangente à la courbe (C) en M coupe l'axe (Ox) en T. Montrer que MT est constant.

La courbe (C) est une **tractrice** ; c'est la courbe que l'on obtient lorsque l'on « tire » un objet avec une corde de longueur fixe en se déplaçant sur l'axe (Ox).

8. Corrigé des exercices

Exercice 34

Le domaine est $\mathbb{R}$. En $-\infty$ et en $+\infty$ la courbe admet une direction asymptotique de pente nulle.

$$x' = 2t - 5t^4 = t(2 - 5t^3) \quad \text{et} \quad y' = 4t^3$$

Le vecteur dérivée première est donc nul pour $t = 0$. Le developpement limité en 0 ne pose aucun problème.

$$\begin{pmatrix} x \\ y \end{pmatrix} = t^2 \begin{pmatrix} 1 \\ 0 \end{pmatrix} + t^4 \begin{pmatrix} 0 \\ 1 \end{pmatrix} + t^4 \overrightarrow{\varepsilon}(t)$$

Les ordres des deux premiers vecteurs dérivés non nuls et non colinéaires sont donc 2 et 4 ; il s'agit d'un point de rebroussement de seconde espèce. La tangente en ce point (l'origine du repère) est l'axe (Ox).

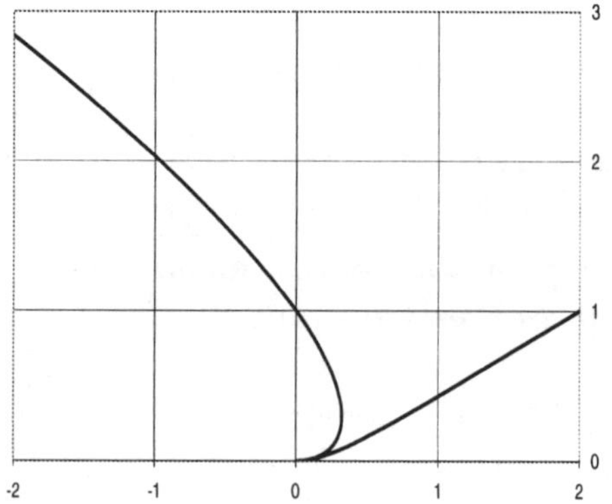

FIG. 4.10 – *Courbe d'équations* $x = t^2 - t^5$; $y = t^4$

Exercice 35

Le domaine est $\mathbb{R}\backslash\{-1\,,\,1\}$. En $-\infty$ et $+\infty$ la courbe admet une direction asymptotique de pente nulle. En 1 elle admet une asymptote d'équation $x = 3/2$ et en -1 une asymptote d'équation $y = x/2 - 3/4$.

$$x' = \frac{2t^3 + 4t^2 + 2t - 1}{(t+1)^2} \quad \text{et} \quad y' = \frac{t^4 - 2t^2 - 2t + 1}{(t^2-1)^2}$$

Pour déterminer les points de rebroussement éventuels, on est amené à résoudre

$$\begin{aligned}
x' = y' = 0 \quad &\Longleftrightarrow \quad \begin{cases} 2t^3 + 4t^2 + 2t - 1 = 0 \\ t^4 - 2t^2 - 2t + 1 = 0 \end{cases} \\
&\Longleftrightarrow \quad \begin{cases} 2t^3 + 4t^2 + 2t - 1 = 0 \\ t^2 + 1/2t = 0 \end{cases} \\
&\Longleftrightarrow \quad \begin{cases} t/2 - 1 = 0 \\ t^2 + 1/2t = 0 \end{cases} \\
&\Longleftrightarrow \quad \begin{cases} t = 2 \\ 5 = 0 \end{cases} \\
&\Longleftrightarrow \quad t \in \varnothing
\end{aligned}$$

On rappelle que si A et B sont deux polynômes, $A = B = 0 \Longleftrightarrow B = R = 0$ où R est le reste de la division euclidienne de A par B.

Exercice 36

La courbe admet un point double obtenu pour $t = (-2+\sqrt{15})/6$ et $t = (-2-\sqrt{15})/6$.

Les coordonnées du point double sont $(11/108\,,\,-1/12)$.

Exercice 37

Le domaine est $\mathbb{R}\backslash\{-1\}$.

En $+\infty$ et en $-\infty$ la courbe admet une asymptote d'équation $y = x + 2$.

En 0 elle admet une asymptote d'équation $x = 0$.

Exercice 38

Le domaine est $\mathbb{R}\backslash\{-1\,,\,1\}$.
En $+\infty$ et en $-\infty$ la courbe admet une asymptote d'équation $y = 0$.
En 1 elle admet une branche parabolique.
En -1 elle admet une asymptote d'équation $y = -3/4$

Le point double est obtenu pour

$$t = \frac{1}{6}\left(5 - \sqrt{7} + \sqrt{20 + 14\sqrt{7}}\right) \quad \text{et} \quad t = \frac{1}{6}\left(5 - \sqrt{7} - \sqrt{20 + 14\sqrt{7}}\right)$$

Les coordonnées du point double sont

$$\left(\frac{13 + \sqrt{7}}{6}, \frac{1 - \sqrt{7}}{2}\right)$$

Les calculs pour aboutir à ce résultat sont très pénibles ; l'aide d'un calculateur formel est appréciable, mais loin d'être décisive !

Exercice 39

Le domaine de définition est $\mathbb{R}^*$.
En $+\infty$ et en $-\infty$ la courbe admet une branche parabolique.
En 0 elle admet une asymptote d'équation $y = x/4 + 3/8$.

La courbe admet deux points doubles : l'origine du repère pour $t = 1$ et $t = -3$ et le point de coordonnées $(1\,,\,1)$ pour $t = -1$ et $t = 3$. A l'origine les tangentes ont pour équations $y = 0$ et $y = 4x$. Au point de coordonnées $(1\,,\,1)$ les tangentes ont pour équations $y = 1$ et $y = 4x - 3$.

$$x' = \frac{t^2 + 3}{4t^2} \quad \text{et} \quad y' = \frac{3(t^2 - 1)^2}{16t^2}$$

$$x'' = \frac{-3}{2t^3} \quad \text{et} \quad y'' = \frac{3(t^4 - 1)}{8t^3}$$

$$x'\,y'' - x''\,y' = 0 \iff \frac{3}{32t^3}(t-1)(t+1)(t^2+7) = 0 \iff t \in \{-1\,,\,1\}$$

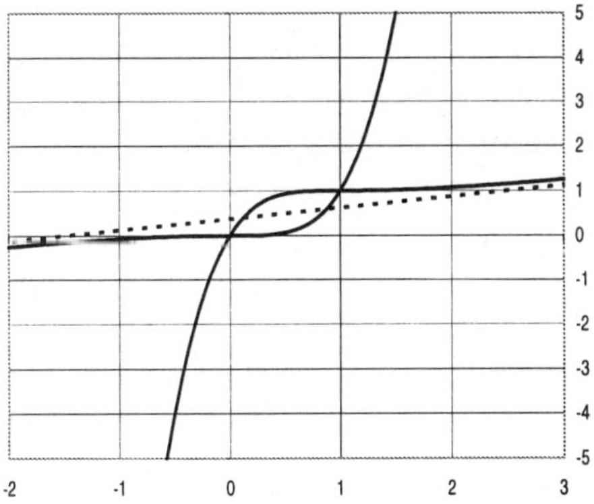

FIG. 4.11 – *Courbe d'équations* $x = \frac{t^2+2t-3}{4t}$; $y = \frac{(t-1)^3(t+3)}{16t}$

Le vecteur dérivée première (x', y') ne s'annulant jamais (x' est toujours strictement positif), la courbe n'admet pas de point de rebroussement.

Les points d'inflexion analytique sont obtenus pour $t = 1$ et $t = -1$, ce qui nous donne l'origine du repère – où la tangente a pour équation $y = 0$ – et le point de coordonnées $(1, 1)$ en lequel la tangente a pour équation $y = 1$. On remarquera que l'on retrouve les points doubles ; ce n'est évidemment qu'une coïncidence.

La courbe coupe son asymptote (d'équation $y = x/4+3/8$) pour $t = \sqrt{7}$ et $t = -\sqrt{7}$. On obtient les points de coordonnées

$$\left(\frac{1}{2} + \frac{\sqrt{7}}{7}, \frac{1}{2} + \frac{\sqrt{7}}{28}\right)$$

en lequel la tangente a pour équation $y = (54x - 17 - 7\sqrt{7})/20$ et

$$\left(\frac{1}{2} - \frac{\sqrt{7}}{7}, \frac{1}{2} - \frac{\sqrt{7}}{28}\right)$$

en lequel la tangente a pour équation $y = (54x - 17 + 7\sqrt{7})/20$

Exercice 40

Le domaine est $\mathbb{R}\backslash\{-3\,,3\}$. En $-\infty$ et en $+\infty$ la courbe admet une asymptote d'équation $y = x + 1$. En -3 elle admet une asymptote d'équation $y = -5/2$ et en 3 une asymptote d'équation $y = 2x/3 + 3/2$.

Elle admet un point double pour $t = -1-\sqrt{13}$ et $t = -1+\sqrt{13}$. Les coordonnées du point double sont $(-8\,,\,-4)$.

Exercice 41

Le domaine est $\mathbb{R}$.
x et y sont 2π-périodiques.
$x(t+\pi) = -x(t)$ et $y(t+\pi) = -y(t)$. L'origine est centre de symétrie.
$x(-t) = x(t)$ et $y(-t) = -y(t)$. L'axe (Ox) est axe de symétrie.
Domaine d'étude : $D_e = [0\,,\,\pi/2]$

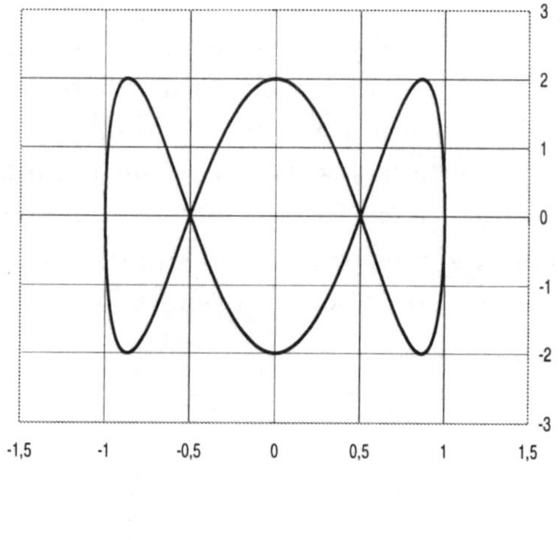

FIG. 4.12 – *Courbe de Lissajous* $x = \cos t$; $y = 2\sin 3t$

$x'(t) = -\sin t$ et $y'(t) = 6\cos 3t$. x' est négative sur D_e. y' est positive sur $[0\,,\,\pi/6]$ et négative sur $[\pi/6\,,\,\pi/2]$.

La courbe coupe l'axe (Ox) en $t = \pi/3$, et alors $x = 1/2$. La tangente en ce point a pour équation $y = 2\sqrt{3}(2x - 1)$.

Exercice 42

Le domaine est $\mathbb{R}$.
x et y sont 2π-périodiques.
$x(t+\pi) = x(t)$ et $y(t+\pi) = -y(t)$. L'axe (Ox) est axe de symétrie.
$x(-t) = -x(t)$ et $y(-t) = y(t)$. L'axe (Oy) est axe de symétrie.
Domaine d'étude : $D_e = [0\,,\,\pi/2]$

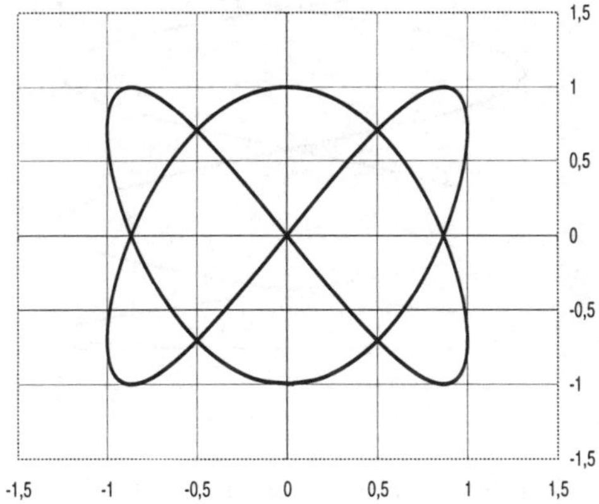

FIG. 4.13 – *Courbe de Lissajous* $x = \sin 2t \quad ; \quad y = \cos 3t$

$x'(t) = 2\cos 2t$ et $y'(t) = -3\sin 3t$. x' est positive sur $[0\,,\,\pi/4]$ et négative sur $[\pi/4\,,\,\pi/2]$. y' est négative sur $[0\,,\,\pi/3]$ et positive sur $[\pi/3\,,\,\pi/2]$.

La courbe coupe l'axe (Ox) en $t = \pi/6$, et alors $x = \sqrt{3}/2$. La tangente en ce point a pour pente -1.

La courbe admet sept points doubles : l'origine, les points de coordonnées $(\sqrt{3}/2\,,\,0)$, $(-\sqrt{3}/2\,,\,0)$, $(1/2\,,\,\sqrt{2}/2)$, $(-1/2\,,\,\sqrt{2}/2)$, $(1/2\,,\,-\sqrt{2}/2)$ et $(-1/2\,,\,-\sqrt{2}/2)$.

Exercice 43

Le domaine est $\mathbb{R}$.
x et y sont 4π-périodiques.
$x(t+2\pi) = x(t)$ et $y(t+2\pi) = -y(t)$. L'axe (Ox) est axe de symétrie.
$x(-t) = -x(t)$ et $y(-t) = y(t)$. L'axe (Oy) est axe de symétrie.
Domaine d'étude : $D_e = [0\,,\,\pi]$

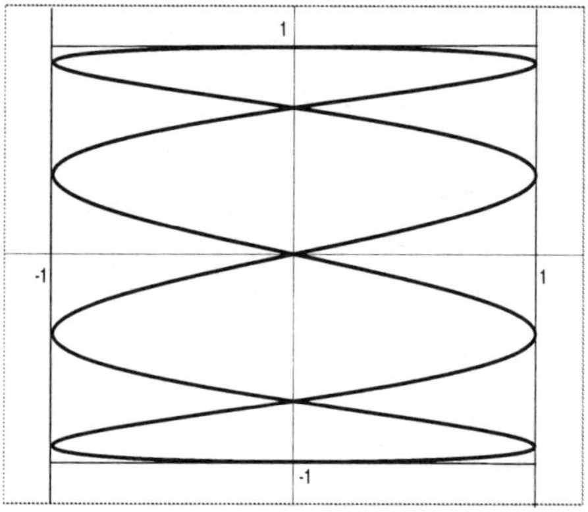

FIG. 4.14 – *Courbe de Lissajous* $x = \sin 2t \quad ; \quad y = \cos(t/2)$

$x'(t) = 2\cos 2t$ et $y'(t) = -\frac{1}{2}\,\sin(t/2)$. x' est positive sur $[0\,,\,\pi/4]$, négative sur $[\pi/4\,,\,3\pi/4]$ et à nouveau positive sur $[3\pi/4\,,\,\pi/2]$. y' est négative sur $[0\,,\,\pi]$.

La courbe admet 4 points doubles, tous situés sur l'axe (Oy).

Exercice 44

On détermine

$$\vec{V} = \frac{\mathrm{d}\overrightarrow{OM}}{\mathrm{d}t} \quad \text{et} \quad \vec{\Gamma} = \frac{\mathrm{d}^2\overrightarrow{OM}}{\mathrm{d}t^2}$$

d'où l'on déduit le rayon de courbure

$$R = \frac{||\overrightarrow{V}||^3}{\det(\overrightarrow{V}\,,\ \overrightarrow{\Gamma})} = -6$$

et, I désignant le centre de courbure, on résout

$$\begin{cases} \overrightarrow{MI}.\overrightarrow{V} = 0 \\ \overrightarrow{MI}.\overrightarrow{\Gamma} = ||\overrightarrow{V}||^2 \end{cases}$$

d'où l'on obtient

$$\overrightarrow{MI} = \begin{pmatrix} 0 \\ -6 \end{pmatrix}$$

puis

$$\overrightarrow{OI} = \overrightarrow{OM} + \overrightarrow{MI} = \begin{pmatrix} 3 \\ -4 \end{pmatrix}$$

Exercice 45

On paramètre la courbe par

$$x = t \quad ; \quad y = \ln t$$

et on détermine le rayon de courbure R et le centre de courbure I comme à l'exercice précédent. On obtient

$$R = -2\sqrt{2} \quad \text{et} \quad \overrightarrow{OI} = \begin{pmatrix} 3 \\ -2 \end{pmatrix}$$

Exercice 46

$$x' = -3\,\cos^2 t\,\sin t \quad \text{et} \quad y' = 3\,\sin^2 t\,\cos t$$

Donc

$$\overrightarrow{V} = 3\sin t\,\cos t \begin{pmatrix} -\cos t \\ \sin t \end{pmatrix} = 3\sin t\,\cos t \begin{pmatrix} \cos(\pi - t) \\ \sin(\pi - t) \end{pmatrix}$$

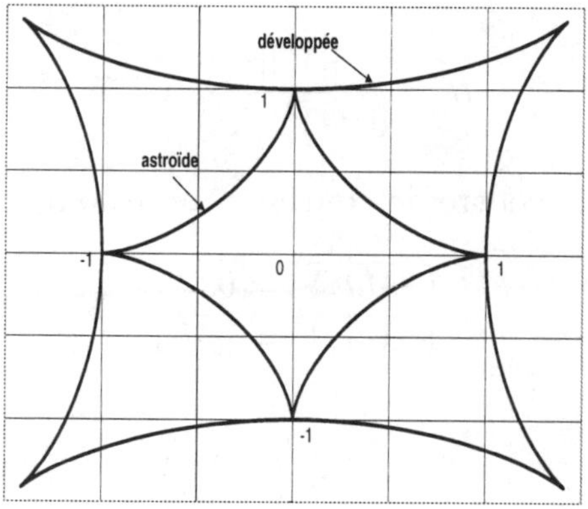

FIG. 4.15 – *Astroïde et sa développée*

ce qui donne $\mathrm{d}s = 3\,\sin t\,\cos t$ et $\varphi = \pi - t$. D'où $\mathrm{d}\varphi = -\,\mathrm{d}t$ et $\mathrm{d}s = -3\,\sin t\,\cos t$.

$$\overrightarrow{T} = \begin{pmatrix} -\cos t \\ \sin t \end{pmatrix} \quad ; \quad \overrightarrow{N} = \frac{\mathrm{d}\overrightarrow{T}}{\mathrm{d}\varphi} = -\frac{\mathrm{d}\overrightarrow{T}}{\mathrm{d}t} = \begin{pmatrix} \sin t \\ \cos t \end{pmatrix}$$

et donc

$$\overrightarrow{MI} = R\overrightarrow{N} = 3\,\sin t\,\cos y \begin{pmatrix} \sin t \\ \cos t \end{pmatrix}$$

et

$$\overrightarrow{OI} = \overrightarrow{OM} + \overrightarrow{MI} = \begin{pmatrix} \cos t(2\,\sin^2 t + 1) \\ \sin t(2\,\cos^2 t + 1) \end{pmatrix}$$

La développée de l'astroïde a donc pour équation

$$x = \cos t(2\,\sin^2 t + 1) \quad \text{et} \quad y = \sin t(2\,\cos^2 t + 1)$$

Le domaine est $\mathbb{R}$. 2π est période,
$x(t+\pi) = -x(t)$ et $y(t+\pi) = -y(t)$, ce qui montre une symétrie par rapport à l'origine du repère. $x(-t) = x(t)$ et $y(-t) = -y(t)$, ce qui montre une symétrie par rapport à (Ox).

$x(\pi/2 - t) = y(t)$ et $y(\pi/2 - t) = x(t)$ ce qui montre une symétrie par rapport à la première bissectrice du repère. La domaine d'étude est donc $[0\,,\,\pi/4]$.

$$x' = 3\sin t\cos 2t \quad \text{et} \quad y' = 3\cos t\cos 2t$$

Exercice 47

On obtient respectivement

$$x = -\frac{4}{3}t^3 \quad ; \quad y = 3t^2 - \frac{3}{2}$$

$$x = \cos t \;\; ; \;\; y = \sin t$$

$$x = \sin^2 t + \ln(\sin t) \quad ; \quad y = \frac{\cos^3 t}{\sin t}$$

$$x = 2\sin^3 t \quad ; \quad y = 2\cos^3 t$$

Exercice 48

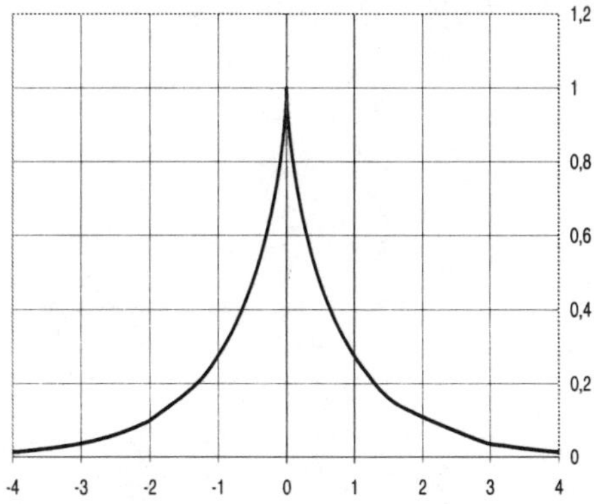

FIG. 4.16 – *Tractrice*

1/ x et y sont 2π-périodiques. Nous pouvons donc ramener l'étude à $]0\,,\,\pi[$.
$x(\pi - t) = -x(t)$ et $y(\pi - t) = y(t)$. Nous étudions donc la courbe sur $]0\,,\,\pi/2]$ et complétons par une symétrie (Oy).

$$x' = a\,\frac{\cos^2 t}{\sin t} \quad \text{et} \quad y' = a\,\cos t$$

En 0 la courbe admet une asymptote d'équation $y = 0$. Le point de coordonnées $(0\,,\,a)$ est un point de rebroussement de première espèce.

2/ Notons X l'abscisse de T, (x, y) désignant les coordonnées de M. En exprimant que T appartient à la tangente au point M et est d'ordonnée nulle, nous obtenons

$$\begin{vmatrix} X - x & \frac{\cos^2 t}{\sin t} \\ -a\,\sin t & \sin t \end{vmatrix} = 0$$

d'où $X - x = a\cos t$ et donc

$$MT^2 = (X - x)^2 + y^2 = a^2\cos^2 t + +a^2\sin^2 t = a^2$$

ce qui montre que MT est constant, égal à a.

CHAPITRE 5

Courbes polaires

1. Coordonnées polaires

Le plan étant rapporté à un repère orthonormé $(O\,,\ \vec{i}\,,\ \vec{j})$, à tout couple $(\theta\,,\ r)$ de deux réels on associe le point M défini par $\overrightarrow{OM} = r\,\vec{u}$ où $\vec{u} = \cos\theta\,\vec{i} + \sin\theta\,\vec{j}$ ($\vec{u}$ est le vecteur unitaire tel que l'angle $(\vec{i}\,,\ \vec{j}) = \theta$).
$(\theta\,,\ r)$ est alors un couple de **coordonnées polaires** de M.

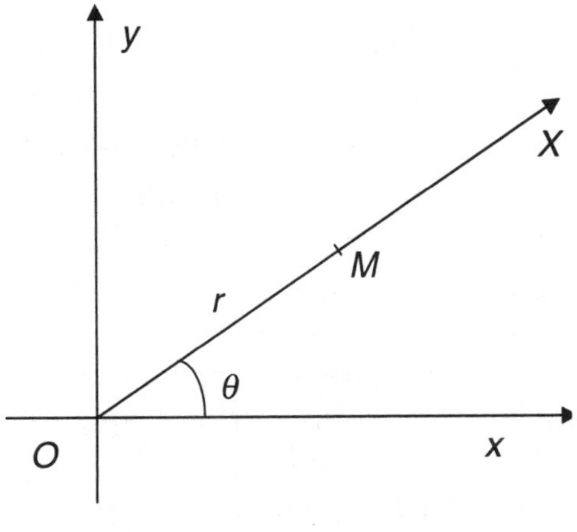

FIG. 5.1 – *Coordonnées polaires*

Cette correspondance fait penser à l'introduction de la forme trigonométrique d'un nombre complexe, mais ici r n'est pas nécessairement positif.

A tout couple $(\theta\,,\,r)$ est associé un point M et un seul ; réciproquement un même point M peut être associé à plusieurs couples $(\theta\,,\,r)$:

$$(\theta + 2k\pi\,,\,r) \;et\; (\theta + \pi + 2k\pi\,,\,-r)$$

où θ et r désignent par exemple l'argument et le module de l'affixe de M.

De plus si $M = O$, $r = 0$ et θ est indéterminé.

Les coordonnées polaires de M ne sont donc pas uniques !

Définition 28 - Courbes en coordonnées polaires
*La courbe d'***équation polaire**

$$r = f(\theta)$$

est l'ensemble des points M tels que

$$\exists\theta \in \mathbb{R} \,/\, \overrightarrow{OM} = f(\theta)\,(\cos\theta\;\overrightarrow{i} + \sin\theta\;\overrightarrow{j})$$

Par la suite nous noterons $r(\theta)$ voire r au lieu de $f(\theta)$.

Notons que la courbe d'équation polaire $r = f(\theta)$ admet comme représentation paramétrique $x = f(\theta)\cos\theta$, $y = f(\theta)\sin\theta$.

Il existe du papier spécialement conçu pour tracer des courbes données en coordonnées polaires. Au lieu des droites «horizontales» et «verticales» sont représentés des cercles de centre O et des droites passant par l'origine. En effet $r = R$ est l'équation polaire du cercle de centre O et de rayon R tandis que $\theta = \alpha$ est l'équation polaire de la droite passant par l'origine et formant un angle α avec l'axe (Ox).

Définition 29 *On appelle* **droite d'angle polaire** α *la droite passant par l'origine et formant un angle* α *avec l'axe* (Ox).

2. Domaine d'étude

• **domaine** : il s'agit du domaine de définition de $r(\theta)$

• **réduction du domaine** :

θ ayant ici une interprétation géométrique, la réduction du domaine sera plus contraignante que dans le cas des courbes paramétrées.

Proposition 104 *Si* $r(\theta+T) = r(\theta)$ *la courbe est invariante par la rotation de centre* O *et d'angle* T *; nous pouvons limiter l'étude à un intervalle d'amplitude* T*. En pratique on ne retiendra que les rotations « simples » :*

- *si* $T = 2k\pi$ $(k \in \mathbb{Z})$*, on obtient toute la courbe ;*
- *si* $T = \pi + 2k\pi$ $(k \in \mathbb{Z})$*, on complète par une symétrie origine.*

Proposition 105 *Si* $r(\theta + T) = -r(\theta)$ *la courbe est invariante par la rotation de centre* O *et d'angle* $T+\pi$ *; nous pouvons limiter l'étude à un intervalle d'amplitude* T*. En pratique on ne retiendra que les rotations « simples » :*

- *si* $T = \pi + 2k\pi$ $(k \in \mathbb{Z})$*, on obtient toute la courbe ;*
- $T = 2k\pi$ $(k \in \mathbb{Z})$*, on complète par une symétrie origine.*

Proposition 106 *Si*

- $r(2\alpha-\theta) = r(\theta)$ *la courbe est invariante par la symétrie d'axe* D_α*, droite d'angle polaire* α *; on limite l'étude à* $]-\infty\,,\,\alpha]$ *ou* $[\alpha\,,\,+\infty[$
- $r(2\alpha-\theta) = -r(\theta)$ *la courbe est invariante par la symétrie d'axe* $D_{\alpha+\pi/2}$*, droite d'angle polaire* $\alpha+\pi/2$ *; on limite l'étude à* $]-\infty\,,\,\alpha]$ *ou* $[\alpha\,,\,+\infty[$

Exemple 79

Réduire le domaine d'étude de la courbe d'équation polaire

$$r = \sin 2\theta$$

• La fonction $r(\theta)$ est trivialement définie sur $\mathbb{R}$, de période π ; on peut donc réduire l'étude à un intervalle d'amplitude π et compléter par une symétrie origine (rotation de centre 0 et d'angle π).

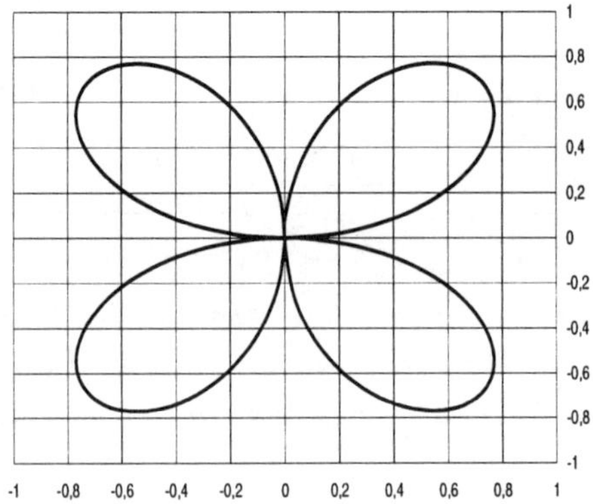

FIG. 5.2 – *Courbe d'équation polaire* $r = \sin 2\theta$

• Essayons la demi-période :

$$r(\theta + \frac{\pi}{2}) = \sin(2\theta + \pi) = -\sin 2\theta$$

ce qui montre que la courbe est invariante par la rotation d'angle $-\pi/2$ $(\pi/2 - \pi)$. Nous ne nous servirons pas de cette invariance pour réduire le domaine, mais nous vérifierons sur la courbe obtenue cette invariance.

• $r(-\theta) = -r(\theta)$; par conséquent nous pouvons réduire l'étude à $[0\,,\,\pi/2]$ (nous « coupons » en 0 un intervalle d'amplitude π) et compléter par une symétrie (Oy) (droite d'angle polaire $0 + \pi/2$)

• Le domaine d'étude $[0\,,\,\pi/2]$ étant centré en $\pi/4$ nous étudions

$$r(2 \times \frac{\pi}{4} - \theta) = r(\frac{\pi}{2} - \theta) = 2\sin(2\theta + \pi) = r(\theta)$$

Nous pouvons réduire l'étude à $[0\,,\,\pi/4]$ et compléter par une symétrie première bissectrice (droite d'angle polaire $\pi/4$).

• Le domaine d'étude étant maintenant centré en $\pi/8$ nous sommes amenés à calculer $r(\pi/4 - \theta)$ ce qui ne donne aucun résultat « intéressant ».

En conclusion nous étudions la courbe sur $[0\,,\,\pi/4]$ et complétons par une symétrie première bissectrice suivie d'une symétrie (Oy) puis d'une symétrie origine.

Nous vérifions sur la courbe (figure 5.2) ces différents invariants. Cette courbe est une **rosace à quatre feuilles**.

3. Étude aux bornes

Proposition 107 *Quand $\theta \to +\infty$ (ou $-\infty$),*

- *si $r \to +\infty$ ou si $r \to -\infty$, la courbe admet une* **branche spirale** *;*

- *si $r \to a$ $(a \in \mathbb{R})$, le cercle de centre O et de rayon $|a|$ est* **cercle asymptote** *à la courbe.*

Nous observons sur les courbes (figure 5.3) une branche spirale (**spirale d'Archimède** d'équation $r = \theta$) et un cercle asymptote.

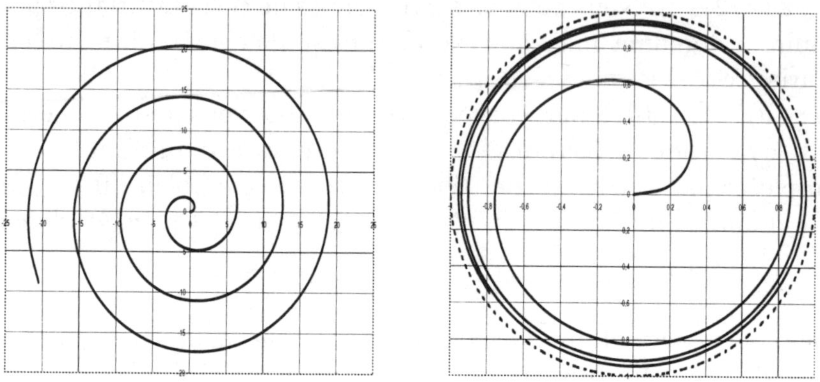

FIG. 5.3 – *Branche spirale et cercle asymptote*

Exemple 80

> *Etude aux bornes de la* **spirale de Fermat** *d'équation* $r = \sqrt{\theta}$ *et de la courbe d'équation polaire* $r = \arctan\theta$

• La fonction $r = \sqrt{\theta}$ est définie sur $[0\,,\,+\infty[$.
Quand $\theta \to +\infty$, $r \to +\infty$.
La courbe admet donc une branche spirale.
• La fonction $\arctan\theta$ est définie sur $\mathbb{R}$. Quand $\theta \to +\infty$, $r \to \pi/2$ et quand $\theta \to -\infty$, $r \to -\pi/2$. Le cercle de centre O et de rayon $\pi/2$ est donc cercle asymptote.

Proposition 108 *Quand* $\theta \to \theta_0$,

- *si* $r \to r_0$, *le point de coordonnées polaires* $(\theta_0\,, r_0)$ *est point asymptote à la courbe ; pour déterminer la tangente asymptotique, on reviendra en coordonnées paramétriques.*
- *si* $r \to +\infty$ *ou si* $r \to -\infty$, *on détermine*

$$a = \lim_{\theta \to \theta_0} r(\theta) \sin(\theta - \theta_0)$$

↪ *si* $a = +\infty$ *ou* $a = -\infty$, *la courbe admet une direction asymptotique formant un angle* θ_0 *avec l'axe* (Ox) *;*

↪ *si* $a \in \mathbb{R}$, *la courbe admet une asymptote d'équation* $Y = a$ *dans le repère* (O, X, Y) *où* (OX) *est l'axe d'angle polaire* θ_0 *et* (OY) *l'axe directement orthogonal. Son équation dans le repère* $(O, \vec{i}\,, \vec{j}\,)$ *est*

$$x \sin\theta_0 - y\cos\theta_0 + a = 0$$

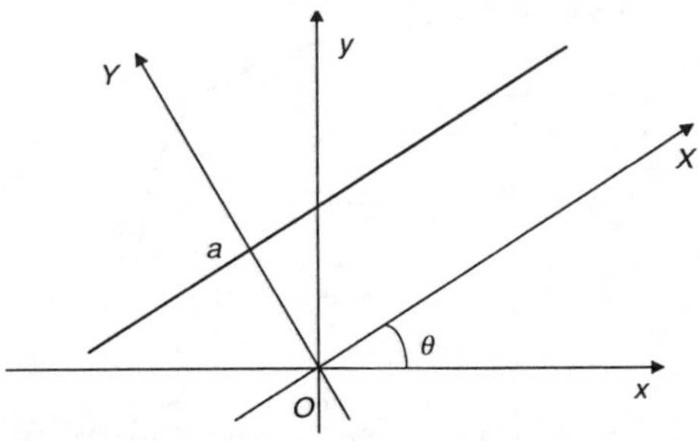

FIG. 5.4 – *Asymptote d'équation* $Y = a$

Exemple 81

> *Etude du comportement asymptotique de la courbe d'équation polaire*
> $$r = \tan\theta$$

• La fonction $r(\theta)$ est π-périodique ; nous l'étudions donc sur $]-\pi/2\,,\,\pi/2[$ et complétons par une symétrie origine. Comme par ailleurs la fonction est paire, nous pouvons limiter l'étude à $[0\,,\,\pi/2[$ et compléter par une symétrie (Ox) (puis une symétrie O).

• Etude en $\pi/2$:

$$\lim_{\theta\to\pi/2} r(\theta) = +\infty$$

$$\lim_{\theta\to\pi/2} r(\theta)\sin(\theta-\pi/2) = \lim_{\theta\to\pi/2} -r(\theta)\cos\theta = \lim_{\theta\to\pi/2} -\sin\theta = -1$$

La courbe 5.5 admet donc une asymptote d'équation $Y = -1$, soit $x = 1$ dans le repère $(O, \vec{i}, \vec{j})$.

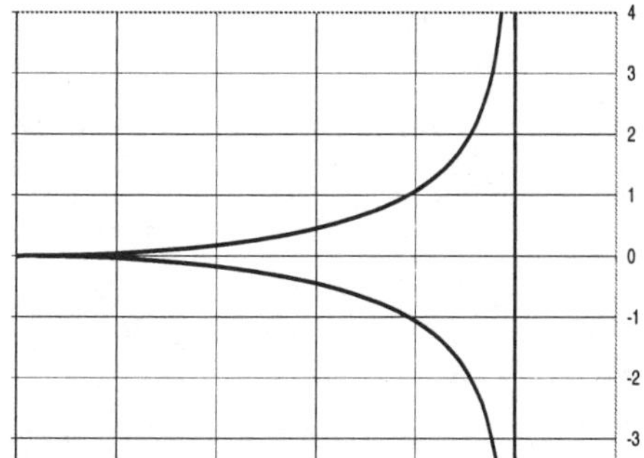

FIG. 5.5 – *Courbe d'équation polaire* $r = \tan\theta$

4. Etude locale

Proposition 109 *Soit M_0 le point de coordonnées polaires $(\theta_0, r(\theta_0))$.*

- *Si $r(\theta_0) = 0$, la tangente à la courbe en M_0 est la droite d'angle polaire θ_0.*
- *Si $r(\theta_0) \neq 0$, la tangente à la courbe en M_0 admet pour vecteur directeur $\overrightarrow{V} = r'(\theta_0)\overrightarrow{u} + r(t_0)\overrightarrow{v}$ où $\overrightarrow{u} = \cos\theta_0 \overrightarrow{i} + \sin\theta_0 \overrightarrow{j}$ est un vecteur directeur de (OM_0) et $\overrightarrow{v} = \sin\theta_0 \overrightarrow{i} + \cos\theta_0 \overrightarrow{j}$ le vecteur unitaire directement orthogonal à $\overrightarrow{u}$.*

Définition 30 *Si $r' = 0$ et $r \neq 0$, alors la tangente en M est orthogonale à (OM).*
Si $r' \neq 0$ et $r \neq 0$, alors, en notant V l'angle $(\overrightarrow{OM}, \overrightarrow{V})$ entre $\overrightarrow{OM}$ et le vecteur directeur $\overrightarrow{V}$ de la tangente, nous avons

$$\tan V = \frac{r}{r'}$$

Si nous notons (figure 5.6) $\varphi = (\overrightarrow{i}, \overrightarrow{V})$, nous obtenons

$$\varphi = \theta + V$$

La recherche des points à tangente « horizontale » ou « verticale » ou plus généralement de direction donnée α peut donc se faire en résolvant l'équation

$$\varphi = \alpha + k\pi \iff \theta + V = \alpha + k\pi \iff V = \alpha - \theta + k\pi$$

Nous étudions d'abord les cas où $r' = 0$; on a alors $V = \theta + \pi/2 + k\pi$. Lorsque $r' \neq 0$,

$$\begin{aligned} \varphi = \alpha + k\pi &\iff \tan V = \tan(\alpha - \theta) \\ &\iff \frac{r}{r'} = \tan(\alpha - \theta) \end{aligned}$$

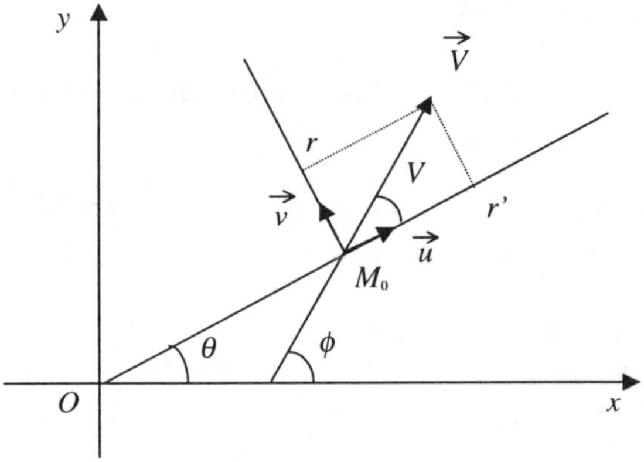

FIG. 5.6 – *Tangente en un point*

Exemple 82

On considère la courbe d'équation polaire

$$r = \frac{1}{\cos^3 \frac{\theta}{3}}$$

1. *Déterminer le domaine d'étude de la courbe et effectuer l'étude aux bornes.*

2. *Montrer qu'une droite passant par O coupe la courbe en 3 points et que les tangentes en ces points forment un triangle équilalétral.*

3. *Déterminer les points en lesquels la tangente est parallèle à (Ox).*

4. *Déterminer les points en lesquels la tangente est parallèle à (Oy).*

• Déterminons d'abord le domaine d'étude.

$$\cos\frac{\theta}{3} = 0 \Longleftrightarrow \frac{\theta}{3} = \frac{\pi}{2} + k\pi \Longleftrightarrow \theta = \frac{3\pi}{2} + 3k\pi$$

Donc r est défini sur $D = \mathbb{R}\backslash\{x \in \mathbb{R} \ / \ \exists k \in \ \mathbb{Z} \text{ tq } x = \frac{3\pi}{2} + 3k\pi\}$
r est 6π-périodique.
$r(\theta+3\pi) = -r(\theta)$: on obtient donc toute la courbe sur un intervalle d'amplitude 3π.
$r(-\theta) = r(\theta)$: on peut donc limiter l'étude à

$$D = [0\,,\,\frac{3\pi}{2}[$$

et compléter par une symétrie (Ox).

• Etude aux bornes (en $\frac{3\pi}{2}^-$) :

Posons $u = \theta - \frac{3\pi}{2}$; nous sommes ramenés à l'étude quand $u \to 0^-$.

$$r \sim \frac{1}{\cos^3(\frac{\pi}{2} + \frac{u}{3})} \sim -\frac{1}{\sin^3 \frac{u}{3}} \sim -\frac{1}{u^3}$$

donc

$$\lim_{u \to 0^-} r = +\infty$$

Nous étudions alors

$$r \sin u \sim -\frac{1}{u^3}u \sim -\frac{1}{u^2}$$

et par conséquent

$$\lim_{u \to 0^-} r \sin u = -\infty$$

ce qui montre l'existence d'une direction asymptotique de pente $\frac{3\pi}{2}$, i.e. d'une branche parabolique.

• Une droite (D_α) passant par l'origine est d'équation polaire $\theta = \alpha$ ($\alpha \in [0\,,\,\pi[$). Elle coupe donc la courbe aux 3 points de coordonnées polaires $(\alpha, r(\alpha))$, $(\alpha + \pi, r(\alpha + \pi))$ et $(\alpha + 2\pi, r(\alpha + 2\pi))$ puisque nous obtenons toute la courbe sur un intervalle d'amplitude 3π (nous nous limiterons à $\theta \in [0\,,\,3\pi[$).

Or

$$r' = \frac{-3}{\cos^4 \frac{\theta}{3}}(-\sin\frac{\theta}{3})\frac{1}{3} = \frac{\sin \frac{\theta}{3}}{\cos^4 \frac{\theta}{3}}$$

et donc

$$r' = 0 \iff \sin\frac{\theta}{3} = 0 \iff \frac{\theta}{3} = k\pi \iff \theta = 3k\pi \iff \theta = 0$$

Par conséquent, si $\theta = 0$, $V = \frac{\pi}{2}$ et sinon

$$\tan V = \frac{r}{r'} = \text{cotan}\,\frac{\theta}{3} = \tan(\frac{\pi}{2} - \frac{\theta}{3})$$

d'où $V = \frac{\pi}{2} - \frac{\theta}{3}$.

On remarque donc que

$$\forall\theta,\ V = \frac{\pi}{2} - \frac{\theta}{3}$$

Par conséquent

$$\varphi = \theta + V = \frac{\pi}{2} + \frac{2\theta}{3}$$

et donc aux points d'intersection de la courbe et de D_α les tangentes forment avec l'axe (Ox) des angles respectivement égaux à

$$\varphi_1 = \frac{\pi}{2} + \frac{2\alpha}{3},\ \varphi_2 = \frac{\pi}{2} + \frac{2(\alpha + \pi)}{3},\ \varphi_3 = \frac{\pi}{2} + \frac{2(\alpha + 2\pi)}{3}$$

Il s'ensuit que

$$\varphi_2 = \varphi_1 + \frac{3\pi}{3}\ \textit{et}\ \varphi_3 = \varphi_2 + \frac{3\pi}{3}$$

ce qui montre que ces tangentes forment un triangle équilatéral.

• Pour déterminer les points en lesquels la tangente est parallèle à (Ox) nous résolvons

$$\varphi = 0 + k\pi \iff \frac{\pi}{2} + \frac{2\theta}{3} = k\pi \iff \frac{2\theta}{3} = -\frac{\pi}{2} + k\pi \iff \theta = \frac{(2k-1)\pi}{4}$$

ce qui, dans l'intervalle d'étude $[0\,,\,3\pi/2[$ nous donne $\theta = 3\pi/4$ et donc le point de coordonnées polaires $(3\pi/4\,,\,2\sqrt{2})$ ou encore de coordonnées cartésiennes $(-2\,,\,2)$.

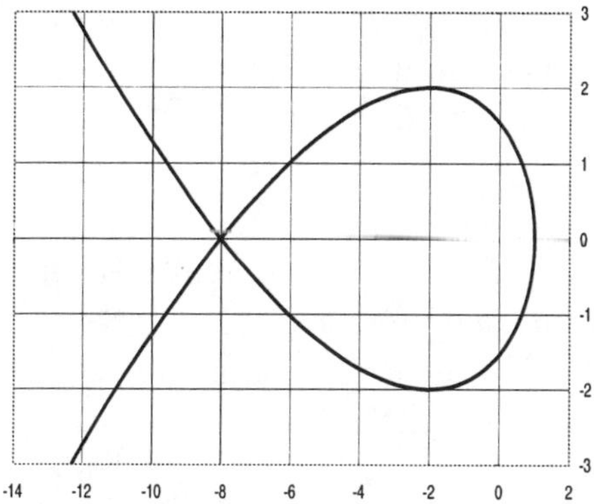

FIG. 5.7 – *Courbe d'équation polaire* $r = 1/\cos^3(\theta/3)$

• Pour déterminer les points en lesquels la tangente est parallèle à (Oy) nous résolvons

$$\varphi = \frac{\pi}{2} + k\pi \iff \frac{\pi}{2} + \frac{2\theta}{3} = \frac{\pi}{2} + k\pi \iff \frac{2\theta}{3} = k\pi \iff \theta = \frac{3k\pi}{2}$$

ce qui, dans l'intervalle d'étude $[0\,,\,3\pi/2[$ nous donne $\theta = 0$ et donc le point de coordonnées polaires $(0\,,\,1)$.

Nous vérifions tout cela sur la courbe 5.7.

Proposition 110 *Une courbe donnée par une équation polaire ne peut avoir de point de rebroussement qu'en O. Les points d'inflexion vérifient*

$$2r'^2 + r^2 - rr'' = 0$$

Exemple 83

Déterminer les points singuliers de la courbe d'équation polaire

$$r = 2 + \cos 2\theta$$

• Le domaine de définition est $\mathbb{R}$. La fonction r est π-périodique : on peut donc réduire l'étude à un intervalle d'amplitude π en complétant par une symétrie origine. Par ailleurs r est paire, ce qui nous permet de réduire l'étude à $[0\,,\,\pi/2]$ en complétant par une symétrie (Ox).

• $r' = -2\sin 2\theta$

Pour $\theta = 0$, r' étant nul, la tangente est orthogonale au rayon vecteur (OM), donc parallèle à (Oy).

Pour $\theta = \pi/2$, r' étant nul, la tangente est orthogonale au rayon vecteur (OM), donc parallèle à (Ox).

Pour $\theta = \pi/4$, $r' = -2$ et $r = 2$; donc $\tan V = -1$, d'où $V = -\pi/4 + k\pi$ et par conséquent $\varphi = \theta + V = k\pi$. La tangente est donc parallèle à (Ox).

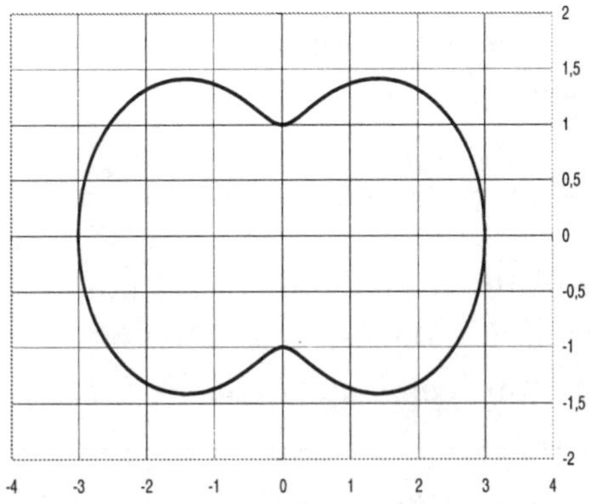

FIG. 5.8 – *Courbe d'équation polaire* $r = 2 + \cos 2\theta$

• Déterminons maintenant les points d'inflexion (dans le domaine d'étude).

$r'' = -4\cos 2\theta$ et par suite

$$\begin{aligned} 2r'^2 + r^2 - r\,r'' &= (2+\cos 2t)^2 + 8\,\sin^2 2t + 4\,(2+\cos 2t)\cos 2t \\ &= 12 + 12\,\cos 2t - 3\,\cos^2 2t \end{aligned}$$

et

$$2r'^2+r^2-r\,r''=0 \Longleftrightarrow \left\{\begin{array}{l}\cos 2\theta = 2+2\sqrt{2}\\ ou\\ \cos 2\theta = 2-2\sqrt{2}\end{array}\right. \Longleftrightarrow \cos 2\theta = 2-2\sqrt{2}$$

car $\cos 2\theta = 2+2\sqrt{2} > 1$.

Comme, sur le domaine d'étude, $\theta \in [0\,,\,\pi]$, le point d'inflexion est obtenu pour

$$\theta = \frac{1}{2}\arccos(2-2\sqrt{2})$$

d'où l'on déduit

$$r = 4+2\sqrt{2}$$

5. Tableau de variation - tracé de la courbe

Le tableau de variation comprendra trois lignes pour θ, r' et r. On notera que le signe de r' et donc le sens de variation de r n'est pas essentiel pour tracer la courbe, mais que par contre le signe de r est lui très important.

On déterminera comme d'habitude les points particuliers et notamment les points d'intersection avec les axes de coordonnées qui correspondent à

$$\theta = \frac{k\pi}{2}$$

Exemple 84

> *Etudier la courbe d'équation polaire*
>
> $$r = 1+\cos\theta$$
>
> *et préciser les points à tangente parallèle à (Ox) et à (Oy).*

• le domaine de définition est $\mathbb{R}$. La fonction r est 2π-périodique : on obtient donc toute la courbe sur un intervalle d'amplitude 2π. Par ailleurs r est paire, ce qui nous permet de réduire l'étude à $[0\,,\,\pi]$ en complétant par une symétrie (Ox).

• $r' = -\sin\theta$ ce qui nous donne le tableau de variation

θ	0		$\pi/2$		π
r'	0	$-$	-1	$-$	0
r	2	↘	1	↘	0

Pour $\theta = 0$, r' étant nul, la tangente est orthogonale au rayon vecteur (OM), donc parallèle à (Oy).

Pour $\theta = \pi$, r étant nul, la tangente est d'angle polaire θ, donc parallèle à (Ox)

Pour $\theta = \pi/2$, $r' = -1$ et $r = 1$; donc $\tan V = -1$ d'où $V = -\pi/4 + k\pi$ et par conséquent $\varphi = \theta + V = \pi/4 + k\pi$. La tangente est donc parallèle à la première bissectrice.

Nous obtenons la courbe 5.9 (**cardioïde**)

• Recherchons sur le domaine d'étude les points à tangente parallèle à (Ox) :

Les cas où $r' = 0$ ayant déjà été envisagés, nous résolvons sur $]0\,,\,\pi[$

$$\begin{aligned}
\varphi = k\pi &\iff \theta + V = k\pi \iff V = -\theta + k\pi \\
&\iff \tan V = -\tan\theta \iff \frac{r}{r'} = -\tan\theta \\
&\iff \frac{1+\cos\theta}{\sin\theta} = \frac{\sin\theta}{\cos\theta} \\
&\iff (1+\cos\theta)\cos\theta = \sin^2\theta \\
&\iff (1+\cos\theta)\cos\theta - (1-\cos^2\theta) = 0 \\
&\iff (1+\cos\theta)(2\cos\theta - 1) = 0 \\
&\iff \theta = \pi/3
\end{aligned}$$

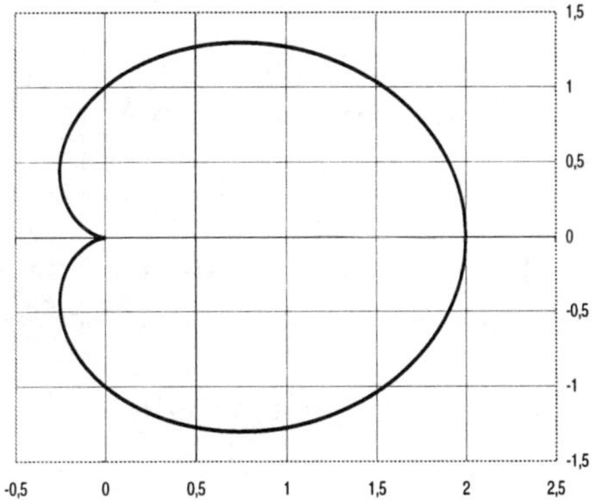

FIG. 5.9 – *Courbe d'équation polaire* $r = 1 + \cos\theta$

Au point de coordonnées polaires $(\pi/3\,,\,3/2)$ la tangente est donc parallèle à (O, x).

• Recherchons sur le domaine d'étude les points à tangente parallèle à (Oy) :

Les cas où $r' = 0$ ayant déjà été envisagés, nous résolvons sur $]0\,,\,\pi[$

$$\begin{aligned}
\varphi = \pi/2 + k\pi \iff & \theta + V = \pi/2 + k\pi \iff V = \pi/2 - \theta + k\pi \\
\iff & \tan V = \operatorname{cotan}\theta \iff \frac{r}{r'} = \operatorname{cotan}\theta \\
\iff & \frac{1+\cos\theta}{\sin\theta} = \frac{\cos\theta}{\sin\theta} \\
\iff & 1 + \cos\theta = -\cos^\theta \iff \cos\theta = -1/2 \\
\iff & \theta = 2\pi/3
\end{aligned}$$

Au point de coordonnées polaires $(2\pi/3\,,\,1/2)$ la tangente est donc parallèle à (O, y).

6. Points doubles

Un point double sera obtenu pour deux valeurs différentes de θ, donc pour deux couples de coordonnées polaires du même point, ce qui nous amène à

Proposition 111 *Les points doubles d'une courbe donnée par une équation polaire sont les points vérifiant*

$$r(\theta + 2k\pi) = r(\theta)$$

ou

$$r(\theta + (2k+1)\pi) = -r(\theta)$$

On réduira d'abord l'étude à un domaine donnant toute la courbe, ce qui généralement limitera les valeurs possibles pour «k».

Exemple 85

Etudier la courbe définie en coordonnées polaires par

$$r = \tan\theta + \tan\frac{\theta}{2}$$

et déterminer les points doubles.

• La période est 2π ; on obtient donc toute la courbe sur un intervalle d'amplitude 2π. Comme par ailleurs r est impaire, on limite l'étude à

$$D = [0\,,\,\pi/2[\,\cup\,]\pi/2\,,\,\pi[$$

• Etude aux bornes :

⋆ En $\pi/2$, $r(\theta) \sim \tan\theta$ puisque $|\tan\theta| \to +\infty$ et $\tan\theta/2 \to 1$. Donc

$$\lim_{\theta\to\pi/2^-} r(\theta) = +\infty \quad \text{et} \quad \lim_{\theta\to\pi/2^+} r(\theta) = -\infty$$

$$r(\pi/2+h)\sin h \sim \tan(\pi/2+h)\sin h \sim -\operatorname{cotan} h \sin h \sim -1$$

La courbe admet donc une asymptote d'équation $Y=-1$ ou $x=1$

$\star$ En π^-, $r(\theta) \sim \tan\theta/2$ puisque $\tan\theta/2 \to +\infty$ et $\tan\theta \to 0$. Donc

$$\lim_{\theta \to \pi^-} r(\theta) = +\infty$$

$$r(\pi+h)\sin h \sim \tan(\pi/2+h/2)\sin h \sim -\operatorname{cotan}(h/2)\sin h \sim -2$$

La courbe admet donc une asymptote d'équation $Y=-2$ ou $y=2$.

• Etude locale

$$\begin{aligned} r' &= 1+\tan^2\theta + 1/2\,\left(1+\tan^2(1/2\,\theta)\right) \\ &= 3/2+\tan^2\theta+1/2\,\tan^2(1/2\,\theta) \end{aligned}$$

Donc $r'>0 \quad \forall\theta\in D$

D'où le tableau de variation

θ	0		$\pi/2$		π
r'		$+$	‖	$+$	‖
r	0	↗	$+\infty$ ‖ $-\infty$	↗	$+\infty$ ‖

On remarque que r change de signe entre $\pi/2$ et π. On résout donc

$$\begin{aligned} r=0 &\iff \tan\theta = \tan(-\frac{\theta}{2}) \\ &\iff \theta = -\frac{\theta}{2}+k\pi \\ &\iff \theta = \frac{2k\pi}{3} \end{aligned}$$

ce qui dans le domaine d'étude nous donne $\theta = 2\pi/3$ ou $\theta = 0$. La courbe passe donc par l'origine pour deux valeurs différentes de θ et admet en ce point une tangente d'angle polaire $2\pi/3$ pour $\theta = 2\pi/3$ et 0 pour $\theta = 0$. L'origine est donc point double de la courbe.

Entre 0 et $\pi/2$ la courbe part de l'origine et va « rejoindre » l'asymptote d'équation $x = 1$. On peut raisonnablement se demander si elle « traverse » ou non cette asymptote, ce qui nous mène à la résolution de l'équation $r\cos\theta = 1$. De la même manière nous étudierons l'intersection de la courbe et de l'asymptote d'équation $y = 2$, ce qui nous mène à la résolution de l'équation $r\sin\theta = 2$.

Sur D,

$$\begin{aligned}
r\cos\theta = 1 &\iff \sin\theta + \frac{\sin(\theta/2)}{\cos(\theta/2)}\cos\theta = 1 \\
&\iff \sin\theta\cos\frac{\theta}{2} + \sin\frac{\theta}{2}\cos\theta = \cos\frac{\theta}{2} \\
&\iff \sin\frac{3\theta}{2} = \sin\left(\frac{\pi}{2} - \frac{\theta}{2}\right) \\
&\iff \begin{cases} \frac{3\theta}{2} = \frac{\pi}{2} - \frac{\theta}{2} + 2k\pi \\ \text{ou} \\ \frac{3\theta}{2} = \pi - \left(\frac{\pi}{2} - \frac{\theta}{2}\right) + 2k\pi \end{cases} \\
&\iff \theta = \frac{\pi}{4} + k\pi \text{ ou } \theta = \frac{\pi}{2} + 2k\pi \\
&\iff \theta = \frac{\pi}{4}
\end{aligned}$$

Donc pour $\theta = \pi/4$ la courbe coupe l'asymptote d'équation $x = 1$; il s'agit donc du point de coordonnées cartésiennes $(1, 1)$.

Déterminons la tangente en ce point.
$r(\pi/4) = \sqrt{2}$ et $r'(\pi/4) = 4 - \sqrt{2}$; $\tan V = r/r' = (1 + 2\sqrt{2})/7$ et

$$\tan\varphi = \tan(\theta + V) = \frac{\tan\theta + \tan V}{1 - \tan\theta\,\tan V} = 2 + \sqrt{2}$$

L'équation de cette tangente est donc

$$y = (2 + \sqrt{2})(x - 1) + 1$$

Pour résoudre l'équation $y = 2$ nous transformons d'abord l'expression de r en remarquant que

$$\tan\frac{\theta}{2} = \frac{\sin\theta}{1 + \cos\theta}$$

On obtient

$$\begin{aligned} r &= \frac{\sin\theta}{\cos\theta} + \frac{\sin\theta}{1+\cos\theta} = \frac{\sin\theta(1 + 2\cos\theta)}{\cos\theta(1+\cos\theta)} \\ &= \frac{\sin^2\theta(1+2\cos\theta)}{\sin\theta\cos\theta(1+\cos\theta)} = \frac{(1-\cos^2\theta)(1+2\cos\theta)}{\sin\theta\cos\theta(1+\cos\theta)} \\ &= \frac{(1-\cos\theta)(1+\cos\theta)(1+2\cos\theta)}{\sin\theta\cos\theta(1+\cos\theta)} \\ &= \frac{(1-\cos\theta)(1+2\cos\theta)}{\sin\theta\cos\theta} \end{aligned}$$

donc, sur D,

$$\begin{aligned} r\sin\theta = 2 &\iff \frac{(1-\cos\theta)(1+2\cos\theta)}{\cos\theta} = 2 \\ &\iff (1-\cos\theta)(1+2\cos\theta) = 2\cos\theta \\ &\iff 2\cos^2\theta + \cos\theta - 1 = 0 \\ &\iff \cos\theta = -1 \text{ ou } \cos\theta = \frac{1}{2} \\ &\iff \theta = \pi/3 \text{ (sur } D) \end{aligned}$$

Pour $\theta = \pi/3$ la courbe coupe l'asymptote d'équation $y = 2$; il s'agit du point de coordonnées cartésiennes $(2\sqrt{3}/3, 2)$.

Déterminons la tangente en ce point. $r(\pi/3) = 4\sqrt{3}/2$ et $r'(\pi/3) = 14/3$; donc $\tan V = r/r' = 2\sqrt{3}/7$ et

$$\tan\varphi = \tan(\theta + V) = \frac{\tan\theta + \tan V}{1 - \tan\theta\,\tan V} = 9\sqrt{3}$$

L'équation de cette tangente est donc

$$y = (9\sqrt{3})(x - 2\sqrt{3}/3) + 2 \Longleftrightarrow y = 9\sqrt{3}x - 13$$

Nous constatons que la courbe 5.10 admet des points doubles que nous allons déterminer.

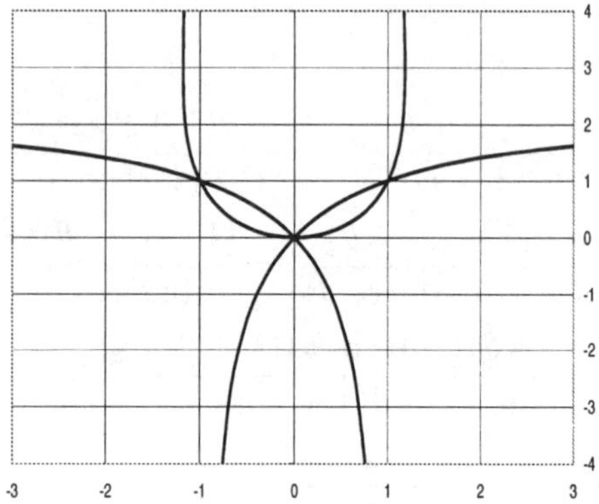

FIG. 5.10 – *Courbe d'équation polaire* $r = \tan\theta + \tan(\theta/2)$

• Points doubles

Puisque sur un intervalle d'amplitude 2π nous obtenons toute la courbe, nous sommes amenés à résoudre (sur D)

$$\begin{aligned} r(\theta+\pi) = -r(\theta) \quad &\Longleftrightarrow \quad 2\tan\theta + \tan\left(\frac{\pi}{2} + \frac{\theta}{2}\right) = -\tan\frac{\theta}{2} \\ &\Longleftrightarrow \quad 2\,\frac{\sin\theta}{\cos\theta} - \frac{\sin\theta}{1-\cos\theta} = -\frac{\sin\theta}{1+\cos\theta} \\ &\Longleftrightarrow \quad \left\{ \begin{array}{l} \sin\theta = 0 \\ \text{ou} \\ \frac{1-2\cos\theta}{\cos\theta(1-\cos\theta)} = -\frac{2\cos\theta+1}{\cos\theta(1+\cos\theta)} \end{array} \right. \\ &\Longleftrightarrow \quad \theta = 0 \quad \text{ou} \quad \cos^2\theta = 1/2 \\ &\Longleftrightarrow \quad \theta \in \{0\,,\,\pi/4\} \end{aligned}$$

ce qui nous donne comme points doubles l'origine (ce que nous avions déjà constaté) et les points d'intersection avec les asymptotes d'équations $x = 1$ et $x = -1$.

7. Rayon de courbure, développée

Nous avons vu les définitions de la courbure, du rayon de courbure et de la développée au chapitre précédent. Nous énonçons maintenant les résultats concernant les courbes polaires.

Proposition 112 *Soit une courbe (C) donnée par une équation polaire $r = f(\theta)$, R le rayon de courbure et I le centre de courbure au point M d'angle polaire θ. Alors*

$$R = \frac{\left(r'^2 + r^2\right)^{3/2}}{r^2 + 2r'^2 - r\,r''}$$

où r', r'' désignent les dérivées en θ.

$$\overrightarrow{MI} = -r\frac{\mathrm{d}\theta}{\mathrm{d}\varphi}\overrightarrow{u} + \frac{\mathrm{d}r}{\mathrm{d}\varphi}\overrightarrow{v}$$

où $\overrightarrow{u} = \cos\theta\,\overrightarrow{i} + \sin\theta\,\overrightarrow{j}$ et $\overrightarrow{v} = -\sin\theta\,\overrightarrow{i} + \cos\theta\,\overrightarrow{j}$. On rappelle que $\varphi = \theta + V$ et que $\tan V = r/r'$.

Exemple 86

Déterminer le rayon de courbure et la développée de la **spirale logarithmique** *d'équation polaire*

$$r = ae^{m\theta} \quad (a > 0)$$

$r' = ame^{m\theta}$. d'où

$$\tan V = \frac{r}{r'} = \frac{1}{m}$$

V est donc constant et par conséquent

$$\mathrm{d}\varphi = \mathrm{d}(\theta + V) = \mathrm{d}\theta + \mathrm{d}V = \mathrm{d}\theta$$

Par ailleurs

$$||\vec{V}||^2 = a^2(1+m^2)e^{2m\theta}$$

d'où

$$\mathrm{d}s = a\sqrt{1+m^2}e^{m\theta}\,\mathrm{d}\theta$$

et

$$R = \frac{\mathrm{d}s}{\mathrm{d}\varphi} = \frac{\mathrm{d}s}{\mathrm{d}\theta} = a\sqrt{1+m^2}e^{m\theta} = r\sqrt{1+m^2}$$

Par ailleurs

$$\overrightarrow{MI} = -r\frac{\mathrm{d}\theta}{\mathrm{d}\varphi}\vec{u} + \frac{\mathrm{d}r}{\mathrm{d}\varphi}\vec{v} = -r\vec{u} + r'\vec{v}$$

et donc

$$\overrightarrow{OI} = \overrightarrow{OM} + \overrightarrow{MI} = r\vec{u} - r\vec{u} + r'\vec{v} = r'\vec{v} = rm\begin{pmatrix} -\sin\theta \\ \cos\theta \end{pmatrix}$$

ce qui nous donne une équation polaire de la développée (en posant $\alpha = \theta + \pi/2$)

$$\rho = ame^{-m\pi/2}e^{m\alpha}$$

et montre que la développée est également une spirale logarithmique.

8. Exercices

Exercice 49

Les lignes de champ d'un **dipôle électrostatique** ont pour équation polaire $r = k\sin^2\theta$

Les équipotentielles ont pour équation polaire $r = k'\sqrt{|\cos\theta|}$ où k et k' sont des réels strictement positifs. Etudier ces courbes.

Exercice 50

Les lignes de champ d'un **quadrupôle électrostatique** ont pour équation polaire

$$r = k\,|\sin\theta|\sqrt{|\cos\theta|}$$

où k est un réel strictement positif. Etudier ces courbes.

Exercice 51

Etudier le comportement asymptotique et déterminer les points doubles de la courbe d'équation polaire

$$r = \frac{1 + 2\cos\theta}{1 + 2\sin\theta}$$

Exercice 52

Etudier la courbe d'équation polaire

$$r = \cos 3\theta$$

Exercice 53

Etudier la courbe d'équation polaire

$$r^2 = a^2 \cos 2\theta$$

Exercice 54

Etudier la courbe d'équation polaire

$$r = a + b\cos\theta$$

a et b étant deux réels strictement positifs.
Une telle courbe est un **limaçon de Pascal** .

Exercice 55

Etude aux bornes de la courbe d'équation polaire

$$r = \frac{R \sin 2\theta}{\sin(\theta + \pi/3)}$$

On précisera la position de la courbe par rapport à ses asymptotes et on déterminera l'intersection de la courbe et de ses asymptotes.

Exercice 56

Etudier la courbe d'équation polaire

$$r = 1 + 2 \cos 3\theta$$

Exercice 57

Etudier le comportement asymptotique de la courbe d'équation polaire

$$r = \frac{\tan\theta}{1 + 2\cos 2\theta}$$

On précisera la position de la courbe par rapport à ses asymptotes. La courbe est connue sous le nom d' **arcs de Samothrace** .

Exercice 58

Déterminer le rayon de courbure de la courbe d'équation polaire

$$r = \left(\sin\frac{\theta}{m}\right)^m$$

9. Corrigé des exercices

Exercice 49

• Soit $r = k \sin^2 \theta$. Le domaine est $\mathbb{R}$. La fonction r est π-périodique et paire. On limite donc l'étude à $[0\,,\,\pi/2]$ et on complète par une symétrie (Ox) suivie d'une symétrie origine.

$$r' = 2\,k \sin\theta \cos\theta = k \sin 2\theta$$

• Soit $r = k' \sqrt{|\cos\theta|}$. Le domaine est $\mathbb{R}$. La fonction r est π périodique et paire. On limite donc l'étude à $[0\,,\,\pi/2]$ et on complète par une symétrie (Ox) suivie d'une symétrie origine.
Sur le domaine d'étude, $r = k'\sqrt{\cos\theta}$ et donc

$$r' = \frac{-k' \sin\theta}{\sqrt{\cos\theta}}$$

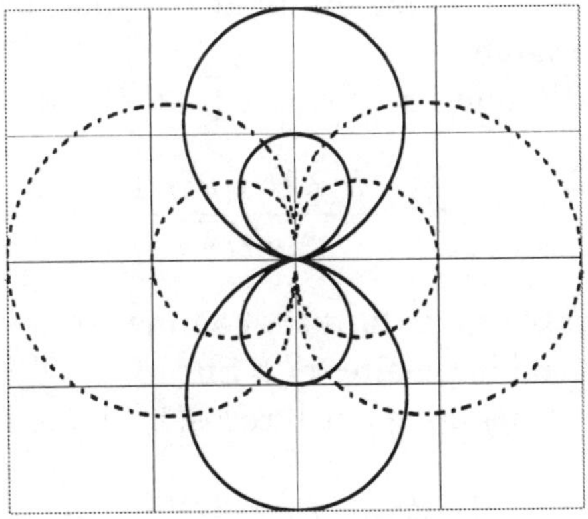

FIG. 5.11 – *Lignes de champ et équipotentielles d'un dipôle électrostatique*

La figure 5.11 montre ces courbes pour $k \in \{1.2\}$ et $k' \in \{1.2\}$.

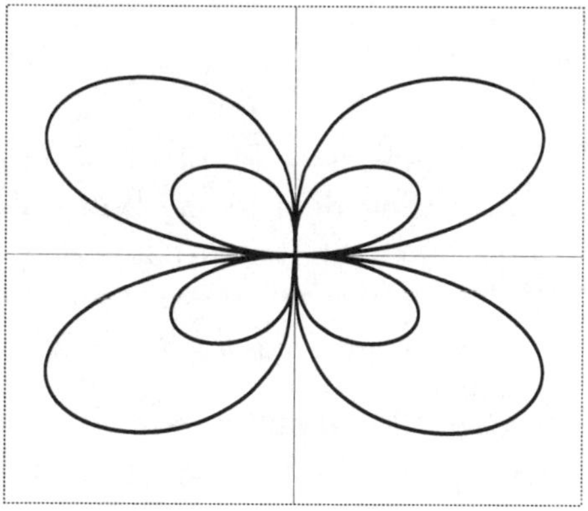

FIG. 5.12 – *Lignes de champ d'un quadrupôle électrostatique*

Exercice 50

La fonction r est définie sur $\mathbb{R}$, π-périodique, paire ; on limite donc l'étude à $[0\,,\,\pi/2]$ et on complète par une symétrie (Ox) suivie d'une symétrie origine.
Sur le domaine d'étude $r = k\ \sin\theta\sqrt{\cos\theta}$ et, sur $[0\,,\,\pi/2[$,

$$r' = \frac{k(3\ \cos^2\theta - 1)}{2\sqrt{\cos\theta}}$$

r n'est pas dérivable en $\pi/2$, mais comme alors $r = 0$, la tangente à la courbe est d'angle polaire $\pi/2$. Sur $[0\,,\,\pi/2[$, r' est positive sur $[0\,,\,\arccos(1/2)]$ et négative sur $[\arccos(1/3)\,,\,\pi/2[$.

$$r(\arccos(1/3)) = 2k\sqrt{6}/9$$

La figure 5.12 montre les lignes de champ pour $k \in \{1\,,\,2\}$

Exercice 51

La fonction r étant de période 2π, on peut réduire l'étude à

$$D_e = [-\pi\,,\,-\frac{5\pi}{6}[\ \cup\ ]-\frac{5\pi}{6}\,,\,-\frac{\pi}{6}[\ \cup\ ]-\frac{\pi}{6}\,,\,\pi]$$

Etude en $-5\pi/6$:

$$r(-\frac{5\pi}{6}+h) \sim \frac{\sqrt{3}\cos h - 1 - \sin h}{\cos h - 1 + \sqrt{3}\sin h} \sim \frac{\sqrt{3}-1}{\sqrt{3}h}$$

donc

$$\lim_{\theta\to -\frac{5\pi}{6}^-} r(\theta) = -\infty \quad \text{et} \quad \lim_{\theta\to -\frac{5\pi}{6}^+} r(\theta) = +\infty$$

$$\lim_{h\to 0} r(-\frac{5\pi}{6}+h)\sin h = \frac{\sqrt{3}-1}{\sqrt{3}}$$

ce qui montre que la courbe admet une asymptote d'équation $Y = (\sqrt{3}-1)/\sqrt{3}$ ou $x\sqrt{3} - 3y + 2(1-\sqrt{3}) = 0$

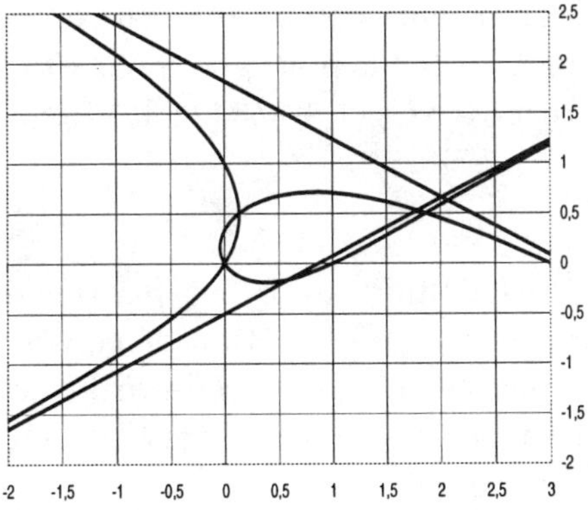

FIG. 5.13 – *Courbe d'équation polaire* $r = \frac{1+2\cos\theta}{1+2\sin\theta}$

Pour déterminer la position de la courbe par rapport à son asymptote, on effectue un développement limité en 0 de :

$$r(-\frac{5\pi}{6}+h)\sin h = \frac{\sqrt{3}-1}{\sqrt{3}} - \frac{\sqrt{3}+1}{6}h + h\varepsilon(h)$$

ce qui montre que la courbe est située au dessus de son asymptote pour $\theta = -\frac{5\pi}{6}$ et au dessus $\theta = -\frac{5\pi}{6}$ (au voisinage de $-5\pi/6$), « au dessous » et « au dessus » étant considéré par rapport au repère $(O\,,\,\vec{u}\,,\,\vec{v})$.

On étudie de même la comportement asymptotique quand $\theta \to -\pi/6$:

$$r(-\frac{\pi}{6}+h) \sim \frac{1+\sqrt{3}}{h\sqrt{3}}$$

et

$$r(-\frac{\pi}{6}+h)\,\sin h = \frac{3+\sqrt{3}}{3} + \frac{\sqrt{3}-1}{6}h + h\,\varepsilon(h)$$

On obtient une asymptote d'équation $x\sqrt{3}+3\,y-2(1+\sqrt{3})=0$, la courbe étant située en dessous de son asymptote à gauche de $-\pi/6$ et au dessus à droite.

Points doubles : en plus de l'origine du repère, la courbe admet deux points doubles, obtenus pour $\theta = \pi/12+k\pi$ et $\theta = 5\pi/12+k\pi$, de coordonnées respectives $(1+\sqrt{3}/2\,,\,1/2)$ et $(1-\sqrt{3}/2\,,\,1/2)$.

Exercice 52

La fonction r est définie sur $\mathbb{R}$; sa période est $2\pi/3$, la courbe étant donc invariante par une rotation de centre O et d'angle $2\pi/3$. Nous n'utilisons pas ce fait pour réduire le domaine. Par contre 2π étant également période, nous obtenons toute la courbe sur un intervalle d'amplitude 2π.
$r(\theta+\pi) = -r(\theta)$: nous obtenons toute la courbe sur un intervalle d'amplitude π.
$r(-\theta) = r(\theta)$: nous étudions la courbe sur $[0\,,\,\pi/2]$ et complétons par une symétrie (Ox).

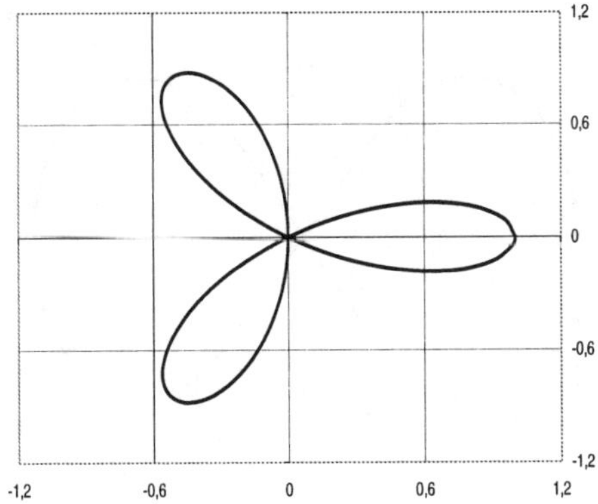

FIG. 5.14 – *Courbe d'équation polaire* $r = \cos 3\theta$

$r' = -3\sin 3\theta$. Par suite r est décroissante sur $[0\,,\,\pi/3]$ et s'annule en $\pi/6$. Sur $[\pi/3\,,\,\pi/2]$ r est croissante. La courbe est une **rosace à trois feuilles**.

Exercice 53

Nous avons $r = a\sqrt{\cos 2\theta}$ défini pour $\cos 2\theta \geq 0$.
La fonction r est de période π : nous étudions donc la courbe sur un intervalle d'amplitude π et complétons par une symétrie origine. Par ailleurs r est paire, ce qui nous donne comme domaine d'étude $[0\,,\,\pi/4]$, la courbe obtenue étant complétée par une symétrie (Ox) puis une symétrie O.
r est dérivable sur $[0\,,\,\pi/4[$ et

$$r' = -a\frac{\sin 2\theta}{\sqrt{\cos\theta}}$$

En $\pi/4$, r n'est pas dérivable, mais comme en ce point $r = 0$, la tangente est d'angle polaire $\pi/4$. La courbe est une **lemniscate de Bernoulli**.

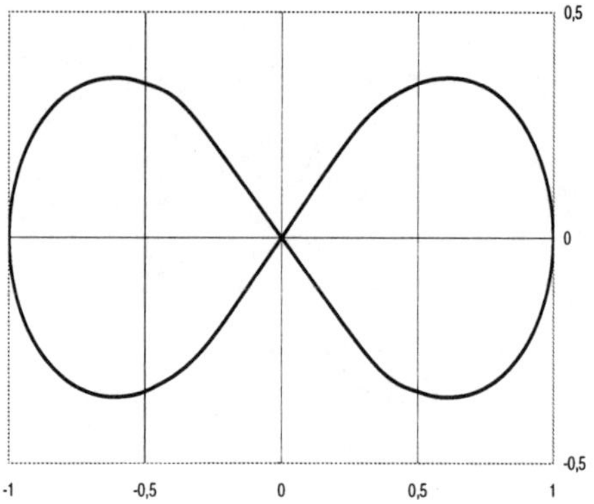

FIG. 5.15 – *Lemniscate d'équation polaire* $r^2 = \cos 2\theta$

Exercice 54

La fonction r est définie sur $\mathbb{R}$, 2π-périodique, paire. Nous étudions donc la courbe sur $[0\,,\,\pi]$ et complétons par une symétrie (Ox).
$r' = -b\sin\theta$. Sur le domaine d'étude r' est négatif, et par conséquent r décroît, de $a+b$ à $a-b$. Le signe de r dépend donc du signe de $a-b$.
Si $a > b$, r ne s'annule pas ;
si $a = b$, r s'annule en π (nous retrouvons la cardioïde) ;
si $a < b$, r s'annule en $\arccos(-b/a)$ (figure 5.16 pour $a = 1,\ b = 2$).

Exercice 55

La fonction r est définie sur $\mathbb{R}\backslash\{-\pi/3+k\pi\}$. Elle est 2π-périodique et $r(\theta+\pi) = -r(\theta)$: on obtient donc toute la courbe sur un intervalle d'amplitude π, soit $D_e =]-\pi/3\,,\,2\pi/3[$. Etude en $-\pi/3^+$:

$$r(-\pi/3+h) = \frac{\sin 2h - 2\pi/3)}{\sin h} = \frac{1}{\sin h}\left(\frac{1}{2}\sin 2h - \frac{\sqrt{3}}{2}\cos 2h\right)$$

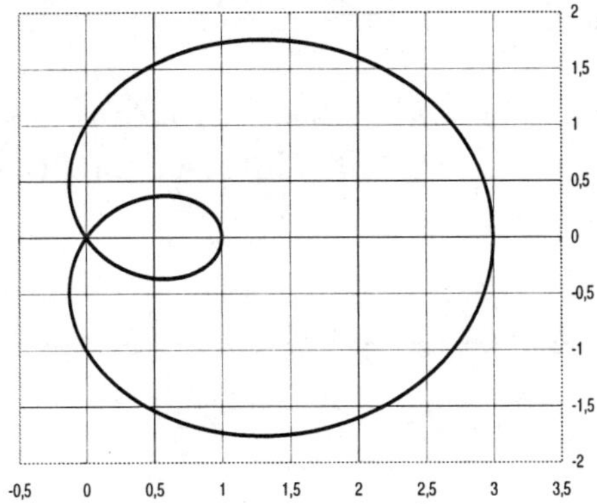

FIG. 5.16 – *Limaçon de Pascal*

Donc

$$r(-\pi/3+h) \sim -\frac{\sqrt{3}}{2h}$$

d'où

$$\lim_{h\to 0^+} r(-\pi/3+h) = -\infty$$

et

$$\lim_{h\to 0^+} r(-\pi/3+h)\sin h = -\frac{\sqrt{3}}{2}$$

La courbe admet donc une asymptote d'équation $Y = -\sqrt{3}/2$ soit $x\sqrt{3}+y+\sqrt{3}=0$. Effectuons un développement limité de $r(-\pi/3+h)\sin h$:

$$r(-\pi/3+h)\sin h = -\frac{\sqrt{3}}{2} - h + h\varepsilon(h)$$

qui montre qu'à droite de $-\pi/3$ la courbe est située au dessous de son asymptote (dans le repère $(O, \vec{u}, \vec{v})$) soit également au dessous dans le repère $(O, \vec{i}, \vec{j})$.

L'étude en $+2\pi/3$ nous donne la même asymptote, la courbe étant située au dessous dans le repère lié à θ, soit au dessus dans le repère fixe.
La courbe coupe son asymptote si $r\ \cos\theta\sqrt{3}+r\ \sin\theta+\sqrt{3}=0$ ce qui nous donne $\theta=-\pi/3$, le point d'intersection étant de coordonnées $(-3/2\,,\ \sqrt{3}/2)$.

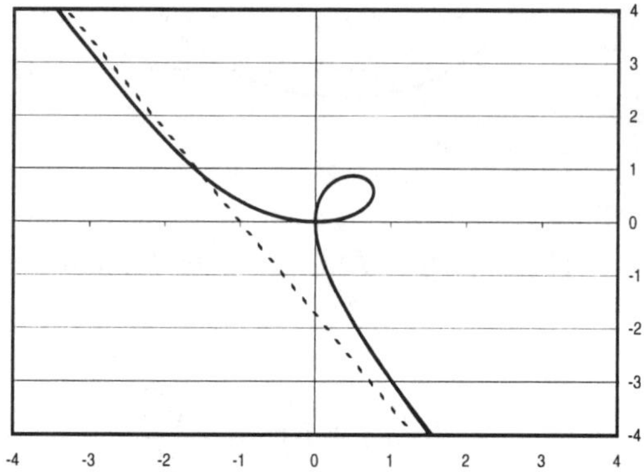

FIG. 5.17 – *Strophoïde*

La courbe est une **strophoïde** .

Exercice 56

La courbe est une **rose de Troie** . La fonction r est définie sur $\mathbb{R}$, $2\pi/3$-périodique. La courbe est donc invariante par une rotation de centre O et d'angle $2\pi/3$. Nous n'utilisons cependant que le fait que 2π est période. Par ailleurs $r(-\theta)=r(\theta)$; nous limitons donc l'étude à $[0\,,\ \pi]$ et complétons la courbe obtenue par une symétrie (Ox).
$r'=-6\sin 3\theta$. La dérivée s'annule en 0, $\pi/3$ et $2\pi/3$ où r prend les valeurs 3, -1 et 3 respectivement. Elle est positive sur $[\pi/3\,,\ 2\pi/3]$ et négative ailleurs sur le domaine d'étude. La fonction r s'annule en $2\pi/9$, $4\pi/9$ et $8\pi/9$.

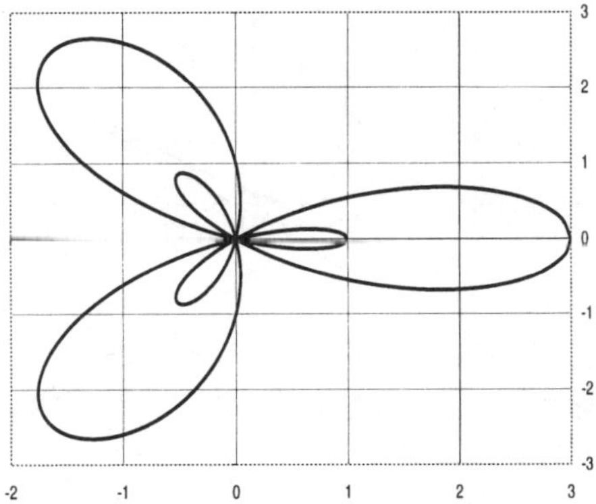

FIG. 5.18 – *Rose de Troie*

Exercice 57

La fontion r est 2π-périodique et impaire. On étudie donc la courbe sur $D_e = [0\,,\,\pi/2[\ \cup\ ]\pi/2\,,\,2\pi/3[\ \cup\ ]2\pi/3\,,\,\pi]$ et on complète par une symétrie (Oy).

$$r(\frac{\pi}{2}+h) = \frac{-\operatorname{cotan} h}{1-2\,\sin h} = \frac{-\cos h}{\sin h(1-2\,\sin h)}$$

D'où $r(\pi/2+h) \sim -1/h$ et $r(\pi/2+h)\,\sin h = -1-2h+h\varepsilon(h)$, ce qui montre que la courbe admet une asymptote d'équation $x=1$, le terme en h du développement limité nous donnant la position de la courbe par rapport à son asymptote, position que l'on vérifie sur la figure 5.19.

$$r(\frac{2\pi}{3}+h) = \frac{\sin h - \sqrt{3}\,\cos h}{(\cos h + \sqrt{3}\,\sin h)(1-\cos h - \sqrt{3}\,\sin h}$$

D'où $r(2\pi/3+h) \sim 1/h$ et $r(\pi/2+h)\,\sin h = 1 - 7\sqrt{3}/6h + h\varepsilon(h)$, ce qui montre que la courbe admet une asymptote d'équation

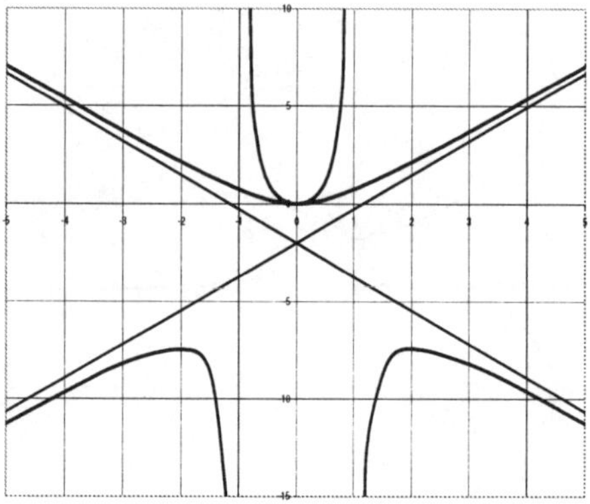

FIG. 5.19 – *Arcs de Samothrace*

$x\sqrt{3}/2 - y + 2 = 0$, le terme en h du développement limité nous donnant la position de la courbe par rapport à son asymptote, position que l'on vérifie sur la figure 5.19.

Exercice 58

La dérivée de r est

$$r' = m\left(\sin\frac{\theta}{m}\right)^{m-1}\frac{1}{m}\cos\frac{\theta}{m} = \left(\sin\frac{\theta}{m}\right)^{m-1}\cos\frac{\theta}{m}$$

et donc

$$\tan V = \frac{r}{r'} = \tan\frac{\theta}{m}$$

d'où $V = \theta/m$ et donc $\varphi = \theta + V = (m+1)/m \times \theta$. Par ailleurs

$$\mathrm{d}s = \sqrt{r^2 + r'^2} = \left(\sin\frac{\theta}{m}\right)^{m-1}$$

et par conséquent le rayon de courbure est

$$R = \frac{\mathrm{d}s}{\mathrm{d}\varphi} = \frac{m}{m+1}\left(\sin\frac{\theta}{m}\right)^{m-1}$$

Table des figures

Index

CET OUVRAGE A ÉTÉ ACHEVÉ D'IMPRIMER
SUR LES PRESSES DE L'IMPRIMERIE DE L'INDÉPENDANT EN AOÛT 1999
53200 CHÂTEAU-GONTIER - FRANCE
DÉPÔT LÉGAL : 3e TRIMESTRE 1999

LE MODE D'EMPLOI COMPLET

SYLVAIN CAICOYA
JEAN-GEORGES SAURY

Windows 8

Micro Application

88 ter, avenue du Général Leclerc
92100 Boulogne-Billancourt

1ère Édition française - Novembre 2012

Auteurs : Sylvain Caicoya et Jean-Georges Saury

ISBN : 978-2-822-401531
ISSN : 2103-5717

Sommaire

1. Introduction à Windows 8

Windows 8 est la version de Windows sortie le 26 octobre 2012. Windows 8 marque une étape importante dans les évolutions de Windows.

1. Introduction à Windows 8

Trois grands changements lourds de sens démontrent bien l'évolution de nos usages, dont l'arrivée en force des tablettes et autres périphériques tactiles. Windows évolue et une chose est sure : il va falloir vous habituer à tous ces changements ! Mais pas de panique, cet ouvrage est là pour vous aider et surtout, vous vous apercevrez qu'une fois la phase d'apprentissage passée et les anciennes habitudes gommées, Windows 8 offre une utilisation moderne de nos usages quotidiens.

- Windows 8 est la première version de Windows qui fonctionne à la fois sur architecture de processeur *Intel* et *ARM* (pour les tablettes).
- Windows 8 est orienté pour une utilisation tactile (mais pas que !).
- Windows 8 inaugure une toute nouvelle interface, à base de tuiles dynamiques et qui marque la fin du menu Démarrer.

▲ Interface de Windows 8

Un grand nombre d'évolutions, d'améliorations et de modifications ont été apportées par rapport à Windows XP, Vista et Windows 7. Tout cela a pour finalité de simplifier les tâches les plus courantes pour laisser le champ libre à l'émergence de nouveaux besoins et de nouveaux scénarios d'utilisation pour les utilisateurs et les entreprises. Bienvenue sur Windows 8 !

Les différentes versions de Windows 8

Microsoft a réduit considérablement le nombre de versions de Windows. Pour Windows 8, il n'en existe plus que trois (là ou Windows 7 en comptait six).

Toutes les versions, sans exception, bénéficieront des avancées communes en matière d'interface utilisateur et de sécurité. Là-dessus, pas d'équivoque ; choisissez la version qui vous convient en fonction de vos besoins.

Pour les PC et les tablettes fonctionnant avec des processeurs à architecture *Intel*, que ce soit en 32 ou 64 bits, il y aura deux versions : *Windows 8* et *Windows 8 Pro*. Quant à l'édition pour processeurs *ARM*, elle s'appelle *Windows RT*.

- **Windows 8**. Windows 8 est la déclinaison standard du système d'exploitation, la version qui sera la plus répandue sur les ordinateurs de bureau et les portables.
- **Windows 8 Pro** inclut tout ce qu'il y a dans Windows 8 avec des fonctions avancées comme le cryptage, la virtualisation, la gestion du PC et la connexion à un domaine sur le réseau. La fonction Media Center de Windows, intégrée à la plupart des versions de Windows 7, sera proposée non plus en standard mais à part, dans un pack à acheter en sus.

Version de Windows 8 pour les entreprises

À noter que Microsoft propose aux entreprises la version **Windows 8 Entreprise**, qui est une déclinaison de Windows 8 Pro.

- **Windows RT** (RT pour RunTime) est la version destinée aux tablettes fonctionnant avec un processeur ARM. Elle inclura la suite bureautique Microsoft Office (Word, Excel, PowerPoint et OneNote) dopée pour une utilisation tactile. Par ailleurs, Windows RT ne sera disponible que préinstallée sur les tablettes, et pas en version boîte. Elle ne pourra faire tourner les applications traditionnelles : on pourra seulement y installer les programmes disponibles sur le Windows Store.

Comparatif technique des versions

Voici un bilan des fonctionnalités techniques incluses dans chaque version.

Comparatif technique des versions de Windows 8			
Fonctionnalités techniques différenciées	**Windows 8**	**Windows 8 Pro**	**Windows RT**
Mise à jour de Windows 7 Starter, Familiale Basique, Familiale Prémium	X	X	
Mise à jour de Windows 7 Professionnel, Ultimate		X	
Interface Windows 8, Zoom sémantique, tuiles dynamiques	X	X	X
Windows Store	X	X	X
Applications (Courrier, Calendrier, Contacts, Messages, Photos, SkyDrive, Musique, Vidéos, etc.)	X	X	X
Microsoft Office préinstallé (Word, Excel, PowerPoint, OneNote)			X
Internet Explorer 10	X	X	X
Chiffrement des périphériques		X	

Comparatif technique des versions de Windows 8			
Fonctionnalités techniques différenciées	**Windows 8**	**Windows 8 Pro**	**Windows RT**
Utilisation du compte Microsoft	X	X	X
Bureau Windows	X	X	X
Installation d'applications 32 et/ou 64 bits	X	X	
Explorateur Windows	X	X	X
Windows Defender	X	X	X
SmartScreen	X	X	X
Windows Update	X	X	X
Gestionnaire de tâches	X	X	X
Packs de langues	X	X	X
Support du multi-écrans	X	X	X
Espaces de stockage	X	X	
Windows Media Player	X	X	
Exchange ActiveSync	X	X	X
Historique des fichiers	X	X	X
Montage des ISO et VHD	X	X	X
Fonctions de mobilité étendues	X	X	X
Bureau à Distance (client)	X	X	X
Fonction de restauration d'origine	X	X	X
Clavier virtuel	X	X	X
Boot (démarrage) de confiance	X	X	X
Client VPN	X	X	X
Bitlocker et Bitlocker To Go		X	
Boot à partir d'un VHD		X	
Client Hyper-V		X	
Rejoindre un domaine		X	
Chiffrement de fichiers EFS		X	
Stratégies de groupes		X	
Bureau à distance (serveur)		X	

En bref

Windows 8 apporte de très nombreux changements. Nouvelle interface, disparition du menu Démarrer, etc. Même le logo de Windows change.

▲ Le logo de Windows 8

Avec ce logo et l'interface de Windows 8, Windows (traduisez "fenêtres") n'a jamais aussi bien porté son nom. Bonne découverte !

2. Installer Windows 8

Au fur et à mesure que les années passent et que Microsoft nous livre de nouvelles versions de son système d'exploitation, il faut bien le reconnaitre, les processus d'installation n'ont fait que se simplifier.

Pour autant, le virage amorcé par Windows 8 doit aller bien au-delà des efforts accomplis jusqu'à présent. Le simple fait que Windows 8 réponde à plusieurs facteurs de forme l'oblige à relever les défis suivants :

- Pour répondre aux besoins des tablettes, et de portables hybrides, Windows 8 doit disposer d'un démarrage plus rapide que jamais.
- Pour répondre aux tablettes PC, Windows 8 doit disposer d'un menu de démarrage unique est simplifié.
- Microsoft se retrouve avec quatre systèmes d'exploitation en cours d'utilisation sur l'ensemble du parc Windows dans le monde. Pour encourager les utilisateurs de Windows XP, Windows Vista et Windows 7 à passer à Windows 8, Microsoft se doit de simplifier le nombre d'outils et procédures pour simplifier la migration.
- Pour répondre au nombre croissant d'ordinateurs portables en entreprise, Microsoft doit poursuivre les efforts de sécurisation des séquences de démarrage depuis le BIOS.
- Plus globalement, Microsoft doit prendre en compte l'arrivée de disques durs de haute capacité pour répondre aux besoins grandissants des technologies multimédia.

Nous allons donc voir tout au long de ce chapitre comment Windows 8 relève l'ensemble de ces défis.

▲ Différents facteurs de formes adressés par Windows 8

Windows 8, trop rapide au démarrage !

Aussi étonnant que cela puisse paraître, Windows 8 a rencontré quelques problèmes lors de son développement. Son démarrage était si rapide qu'il n'était plus possible d'agir pour l'interrompre.

Lorsque l'on allumait son ordinateur, la détection des frappes sur les touches [F2] ou [F8] était impossible, faute de temps suffisant. En effet, il était impossible de lire le moindre message du type *Appuyez sur* [F2] *pour accéder aux options de configuration*. Pour la première fois depuis des dizaines d'années, il était impossible d'interrompre le démarrage et forcer votre PC à suspendre les opérations en cours. D'ailleurs, plusieurs vidéos disponibles sur Internet montrent un ordinateur portable équipé d'un SDD (*Solid State Drive*) qui démarre intégralement en moins de sept secondes. Aucun matériel spécifique n'est nécessaire pour profiter d'un démarrage aussi rapide : il s'agit tout simplement d'une caractéristique propre aux nouveaux PC. Même sur le matériel existant, vous constaterez que les temps de démarrage sont considérablement réduits. Néanmoins, sur de nombreux PC, le BIOS lui-même (c'est-à-dire le logo du BIOS et les différents messages affichés au démarrage) met du temps à démarrer le système. Comme vous pouvez l'imaginer, un SSD contribue également à accélérer le démarrage.

C'est bien connu, le trop est l'ennemi du bien, avec un processus de démarrage complet qui prend seulement sept secondes, les différentes étapes qui composent la séquence de démarrage s'enchaînent presque trop rapidement pour que vous puissiez les remarquer, et de facto pour que vous puissiez les arrêter.

Interruption de la séquence de démarrage

Dans la plupart des cas, les décisions influençant le déroulement du démarrage sont prises au cours dès les deux ou trois premières secondes. Ensuite, le démarrage consiste simplement à accéder à Windows le plus rapidement possible. Ce délai de deux à trois secondes tient compte du temps nécessaire à l'initialisation du microprogramme et à la phase *POST* (moins de deux secondes), ainsi que le temps mis par le gestionnaire de démarrage Windows pour détecter un chemin de démarrage secondaire (moins de 200 millisecondes sur certains systèmes). Ces délais, qui vont continuer à diminuer, sont d'ores et déjà trop courts pour permettre d'interrompre le démarrage comme vous pouviez le faire jusque-là.

Pour la première fois depuis l'arrivée de Windows 95, il est devenu impossible, même au plus agile d'entre nous, d'utiliser la touche [F8] dans les 200 millisecondes proposées par les machines équipées de BIOS UEFI et des disques SSD.

Les problèmes rencontrés avec la touche [F8] s'appliquent également aux autres touches pouvant s'avérer utiles au cours du démarrage. Sur la plupart des PC, des touches supplémentaires sont détectées par le microprogramme et indiquées par le biais de messages au cours de la phase *POST* : *Appuyez sur* [F2] *pour accéder à la configuration*, *Appuyez sur* [F12] *pour un démarrage réseau*, etc. Désormais, la phase *POST* est presque déjà terminée avant même que ces instructions n'aient pu s'afficher. Dans de nombreux cas, le clavier n'est pas opérationnel pendant une bonne partie de la phase *POST* et il est donc inutile d'essayer de faire détecter ces touches par le microprogramme. À vrai dire, certains appareils n'essaient même pas de les détecter.

Quoi qu'il en soit, le démarrage trop rapide de Windows 8 associé à de nouveaux matériels, pose problème pour plus d'un scénario.

En effet, même lorsque Windows démarre correctement, il peut arriver que vous souhaitiez effectuer une autre opération : démarrer à partir d'un dispositif de stockage externe tel qu'une clé USB, accéder aux options de configuration du BIOS, exécuter des outils à partir de l'image protégée de l'Environnement de récupération Windows (*WinRe*) sur une partition séparée, etc.

Il arrive parfois de rencontrer des problèmes après une défaillance ou annuler une opération, arrêt brutal etc.

Windows offrait jusqu'à présent de nombreux outils adaptés à ces situations : actualisation ou réinitialisation de votre PC, retour à un point de restauration grâce à l'outil Restauration du système ou dépannage manuel par le biais de l'invite de commandes. Toutes ces options de dépannage se faisaient principalement par le biais du Gestionnaire de démarrage Windows, en appuyant sur F8 au début du processus de démarrage.

Bref, les exemples et les scénarii sont encore nombreux pour pouvoir tous les exposer au travers d'un seul chapitre. Néanmoins, pour résoudre ces problèmes, Microsoft a tout simplement combiné trois solutions.

1. Pour commencer, Microsoft a rassemblé toutes les options dans un seul menu (le menu des options de démarrage), qui contient tous les outils de dépannage, les options de démarrage de Windows destinées aux développeurs, les méthodes d'accès à la configuration du BIOS, ainsi qu'une méthode simple permettant de démarrer sur d'autres dispositifs de stockage comme par exemple des lecteurs USB.
2. Microsoft a créé des comportements de basculement qui affichent automatiquement le menu des options de démarrage, chaque fois qu'un problème susceptible d'empêcher le PC de démarrer correctement sous Windows 8 se pose.

3 Pour terminer, Microsoft a créé plusieurs méthodes simples permettant d'accéder facilement au menu des options de démarrage, y compris lorsque le processus de démarrage et Windows ne rencontrent pas le moindre problème. Au lieu de déclencher l'affichage de ces menus et options par le biais d'une interruption, ceux-ci s'affichent à la demande, de façon très simple.

Voici comment chacune de ces trois solutions répond à un aspect spécifique du problème de démarrage de Windows 8. L'ensemble de ces trois solutions propose à l'utilisateur une réponse à un problème que nous n'aurions jamais imaginé avoir un jour *Se plaindre de la vitesse trop rapide du démarrage de Windows*.

Toutes les options de démarrage dans un seul menu

Le principe de base reste simple, le menu des options de démarrage vise à créer un emplacement unique pour toutes les options qui influent sur le comportement de démarrage du PC Windows 8.

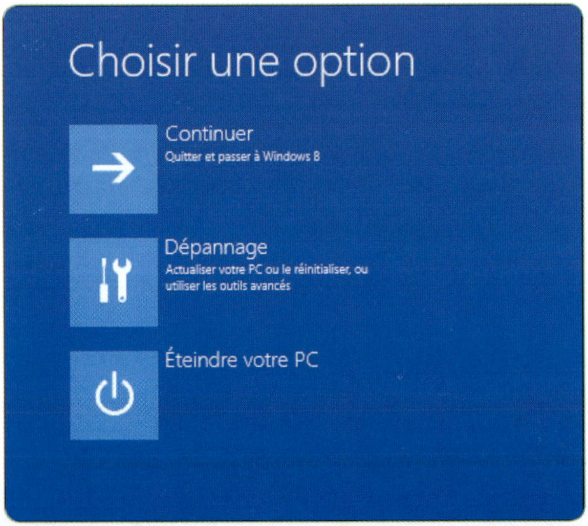

Menu unique de démarrage

Le démarrage sur un autre périphérique (réseau ou lecteur USB, par exemple) est l'un des scénarios les plus fréquents qui nécessitaient auparavant d'interrompre le démarrage en appuyant sur une touche. Il est désormais possible d'utiliser un logiciel pour déclencher ce comportement. Sur ces périphériques, vous disposerez désormais du bouton « **Utiliser un périphérique** » dans le menu des options de démarrage, qui permet d'accéder directement à cette fonctionnalité. Windows n'oblige plus l'utilisateur à interrompre le démarrage en appuyant sur une touche.

Dans ce même menu, Microsoft a ajouté de nouvelles fonctionnalités qui vous permettent de redémarrer directement dans la configuration BIOS du microprogramme UEFI. Sur les ordinateurs d'ancienne génération, les instructions permettant d'accéder à la configuration du BIOS s'affichaient lors de la phase POST, par le biais de messages tels qu'*Appuyez sur* F2 *pour accéder à la configuration.* Ce comportement reste toujours applicable aux systèmes conçus avant Windows 8 : dans ce cas, ils continueront à fonctionner (principalement parce que la phase POST dure plusieurs secondes sur ces systèmes. Par conséquent, la nouvelle fonctionnalité UEFI permet à cette option de figurer dans le menu des options de démarrage.

Anciens systèmes non-UEFI

Les ordinateurs conçus avant Windows 8 ne disposeront pas de ces nouvelles fonctionnalités figurant dans le menu fourni par l'UEFI (démarrage sur la configuration des paramètres du microprogramme et démarrage direct sur un périphérique). Les microprogrammes de ces périphériques continueront à prendre en charge cette fonctionnalité dans l'écran POST, comme par le passé. Sur ces systèmes d'ancienne génération, vous avez toujours le temps d'appuyer sur ces touches pendant la phase POST, car ils ne bénéficient pas des améliorations qui permettent à un PC Windows 8 de terminer la phase POST en moins de deux secondes.

Le menu des options de démarrage regroupe ainsi toutes les options qui influent sur le comportement de démarrage du PC Windows 8. En regroupant toutes ces options, le menu des options de démarrage devient un outil convivial, unifié et simple d'utilisation adapté à ces différents éléments. La modification des paramètres de démarrage de Windows, l'accès à la configuration BIOS du microprogramme UEFI, le démarrage sur un lecteur USB et d'autres opérations similaires n'obligent plus l'utilisateur à interrompre le démarrage en appuyant sur une touche, à condition toutefois que vous puissiez accéder au menu des options de démarrage lui-même.

Options de démarrage en cas de problème

Dans deux situations bien précises, vous devez pouvoir accéder au menu des options de démarrage sur un PC Windows 8.

1 Quelque chose s'est mal passé et une réparation est requise pour rétablir le bon fonctionnement du PC.

2 Tout se passe comme vous le souhaitez, mais vous voulez modifier le comportement de démarrage ou la configuration du microprogramme, ou encore démarrer à partir d'un autre périphérique que ceux que vous utilisez habituellement.

Dans le premier cas, un problème est survenu et une réparation est requise. Les PC d'ancienne génération vous obligeaient (vous ou une personne de confiance) à lancer la procédure de résolution des problèmes en appuyant sur une touche possible au cours du démarrage. Par exemple, certaines options détectaient les touches telles que F2 ou F12 (selon les ordinateurs utilisés).

Le fait d'appuyer sur ces touches constitue la première étape du processus de résolution des problèmes, qui aboutit à la réparation finale. En regroupant toutes ces commandes dans un seul menu d'options de démarrage, il n'est plus nécessaire d'utiliser des touches différentes pour accéder aux différentes options. Pour aller encore plus loin, Microsoft a même supprimé la nécessité d'appuyer sur cette touche unique, en chargeant automatiquement le menu des options de démarrage lorsque le démarrage de Windows n'aboutit pas.

Dans Windows 8, ce comportement de basculement automatique vous permet d'accéder directement au menu des options de démarrage chaque fois que vous rencontrez un problème empêchant votre PC de charger Windows. Ce comportement prévoit même les cas où Windows considère que le démarrage s'est bien passé, alors que le PC est inutilisable. Cette situation peut se produire lorsqu'un pilote défectueux a été installé et aboutit à l'affichage d'un écran d'ouverture de session entièrement vide. Windows peut ne pas détecter que l'écran est vide, mais toute personne regardant l'écran le remarquera immédiatement. Désormais, Windows 8 peut détecter par le biais d'un algorithme la répétition d'un tel comportement au cours de plusieurs démarrages successifs, et démarrer automatiquement dans le menu des options de démarrage au sein de l'Environnement de récupération Windows (WinRE). Comme l'image source de WinRE contient des pilotes et des fichiers totalement isolés de l'installation Windows principale, elle n'est pas affectée par les modifications logicielles et elle offre un environnement fiable pour résoudre les problèmes à partir du menu des options de démarrage.

Les comportements de détection automatique garantissent la disponibilité permanente des outils de réparation et de récupération de Windows, même si Windows 8 lui-même est incapable de se charger correctement. Sans qu'il soit nécessaire d'appuyer sur une touche ou d'entreprendre une action, Windows RE est chargé automatiquement lorsque cela est nécessaire, ce qui permet de réparer et de restaurer le système grâce aux outils de résolution des problèmes disponibles dans le menu des options de démarrage.

Options de démarrage même sans problème

En l'absence d'erreur, Windows 8 se devait quand même de faciliter l'accès aux options de démarrage à partir de lui même. De nombreux éléments du menu sont nécessaires, même lorsque tout fonctionne correctement : démarrage sur un autre périphérique, modification de la configuration du microprogramme ou modification des paramètres de démarrage de Windows 8.

Microsoft a facilité l'accès au menu des options de démarrage à la demande, d'une façon qui s'intégrerait en toute logique à un système Windows 8 entièrement fonctionnel.

La méthode principale permettant d'accéder aux options de démarrage consiste à utiliser l'option *Démarrage avancé* de l'onglet **Général** figurant dans le menu **Paramètres du PC**. Pour ce faire, procédez comme suit

1 Accédez au menu **Paramètres du PC** en cliquant sur l'icône **Paramètres** ou en effectuant une recherche dans l'écran d'accueil à l'aide de mots clés spécifiques (`amorçage`, `démarrage`, `mode sans échec`, `microprogramme`, `BIOS`, etc.).

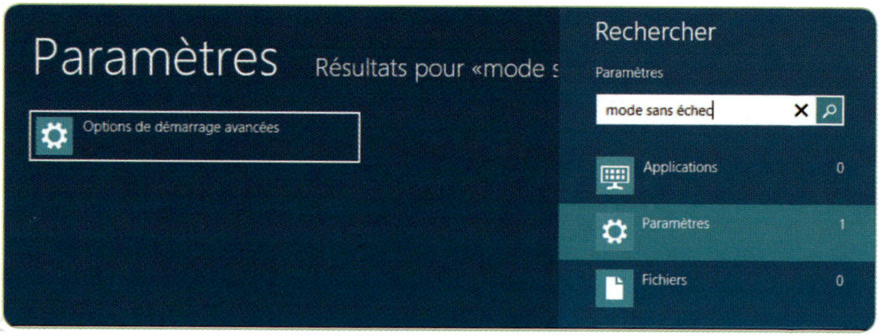

▲ Options de démarrage avancées à partir de la recherche Mode sans échec

2 Dans l'onglet **Général** figure une courte description des options disponibles dans le menu des options de démarrage, ainsi qu'un bouton **Redémarrer maintenant**. Les descriptions affichées sur cet écran sont entièrement dynamiques et évoluent en fonction du matériel, du microprogramme et des logiciels installés sur votre PC Windows 8.

◄ Menu Général, Redémarrage avancé

3 Appuyer sur le bouton **Redémarrer maintenant** situé sous **Démarrage avancé**. Ainsi, vous initialisez la méthode principale permettant d'accéder aux options de démarrage sur un système entièrement fonctionnel.

4 Le système lance alors le processus de redémarrage normal. Ensuite, juste avant que Windows ne soit totalement arrêté et s'apprête à redémarrer et à entrer en phase POST, le processus général est suspendu et le menu des options de démarrage apparaît à l'écran. Il s'agit du dernier instant où une interface utilisateur peut s'afficher au cours d'une séquence arrêt/redémarrage.

Le processus de redémarrage est suspendu à ce point intermédiaire pour vous permettre de choisir votre destination avant que le PC n'entre dans une nouvelle phase POST. En choisissant l'option de démarrage souhaitée avant la phase POST, vous pouvez accéder directement à la configuration du microprogramme ou au démarrage à partir d'un périphérique (lorsque ces options sont choisies) sans devoir subir un deuxième redémarrage et une deuxième phase POST. Vous pouvez même utiliser ce menu pour démarrer rapidement dans une deuxième installation Windows, si vous le souhaitez.

Accès rapide au menu d'option de démarrage

Vous disposez d'une autre solution pour accéder au menu des options de démarrage : vous pouvez utiliser le menu **Marche/Arrêt**. Si vous maintenez la touche [Maj] enfoncée tout en cliquant sur **Redémarrer**, Windows 8 exécute la même séquence d'événements que si vous aviez cliqué sur *Démarrage avancé* dans **Paramètres du PC**. Comme vous pouvez ouvrir le menu **Marche/Arrêt** où que vous soyez dans Windows 8, grâce à l'icône *Paramètres*, vous disposez là d'une solution très rapide pour accéder directement au menu des options de démarrage.

Il existe toujours une solution permettant de déclencher le menu des options de démarrage lors de l'arrêt. Celle-ci offre en plus l'avantage de fonctionner à partir de l'invite de commandes. Microsoft a ajouté un nouveau commutateur à `shutdown.exe : /o`. Le commutateur `/o` fonctionne uniquement lorsque `/r` (redémarrage) est également utilisé. La syntaxe complète est donc :

```
Shutdown.exe /r /o
```

Microsoft a ajouté ce commutateur à `shutdown.exe`, car il souhaite que cette partie de Windows reste cohérente et prévisible. Tout le monde n'utilise pas `Shutdown.exe`, mais ceux qui l'utilisent s'en servent pour toutes les tâches liées à l'arrêt.

option [Maj] + Redémarrer au menu Marche/Arrêt

Les options de démarrage doivent être disponibles, même lorsque personne n'a de session ouverte sur le PC. Avec les PC d'ancienne génération qui permettaient d'appuyer sur des touches pendant le démarrage, toute personne disposant d'un accès physique au PC pouvait appuyer sur une touche pour interrompre le démarrage et utiliser les options de démarrage disponibles.

Installer Windows 8 étape par étape

Bien souvent, à force d'installer ou de désinstaller des programmes sur son ordinateur, il arrive que celui-ci ait des problèmes de fonctionnement ou tout simplement ne soit plus à la hauteur des performances qu'on attend de lui. Le démarrage devient très long, le lancement d'un programme, interminable ; bref, la réinstallation de Windows 8 devient nécessaire.

Cependant, avant d'installer ou de réinstaller Windows 8, il est nécessaire de prendre un certain nombre d'éléments en compte. Bien que cela ne soit pas très compliqué, ce chapitre a pour objectif de vous accompagner et de vous faire gagner du temps dans l'installation pas à pas de Windows 8. Concernant la réinstallation de Windows, Windows 8 arrive avec son lot de nouveautés puisqu'il propose des mécanismes de réinstallation complète ou partielle.

Au travers de quelques questions, ce chapitre vous permettra d'abord de dresser une liste de contrôle avant de vous retrouver planté au milieu du chemin.

Liste de contrôle

- Possédez-vous le DVD de réinstallation ainsi que la clé associée à ce DVD ?
- Possédez-vous les logiciels et codes d'accès vous permettant d'accéder à Internet ?
- Avez-vous réalisé une sauvegarde de vos fichiers les plus importants ?
- Possédez-vous les CD de vos programmes les plus importants ?
- Possédez-vous les pilotes de tous les périphériques que Windows 8 ne prend pas en charge ?

Une fois tous ces points contrôlés et validés, vous pouvez vous lancer dans la réinstallation de votre ordinateur.

Installer Windows en procédant à une nouvelle installation

Lorsque vous installez Windows en procédant à une nouvelle installation, votre version existante de Windows (incluant tous vos fichiers, paramètres et programmes) est automatiquement remplacée. Vous pouvez sauvegarder vos fichiers et vos paramètres, mais vous devrez réinstaller manuellement vos programmes une fois l'installation terminée.

Installation détaillée

L'installation standard de Windows 8 ne déroge pas aux règles de simplicité ; il vous suffit de démarrer l'ordinateur avec le DVD d'installation pour qu'elle se réalise presque seule. Il vous sera demandé d'entrer le numéro de série et de répondre à trois ou quatre questions : pays, nom, mot de passe, etc.

Le premier changement qui distingue Windows 8 de Windows 7 est que Windows 8 prend en compte votre configuration Internet dès l'installation. Ainsi, vous aurez le choix d'utiliser durant l'installation un compte local d'utilisateur ou votre compte avec un ID Microsoft (par exemple `Bob.durand@homail.com`).

En étant connecté à Internet, Windows 8 peut à partir de son premier démarrage se mettre automatiquement à jour au niveau de la sécurité et, de fait, vous garantir que votre ordinateur est assez sécurisé pour effectuer ses premiers pas sur Internet.

Pour installer Windows 8, procédez comme suit :

1 Démarrez le programme d'installation de Windows 8 en insérant le DVD puis redémarrez votre ordinateur.

2 Sélectionnez la langue et les paramètres régionaux et cliquez sur **Suivant**.

◄ lection des paramètres régionaux : la langue, les paramètres liés au pays et le clavier

3 À l'invite d'installation, cliquez sur **Installer maintenant**.

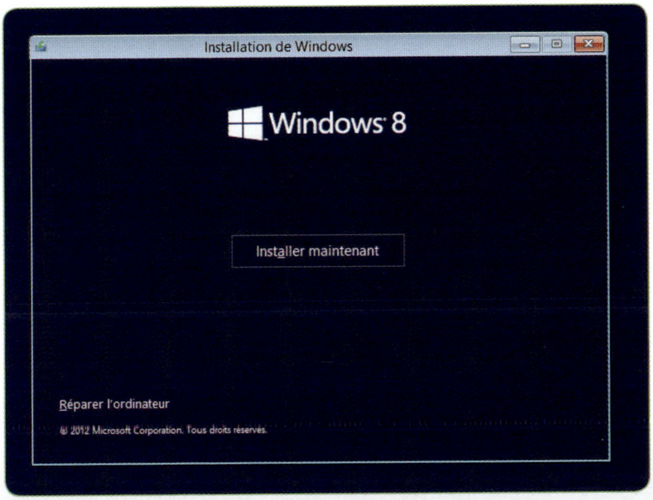

◄ Invite d'installation de Windows 8

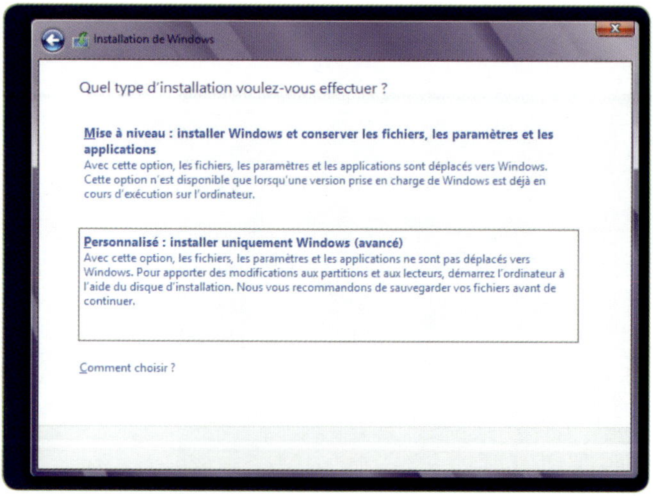

Sélection de l'installation personnalisée

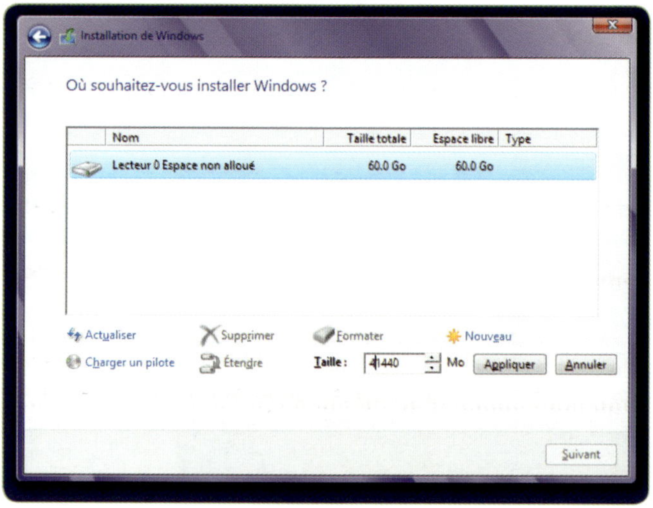

Personnalisation de la taille de la partition d'installation

4 Windows 8 ne déroge pas à la règle. Dans la fenêtre **Termes du contrat de licence**, lisez et acceptez les termes du contrat de licence. Cochez la case *J'accepte les termes du contrat de licence*

(indispensable pour continuer). Cliquez sur **Suivant**. Si vous ne validez pas cette option, vous serez obligé de mettre fin au programme d'installation de Windows 7.

5 À la question *Quel type d'installation voulez-vous effectuer ?*, deux choix s'offrent à vous : *Mise à niveau* ou *Personnalisée (options avancées)*. Sélectionnez *Personnalisé : installer uniquement Windows (avancé)*.

6 À la question *Où souhaitez-vous installer Windows ?*, cliquez sur *Options de lecteurs (avancées)* pour personnaliser la taille de la partition d'installation.

7 Cliquez sur **Suivant** pour démarrer la copie des fichiers.

Les étapes suivantes se succèdent :

- copie des fichiers de Windows ;
- décompression des fichiers ;
- installation des fonctionnalités ;
- installation des mises à jour ;
- fin de l'installation.

L'installation peut prendre plusieurs dizaines de minutes, en fonction de la puissance de votre machine.

8 Dans la fenêtre **Personnaliser**, saisissez le nom d'ordinateur, choisissez votre thème au niveau des couleurs puis cliquez sur **Suivant**.

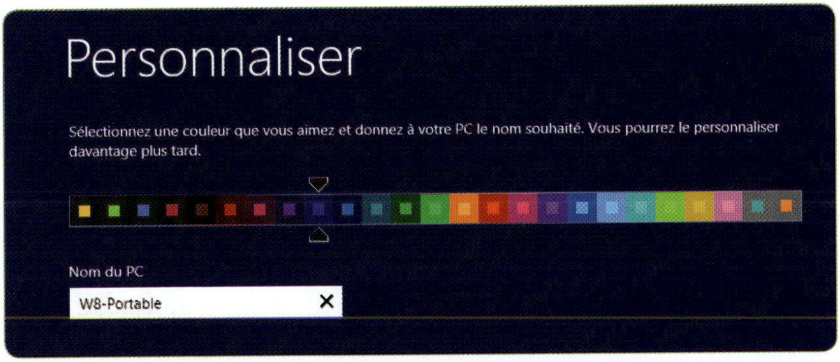

▲ Fenêtre Personnaliser

9 Dans la fenêtre **Paramètres**, deux possibilités s'offrent à vous : vous pouvez personnaliser les paramètres suivants ou choisir la configuration rapide. Si vous choisissez la configuration rapide, ce PC envoie de temps en temps des informations à Microsoft pour :

- installer automatiquement les mises à jour importantes et recommandées ;
- protéger votre PC contre les fichiers et les sites web dangereux ;
- activer **Do Not Track** dans Internet Explorer ;
- contribuer à améliorer les logiciels, services et services de localisation Windows en lui envoyant des informations ;
- rechercher en ligne des solutions aux problèmes ;
- permettre aux applications de vous proposer un contenu personnalisé en fonction de l'emplacement du nom et de l'avatar de compte de votre PC ;
- activer le partage et se connecter aux périphériques de ce réseau.

Dans ce cas, cliquez sur **Utiliser la configuration rapide** sinon cliquez sur **Personnaliser**.

10 Dans l'étape suivante, vous devez saisir votre adresse de compte Internet pour pouvoir utiliser l'ensemble des nouveautés liées à Windows 8.

Dans la zone *Adresse de messagerie*, saisissez votre adresse puis cliquez sur **Suivant**.

11 L'étape suivante est l'une des étapes les plus importantes, car elle va conditionner votre façon d'utiliser votre tablette. Pour profiter pleinement de Windows 8, il est recommandé de commencer directement par un compte de messagerie plutôt qu'un simple compte local. Cela vous permettra dès le premier usage d'utiliser l'interactivité de Windows 8. Dans notre cas, cliquez sur **Compte Microsoft**.

12 Une fois votre adresse saisie, Windows 8 recherche votre compte puis, ce dernier trouvé, vous demande de bien vouloir saisir votre mot de passe. Puis saisissez les informations de sécurité avec une adresse de messagerie de secours.

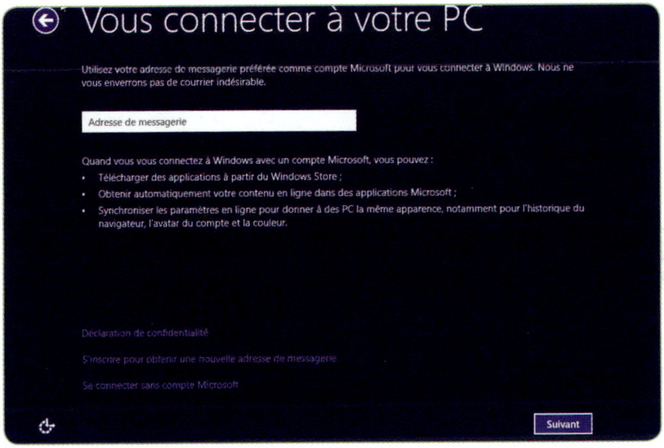

Saisie de l'adresse de messagerie

13 Dans la fenêtre **Ajouter des informations de sécurité**, saisissez une adresse de secours en cas de problème avec votre compte d'authentification Internet puis cliquez sur **Suivant**.

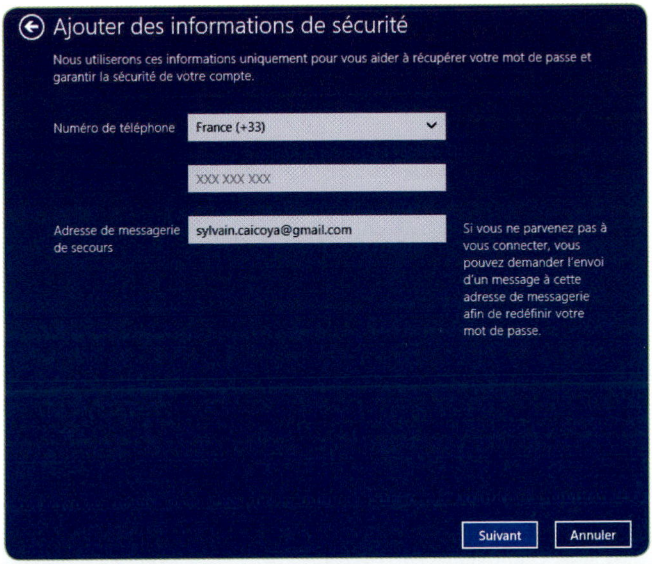

Ajout d'une adresse de messagerie de secours

14 La fenêtre de la dernière étape de configuration apparaît et, après quelques secondes ou minutes, votre ordinateur est prêt.

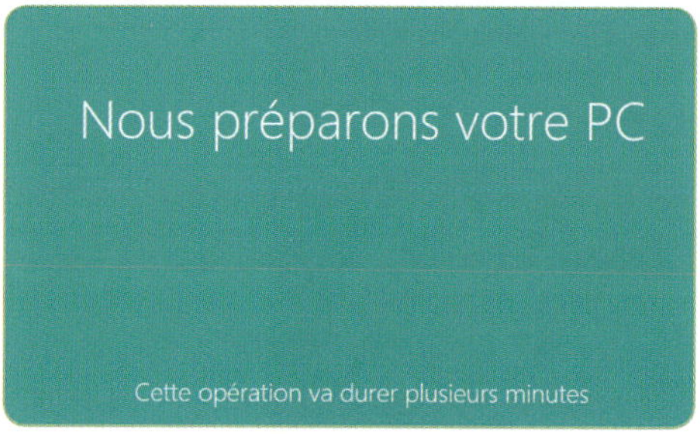

◄ Préparation finale de l'installation avant utilisation

Pour la fin de l'installation et la personnalisation de Windows 8, rendez-vous au chapitre *Vos 30 premières minutes avec les tablettes Windows 8*, l'ensemble des paramètres y est présenté.

En bref

L'installation de Windows 8 reste toujours aussi sommaire. Malgré tout, Windows 8 apporte son lot de nouveautés concernant l'installation avec la possibilité d'utiliser un compte Internet qui vous permettra de synchroniser l'ensemble de vos paramètres et préférences d'installation. Pour terminer, on apprécie aussi les efforts réalisés concernant la réinstallation ou l'actualisation de paramètres qui vous permettront de maintenir les performances de votre machine.

3. Vos 30 premières minutes avec une tablette Windows 8

L'arrivée de Windows 8 est bien plus qu'un simple système d'exploitation conçu pour fonctionner avec votre tablette. Il bouscule nos habitudes, nous force à repenser nos façons d'utiliser les nouveaux supports informatiques.

Faire le tour du propriétaire

Le nouvel écran d'accueil permet de regrouper tout ce qui est important à vos yeux et d'y accéder facilement : contacts, météo, prochains rendez-vous dans votre agenda, etc.

Windows 8 est conçu pour être flexible et personnalisé : vous choisissez les sites web, favoris, albums photo, contacts et applications à épingler sur l'écran d'accueil, afin d'y accéder rapidement. Comme c'est vous qui décidez la manière dont les éléments sont organisés et regroupés, l'affichage des mises à jour et l'accès aux données sont plus rapides que jamais.

▲ Nouvelle page d'accueil, interface Metro XE «interface Metro»

Les vignettes de l'écran d'accueil s'actualisent automatiquement pour vous permettre de voir ce qui se passe et de rester au courant en un coup d'œil. Vous pouvez partager des informations et communiquer avec d'autres personnes en quelques clics seulement, et recevoir instantanément les dernières actualités, les informations sportives et les activités de vos amis sur les réseaux sociaux.

Windows 8 intègre également le Bureau, que vous connaissez déjà. Parmi les vignettes de l'écran d'accueil figure l'application Bureau. Elle permet d'accéder directement au Bureau. Sur le Bureau, vous verrez que les paramètres et fonctionnalités que vous utilisez dans Windows 7 restent présents.

Retrouver Windows 7

Windows 8 reprend le meilleur des deux mondes, celui de la tablette tactile grâce à sa nouvelle interface nommée Metro, mais le meilleur de Windows 7 aussi. En effet, derrière la nouvelle apparence de Windows 8 se cachent les mêmes fondations que celles de Windows 7 et lorsque vous basculez vers le Bureau. Votre usage habituel de Windows reprend ses droits. Il s'utilise avec un clavier et une souris physiques pour des applications comme Word, Excel, etc.

◄ Vignette Bureau

Pour lancer l'ancienne interface, c'est-à-dire le Bureau Windows 7, procédez comme suit :

1 À partir de l'écran d'accueil, cliquez sur la vignette **Bureau**.

2 Votre bureau Windows apparaît en mode plein écran, comme pour Windows 7. La seule particularité est la disparition du menu **Démarrer**.

Barre des tâches sans le menu Démarrer

3 Pour retourner à l'écran d'accueil qui remplace le menu **Démarrer**, vous disposez de deux solutions :

Icône Démarrer

- appuyer sur la touche **Windows** de votre clavier si vous utilisez votre tablette avec un clavier physique ;
- diriger votre doigt vers le bord droit de l'écran pour faire apparaître la barre latérale droite, puis sélectionner l'icône **Démarrer**.

Épingler les applications

Avec la disparition du menu **Démarrer**, l'utilisation de logiciel dans l'environnement Bureau peut rapidement devenir une contrainte. Pour remédier à ce problème, nous vous recommandons d'épingler les dix applications que vous utilisez le plus.
Pour épingler une application, il vous suffit de lancer l'application et, une fois celle-ci dans la barre des tâches, d'effectuer un clic-droit avec la souris puis de cliquer sur **Épingler**.

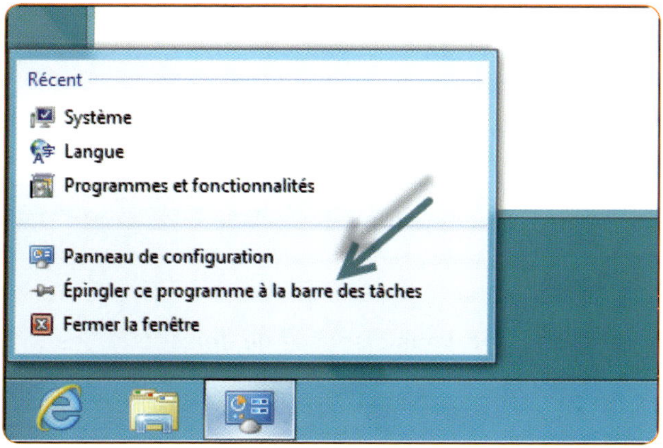

◄ Épingler ce programme dans la barre des tâches

Éteindre et redémarrer sa tablette

Auparavant, pour éteindre son ordinateur, c'était simple, il suffisait de cliquer sur l'icône Windows puis Arrêt et de sélectionner l'option que l'on souhaitait.

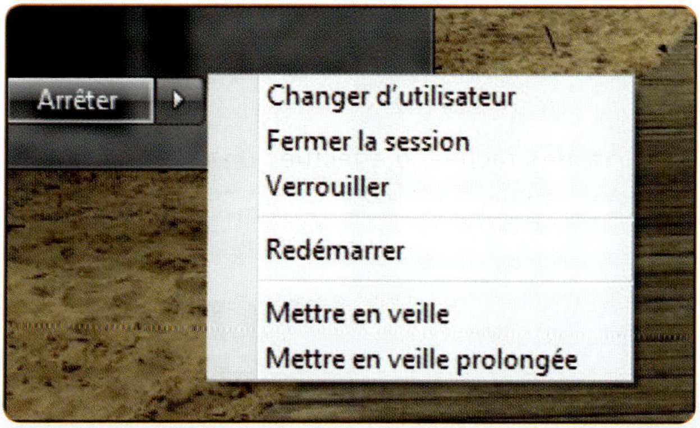

◄ Arrêter son ordinateur version Windows 7

Seulement, voilà, c'était avant ! Avec une nouvelle interface comme écran d'accueil et la disparition du menu **Démarrer**, il n'est pas simple de perdre un réflexe qui date maintenant de plus de quinze ans avec l'arrivée de Windows 95.

Pour retrouver l'équivalent de ce bon vieux réflexe, procédez comme suit :

1 À partir de l'écran d'accueil, glissez votre doigt vers la barre latérale droite.

2 Dans la barre latérale droite, sélectionnez **Paramètres**.

3 Après avoir cliqué sur le bouton **Marche/Arrêt**, sélectionnez l'option de votre choix.

Icône Paramètres de la barre latérale droite ►

▲ Bouton Marche/Arrêt

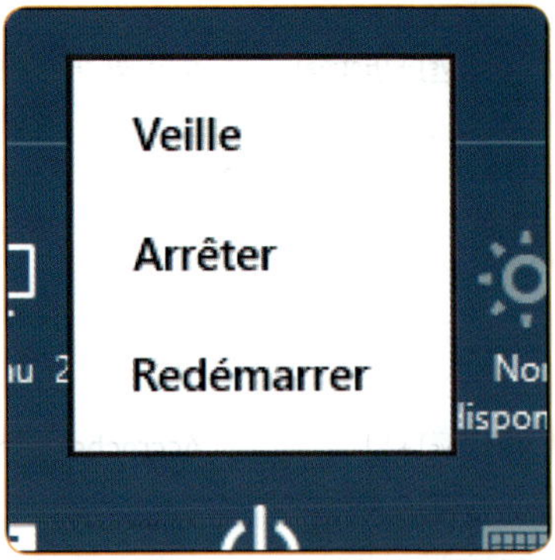

▲ Options du bouton Marche/Arrêt

Les raccourcis clavier

Aujourd'hui il peut être très utile dans les premiers moments de connaître certains raccourcis clavier ; voici la liste des raccourcis clavier que vous pourrez utiliser pour naviguer plus simplement dans les menus de Windows 8.

Listes de raccourcis Windows 8	
Combinaison de touches	**Description du raccourci**
Windows + C	Ouvrir la barre des Charms
Windows + F	Ouvrir le panneau de recherche des fichiers
Windows + H	Ouvrir le menu partage
Windows + I	Ouvrir le panneau de configuration rapide
Windows + J	Passer de l'application accrochée sur un côté à l'application courante
Windows + K	Ouvrir le menu des connexions
Windows + L	Verrouiller la session en cours
Windows + O	Verrouiller/modifier l'orientation de la tablette
Windows + Q	Ouvrir le panneau de recherche des applications
Windows + W	Ouvrir le panneau de recherche des paramètres
Windows + X	Afficher le menu système
Windows + Z	Ouvrir la barre des applications
Windows + ,	Afficher un aperçu du bureau
Windows + Entrée	Lancer le narrateur
Windows + Impr Ecr	Enregistrer une capture d'écran dans un fichier
Windows + Espace	Changer la langue du clavier
Windows + Début	Minimiser toutes les fenêtres, sauf la fenêtre active
Windows + +	Effectuer un zoom avant
Windows + -	Effectuer un zoom arrière
Windows + Shift + .	Accrocher l'application courante sur la partie gauche de l'écran
Windows + .	Accrocher l'application courante sur la partie droite de l'écran
Windows + Tab	Parcourir la liste des applications ouvertes (remplace Flip 3D)
Windows + Shift + Tab	Parcourir la liste des applications ouvertes dans le sens inverse

En bref

Les premiers pas avec Windows 8 dans la tablette peuvent sembler laborieux, voire décourageants. Pour autant, cela reste normal car au travers de Windows 8 Microsoft nous fait prendre un virage à 180 degrés concernant nos habitudes vieilles de plus de quinze ans.

L'exercice de style n'est pas simple pour tout un chacun, car il n'y a pas d'autre choix que de s'adapter aux nouveaux usages de Windows 8 dans la tablette, mais aussi à la nouvelle philosophie de Microsoft concernant le nouveau monde toujours plus connecté et interconnecté.

Une fois cette étape dépassée, il faudra doucement s'habituer à naviguer entre le monde de la tablette et le monde du PC dans ce même matériel avec un seul et unique Windows.

Une fois toutes ces étapes passées avec succès, Windows 8 est dans son usage un véritable plaisir qui vous transportera beaucoup plus qu'une simple autre tablette peut le faire.

Sur les nouveaux PC tactiles, tout ce que vous pouvez faire avec une souris et un clavier restera très simple avec le tactile. Vous pouvez aussi basculer d'une application à une autre, personnaliser votre écran d'accueil, faire défiler l'écran et zoomer. Avec le clavier tactile, vous pourrez naviguer, saisir des informations et interagir, où que vous soyez. Comme votre méthode de travail est différente selon l'application que vous utilisez, Windows 8 vous permettra d'opter facilement pour la méthode la mieux adaptée.

4. Gérer les dossiers et les documents

Windows 8, de par son interface de démarrage, offre une nouvelle approche de la productivité personnelle et vous aide à augmenter cette dernière. Pour cela, parmi les axes d'amélioration étudiés on trouve la création et l'amélioration d'outils qui permettent de mieux organiser votre travail.

Vous disposez maintenant d'un système offrant une meilleure utilisation des dossiers et fichiers, et une meilleure recherche et gestion des données, surtout depuis l'explosion des volumétries de disques durs.

L'outil de base incontournable pour la gestion des documents, depuis les toutes premières versions de Windows, s'appelle l'Explorateur Windows. Avec l'interface de Windows 8, il existe plusieurs méthodes d'accès à l'Explorateur Windows.

Par la nouvelle interface utilisateur :

1 À partir de la fenêtre d'accueil, appelez la barre latérale droite en positionnant le pointeur de la souris en bas à droite de l'écran ou en glissant votre doigt du bord droit de l'écran vers le centre.

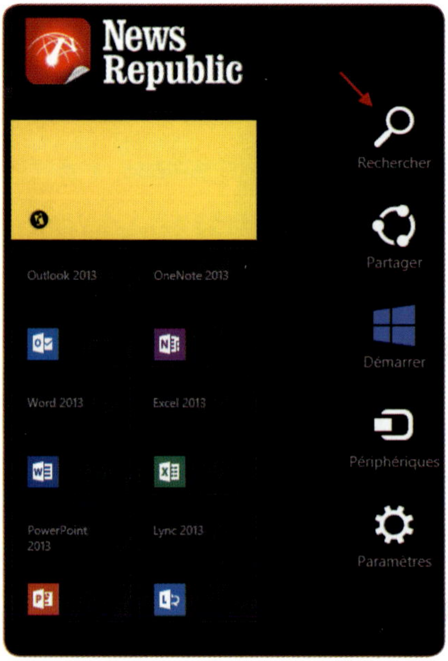

▲ La barre latérale droite et le bouton Rechercher

2 Cliquez ou tapez sur **Rechercher**.

3 Tapez avec le clavier les premières lettres du mot *Explorateur*, vous verrez apparaître l'icône représentant le programme.

4 Cliquez ou tapez sur l'icône **Explorateur Windows** pour qu'il s'ouvre.

▲ Le résultat de la recherche apparaît au fur et à mesure de la frappe au clavier

Épingler l'Explorateur Windows sur la fenêtre d'accueil de Windows 8

Si vous souhaitez avoir un accès immédiat à l'Explorateur Windows depuis la fenêtre d'accueil Windows 8, recherchez le programme comme indiqué dans la procédure précédente (jusqu'à l'étape numéro 3). Puis faites un clic du bouton droit de la souris sur l'icône du programme (ou laissez le doigt appuyé quelques secondes). Enfin, cliquez ou appuyez sur **Épingler** à l'écran d'accueil.

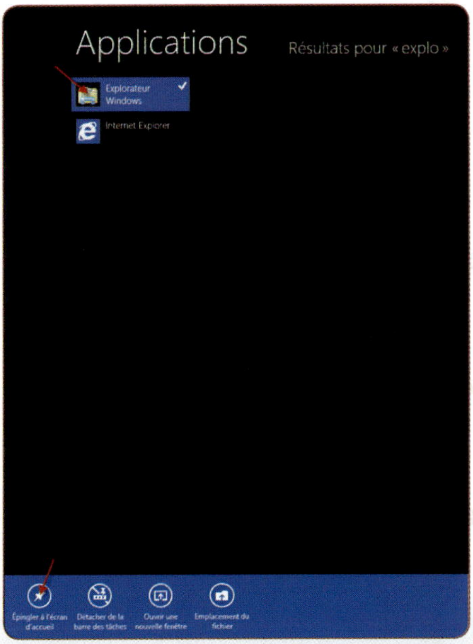

◄ Épingler l'Explorateur Windows sur la fenêtre d'accueil de Windows 8

Par le bureau Windows :

Icône du Bureau

1 À partir de la fenêtre d'accueil, cliquez sur le **Bureau Windows**.

L'Explorateur Windows épinglé par défaut dans la barre des tâches du Bureau

2 Une fois le Bureau lancé, cliquez sur l'icône **Explorateur Windows**, par défaut ancré dans la barre des tâches.

Par le raccourci clavier : à tout moment, que vous soyez sur la fenêtre d'accueil Windows 8 ou le Bureau Windows, vous pouvez utiliser le clavier pour accéder directement à l'Explorateur Windows. Pour cela, tapez la combinaison de touches [Windows]+[E]. L'Explorateur Windows s'ouvre dans le Bureau.

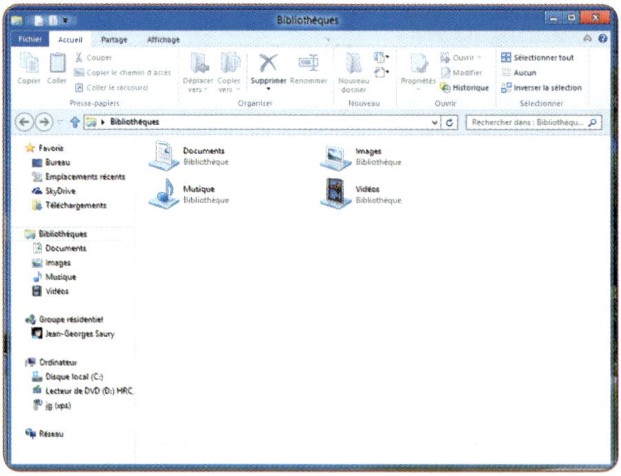

L'Explorateur Windows

Vous allez, à partir de cet outil, apprendre les composants vous facilitant la gestion des documents.

Le nouveau ruban

L'onglet Accueil

L'onglet **Accueil** est axé autour des tâches essentielles de gestion des fichiers. Les principales commandes sont placées à des endroits visibles : **Copier**, **Coller**, **Supprimer**, **Renommer**, **Couper** et **Propriétés**. Vous trouvez également mis en évidence deux fonctionnalités héritées des versions précédentes, **Déplacer vers** et **Copier dans**, ainsi qu'une fonctionnalité fantastique jusque-là masquée, **Copier le chemin d'accès**. Elle est particulièrement utile lorsque vous devez coller le chemin d'accès d'un fichier dans une boîte de dialogue ou lorsque vous souhaitez envoyer à quelqu'un un lien vers un fichier stocké sur un serveur.

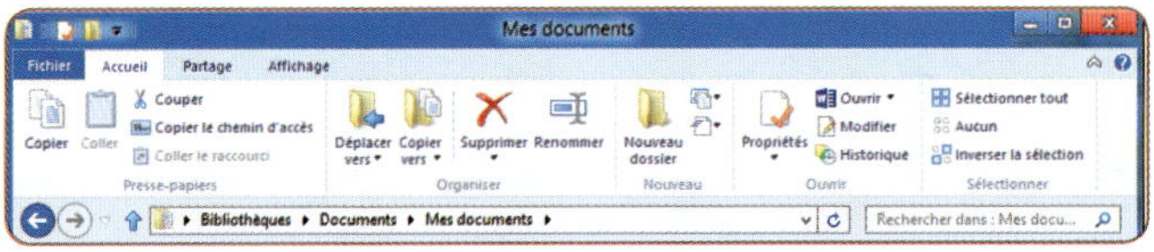

◄ L'onglet Accueil

L'onglet **Accueil** constitue le cœur de l'expérience utilisateur offerte par l'Explorateur Windows, optimisée comme jamais auparavant. Les commandes représentant 84 % des actions réalisées dans l'Explorateur par les utilisateurs sont désormais toutes disponibles dans cet onglet.

L'onglet Partage

L'onglet **Partage** permet de partager des fichiers en utilisant des méthodes courantes : création d'un fichier ZIP et envoi par courrier électronique, gravure sur disque, etc. Il permet également de partager rapidement des fichiers avec d'autres personnes de votre groupe résidentiel ou de votre domaine réseau. Enfin, il offre un accès en un clic aux listes de contrôles d'accès (droits fins) du fichier sélectionné par le bouton **Sécurité avancée**.

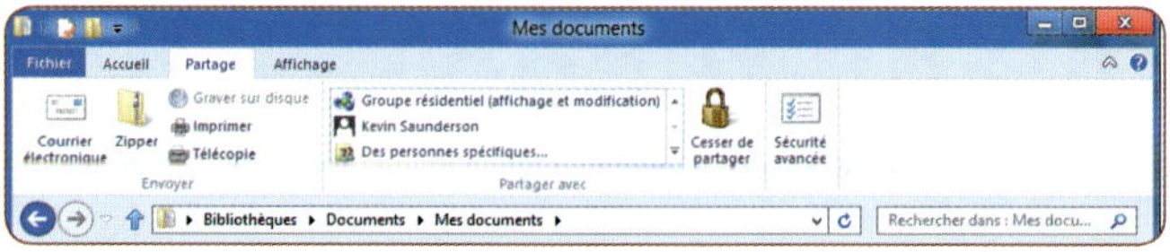

◄ L'onglet Partage

L'onglet Affichage

L'onglet **Affichage** permet d'accéder aux options de personnalisation de l'affichage. Désormais, il est possible d'afficher et de masquer en un clic seulement le volet de navigation, le volet de visualisation et le volet d'informations, ainsi qu'une galerie d'aperçu instantané des différentes tailles d'affichage des icônes. Cet onglet permet aussi d'accéder rapidement aux fonctions de tri et de regroupement par colonne, d'ajouter des colonnes et d'accéder facilement à trois fonctionnalités masquées, offrant la possibilité d'afficher les extensions des noms de fichiers, d'afficher les éléments masqués et de masquer les éléments sélectionnés.

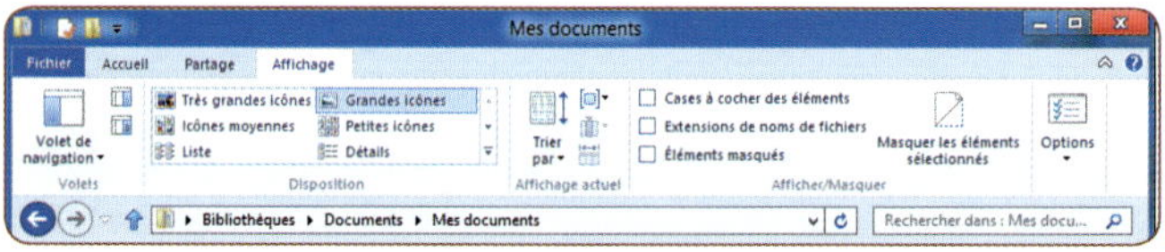

◄ L'onglet Affichage

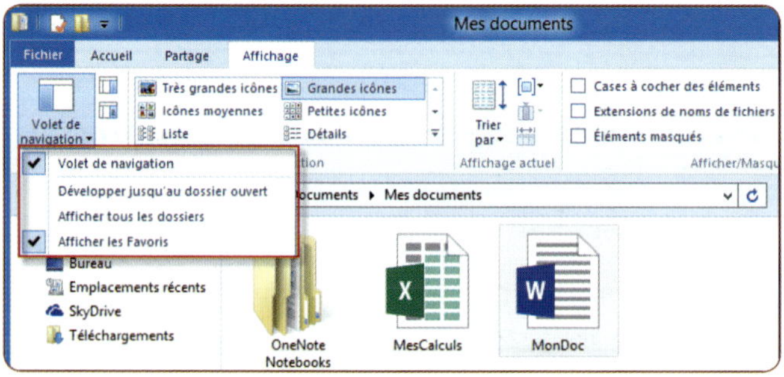

◄ Le Volet de navigation

Les options de personnalisation du volet de navigation sont en outre plus faciles d'accès : vous pouvez y accéder en un clic dans le menu déroulant et vous disposez d'une nouvelle option permettant d'afficher ou de masquer les favoris.

Le menu Fichier et les autres outils

Le menu **Fichier** vous permet d'ouvrir rapidement de nouvelles fenêtres de l'Explorateur, d'accéder à vos raccourcis, et de modifier les options de recherche et les options des dossiers. Il comprend également une fonctionnalité masquée très appréciable, **Ouvrir une invite de commandes**, ainsi qu'une nouvelle commande particulièrement utile, **Ouvrir une invite de commandes en tant qu'administrateur**. Ces deux fonctionnalités permettent d'ouvrir une invite de commandes dans laquelle le chemin d'accès correspond au dossier sélectionné.

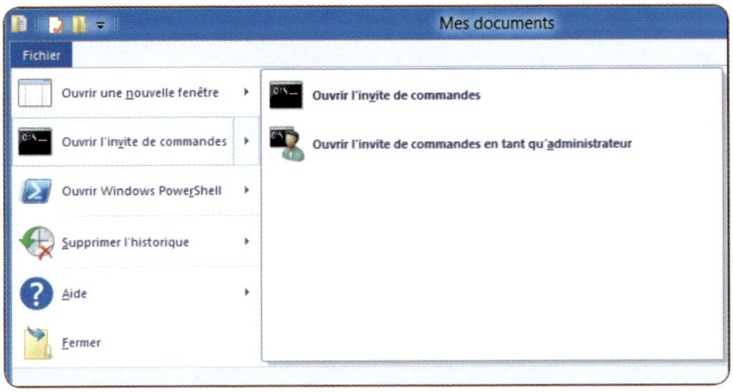

◄ Le menu Fichier

Il existe également différents onglets contextuels qui s'activent en fonction des fichiers et dossiers sélectionnés, et qui permettent d'effectuer des recherches, de gérer les bibliothèques, d'afficher des images ou d'écouter de la musique. À titre d'exemple, vous disposez d'un nouvel onglet contextuel **Outils de recherche**, qui s'active automatiquement lorsque vous cliquez dans la zone de recherche.

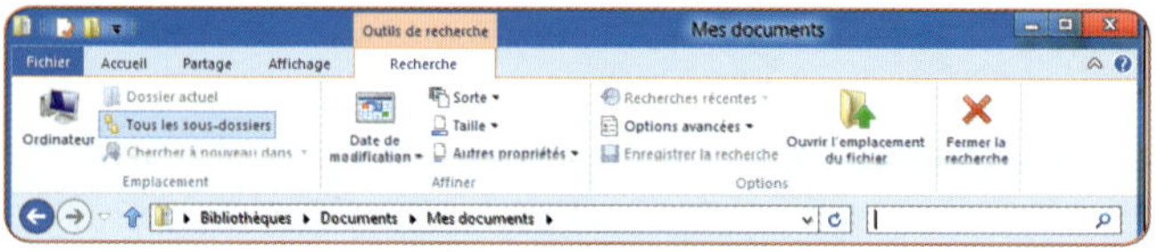

◄ L'onglet Recherche

L'onglet **Recherche** offre toute une série de fonctionnalités que peu de gens connaissent, mais qui peuvent vous aider à résoudre certains problèmes. Ainsi, vous pouvez régler rapidement l'étendue d'une recherche, filtrer par période, par type de fichier, par taille ou en fonction d'autres propriétés telles que l'auteur ou le nom de fichier. Ces recherches peuvent être enregistrées en vue d'une réutilisation.

Voici quelques exemples illustrant les autres onglets contextuels de l'Explorateur.

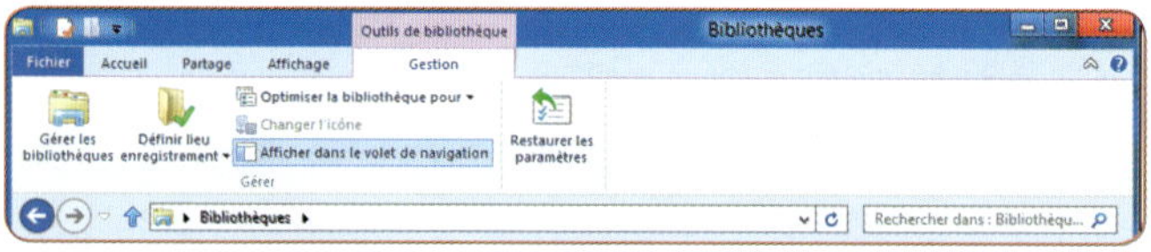

◄ L'onglet contextuel Outils de bibliothèque

◄ L'onglet contextuel Outils d'image

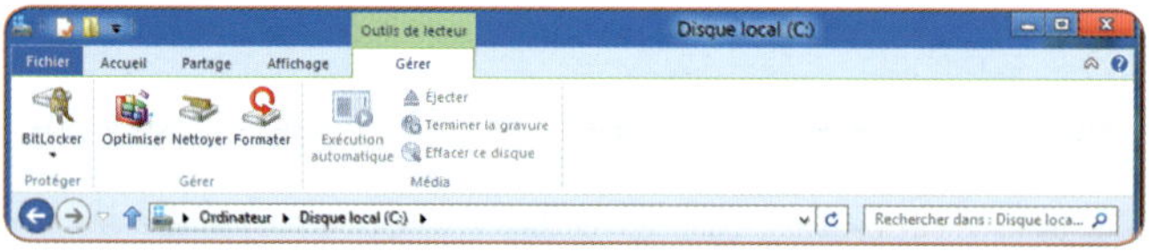

◄ L'onglet contextuel Outils de lecteur

Le retour du bouton Dossier parent

Remarquez le bouton en forme de flèche bleue vers le haut à gauche de la barre d'adresse. C'est le bouton **Dossier parent** qui fait son retour. Il permet de remonter au dossier parent en cliquant dessus.

Comment Windows organise les fichiers et dossiers

Concernant l'organisation de vos fichiers, vous n'êtes pas obligé de partir de zéro. En effet, Windows est fourni avec un ensemble de dossiers communs que vous pouvez utiliser comme points de départ pour commencer à organiser vos fichiers.

Voici quelques-uns des dossiers communs dans lesquels vous pouvez stocker vos fichiers et dossiers :

- **Documents**. Utilisez ce dossier pour stocker vos fichiers de traitement de texte, feuilles de calcul, présentations et autres fichiers à caractère professionnel ou personnel.
- **Images**. Utilisez ce dossier pour stocker toutes vos images numériques, qu'elles proviennent de votre appareil photo numérique, de votre scanner ou d'un courrier électronique reçu.
- **Musique**. Utilisez ce dossier pour stocker tous vos fichiers audio numériques, tels que des morceaux copiés d'un CD audio ou téléchargés sur Internet.
- **Vidéos**. Utilisez ce dossier pour stocker vos vidéos, telles que des clips de votre appareil photo numérique ou des fichiers vidéo que vous avez téléchargés sur Internet.
- **Téléchargement**. Utilisez ce dossier pour stocker des fichiers et des programmes téléchargés sur Internet.

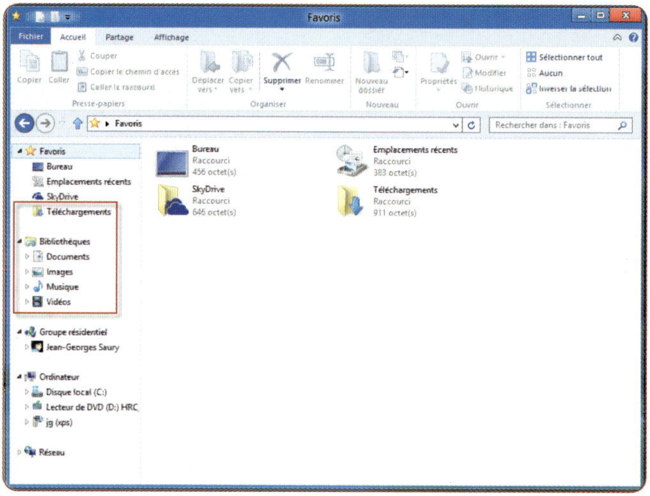

◄ Dossiers par défaut sous Windows 8

N'oubliez pas que vous pouvez créer des sous-dossiers dans ces dossiers, afin d'améliorer l'organisation de vos fichiers. Dans le dossier *Images*, par exemple, vous pouvez créer des sous-dossiers afin d'organiser les images par dates, par événements, par noms des personnes présentes sur les images ou selon la classification qui vous permettra de travailler plus efficacement.

En bref

Windows 8 remanie et améliore encore la gestion des dossiers et l'efficacité personnelle. Microsoft propose un Explorateur Windows encore plus simple grâce à la notion de ruban, de bibliothèques et de recherche. Le but avoué est que vous vous sentiez tout de suite à l'aise et efficace dans la gestion de vos données, locales ou distantes, même sur de très grandes volumétries.

5. Installer et utiliser des applications du Windows Store

Parmi les changements majeurs et les nouveautés apportés par Windows 8, nous pouvions passer à côté des applications Metro et du Windows Store.

▲ Icône Windows Store

En effet, c'est ici que votre tablette prend toute sa valeur dans son utilisation et rivalise pleinement avec les autres du marché, avec toujours le même et unique avantage de pouvoir retransformer votre tablette Windows 8 en PC à tout moment.

Durant tout ce chapitre, nous nous concentrerons sur les coins et recoins de la partie Windows Metro, car le fonctionnement des applications dans un mode Bureau n'a pas vraiment changé.

Maîtriser l'installation de ses applications

L'univers des applications Metro ressemble pleinement à celui des applications téléphoniques.

Cela se passe au travers d'une boutique en ligne. À l'instar de l'Apple Store, le magasin Microsoft se nomme Windows Store. Les applications y sont regroupées par famille et l'on y retrouve des applications payantes et gratuites.

Le Windows Store

Le Windows Store est réalisé autour de plusieurs composants : page d'arrivée, pages thématiques éditoriales, listes générées par les utilisateurs, pages de description des applications et fonctionnement des processus de recherche, de navigation, d'installation et de mise à jour.

La découverte des applications est au cœur du Windows Store. Sur la page d'arrivée de ce dernier, Microsoft propose systématiquement des contenus récents et intéressants. Elle est modifiée fréquemment, de façon que vous découvriez toujours plus d'applications à chaque nouvelle visite du Windows Store. La page d'arrivée intègre ainsi le contenu **Actualité** aux côtés du contenu de navigation (catégories, listes d'applications, etc.).

Les applications Windows 8 Metro

La page d'arrivée regroupe les applications par catégorie afin de simplifier votre navigation dans le Windows Store. La catégorie Actualité est une catégorie à part, car elle se compose de quatre icônes en plus des applications proposées.

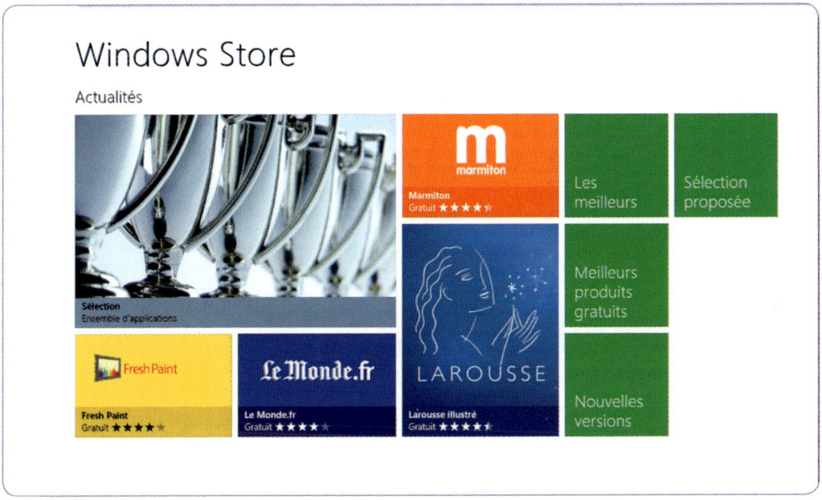

Page d'arrivée, catégorie Actualité

Les autres catégories se composent de deux ou trois icônes.

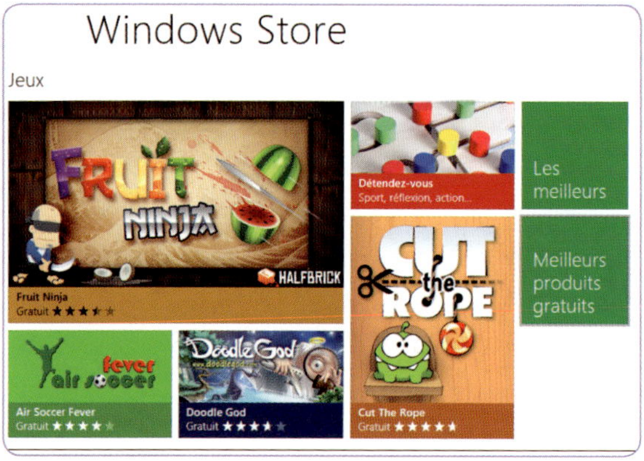

Page d'arrivée, catégorie Jeux

Icône Les meilleurs

Dans la catégorie, vous pouvez naviguer au travers de quatre icônes en plus des icônes à la une de cette catégorie.

La rubrique **Les meilleurs** présente un ensemble de meilleures applications du moment. Tout comme la section **Actualité**, la rubrique **Les meilleurs** change et évolue en permanence. Donc, un conseil : n'hésitez pas à y faire régulièrement une petite visite pour vous tenir au goût du jour.

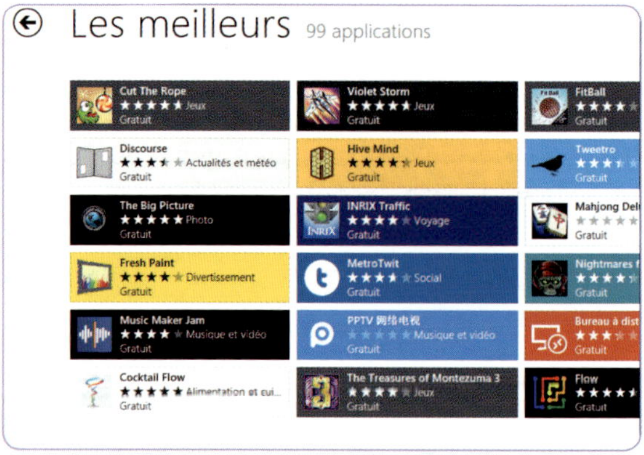

Rubrique Les meilleurs

Zoomer

Vous pouvez effectuer un mouvement de pincement pour dézoomer et afficher l'ensemble des catégories, puis appuyer sur l'écran pour accéder à une catégorie spécifique. Les mêmes mouvements de doigts fonctionnent également pour l'écran **Démarrer**.

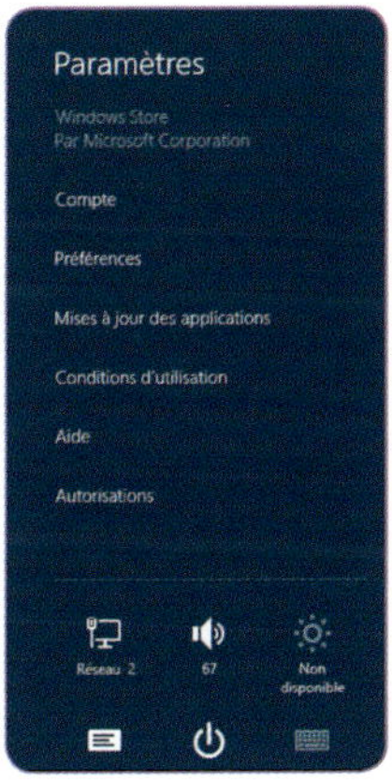

▲ Icône Sélection proposée

La rubrique **Sélection proposée** est un ensemble d'applications proposé par Windows Store.

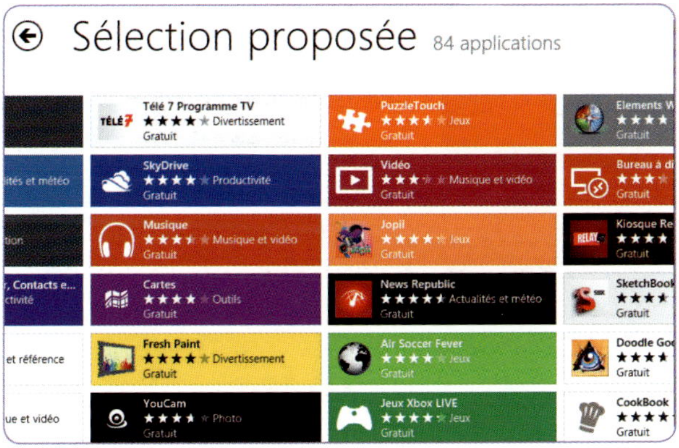

▲ Rubrique Sélections proposées

Il en va de même pour les icônes **Meilleurs produits gratuits** et **Nouvelles versions**.

Les catégories suivantes se composent uniquement des icônes **Meilleurs produits gratuits** et **Meilleurs produits**.

La barre latérale droite et le Windows Store

Comme dans toutes les sections et les applications que vous utilisez, la barre latérale droite se personnalise en fonction du contexte.

Dans la barre latérale droite, sélectionnez l'icône **Paramètres** pour voir apparaître les options du Windows Store.

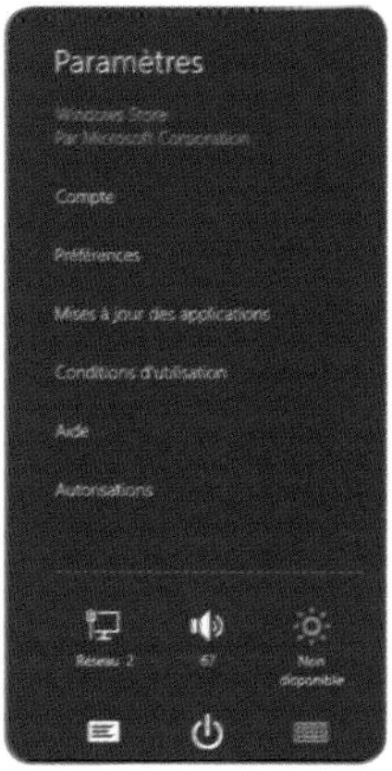

▲ Les paramètres du Windows Store depuis la barre latérale

L'option *Votre compte* vous permet de voir avec quel compte vous êtes identifié dans le Windows Store ; c'est aussi à partir de cette option que vous pouvez voir le nombre de machines rattachées à votre compte.

Le rattachement de machines à votre compte joue un rôle important pour les applications, car vous pourrez installer une application sur cinq machines au maximum, ce qui est déjà relativement rentable comme investissement.

Liste des ordinateurs rattachés à votre compte ▶

C'est toujours dans la même fenêtre **Votre compte** que vous allez pouvoir gérer la partie **Paiement**. Vous pourrez ajouter des coordonnées bancaires et activer l'option de demande de mot de passe avant tout achat.

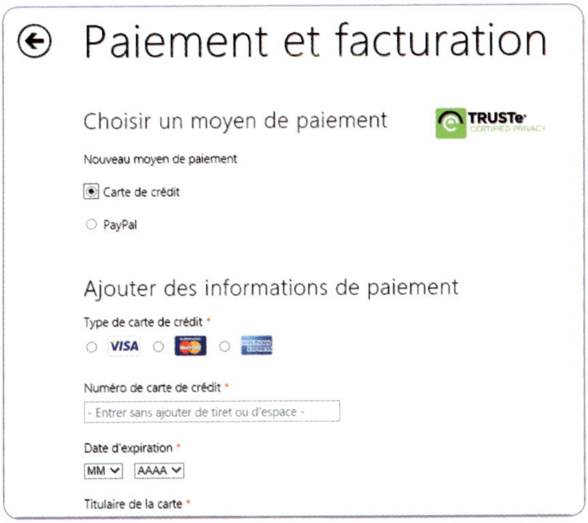

Option Paiement et facturation

Nous vous invitons à vous balader dans chacune des options de la partie **Votre compte**.

Rechercher une application

Pour rechercher une application, baladez-vous dans les catégories du Windows Store ou faites tout simplement une recherche par nom. Une fois que vous avez trouvé l'application de votre choix, cliquez dessus pour qu'une page dédiée et détaillée s'ouvre.

Vue d'ensemble de la page de l'application

▲ La synthèse

Cette page se découpe en quatre parties :

- La synthèse, dans le volet de gauche, vous propose le bouton d'installation ainsi que le nombre de critiques lié à l'application mais aussi la taille de l'application et l'âge minimal d'utilisation.
- La vue d'ensemble vous donne une description de l'application et de ses fonctionnalités ainsi qu'une photo.
- Le détail vous permet de voir sur quel type de matériel vous allez pouvoir installer l'application et dans quelle langue l'application fonctionne.

◄ La vue d'ensemble

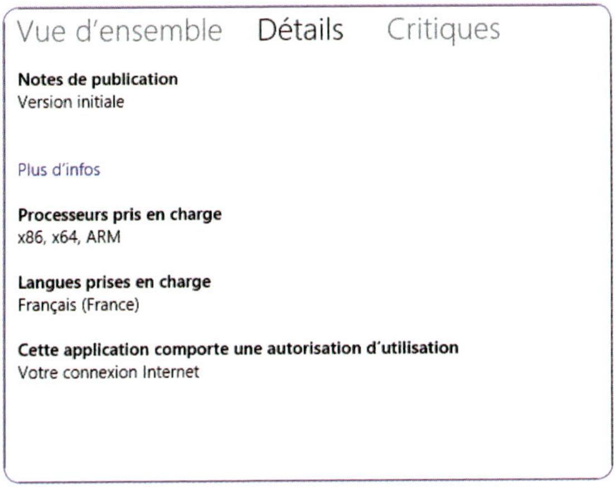

Le détail

- Et, pour terminer, les critiques. Vous allez pouvoir consulter l'ensemble des critiques des utilisateurs en les filtrant par dates, par pertinences ou par consultation.

Les critiques

Installer une application du Windows Store

À présent, nous allons installer une application du Windows Store. Pour installer une application, procédez comme suit :

1. Dans la page d'accueil de l'interface Metro, sélectionnez l'icône Windows Store.
2. Sélectionnez votre catégorie ainsi que votre application et cliquez dessus.
3. Dans le volet de l'application, sélectionnez **Installation**.
4. Appuyez sur la touche Windows du clavier tactile ou physique pour retourner au menu **Démarrer** ; vous pourrez constater que l'icône de votre application est instantanément présente.
5. Cliquez sur l'icône pour lancer votre application.

Installation de l'application Marmiton

Toutefois, lorsque vous installez des applications beaucoup plus volumineuses, une fenêtre **Installations des applications** s'ouvre en vous affichant le nom de l'application et sa barre de progression pour le téléchargement.

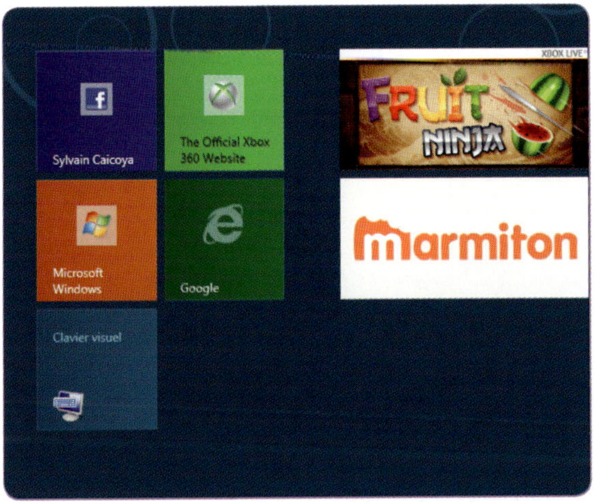

Application Marmiton en mode Metro

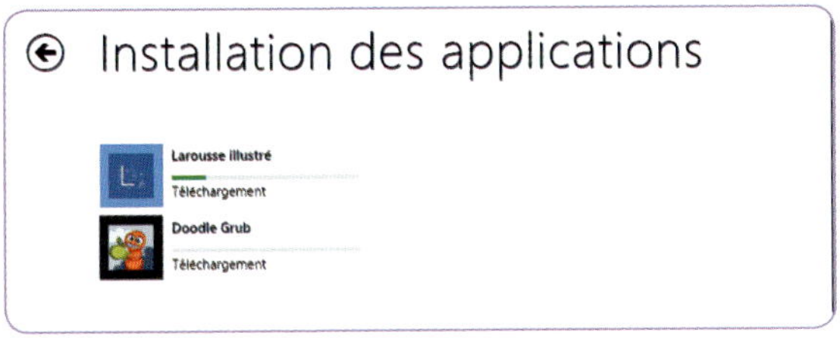

Progression de téléchargement d'applications

Téléchargement d'application

Avec Windows Store, vous avez la possibilité de lancer plusieurs téléchargements d'applications en simultané.

Organiser ses applications Metro

La page d'accueil de Windows Metro vous offre beaucoup de possibilités dans l'organisation de vos applications. Vous pouvez ainsi les disposer côte à côte en les faisant glisser, et si deux applications ne sont pas de même taille vous avez toujours la possibilité d'en agrandir ou d'en réduire une.

Pour réduire ou agrandir une vignette, il vous suffit d'effectuer un clic-droit sur l'application pour voir un menu apparaître dans le bas de votre écran.

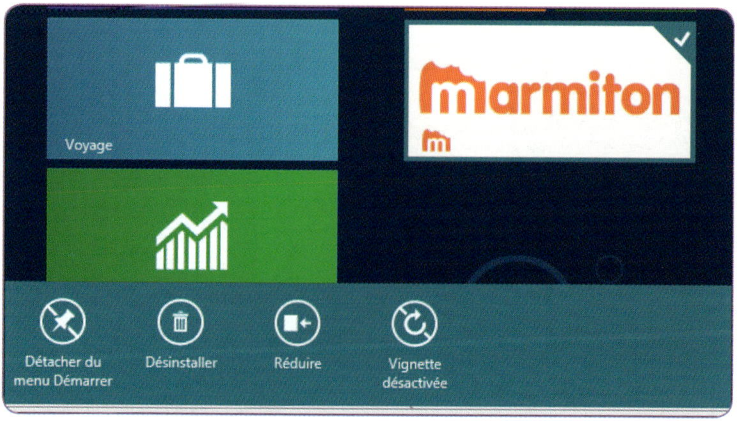

▲ Options liées à l'épinglage de l'application

Pour réduire l'icône, il vous suffit de cliquer sur l'option **Réduire** ou **Agrandir**.

En bref

Windows 8 dans sa version tablette offre une expérience utilisateur riche et équivalant à celle que vous pouvez retrouver avec l'iPad ou une tablette Android.

Le principe, qui reste simple, est toujours le même : disposer d'un compte avec un identifiant et se connecter sur le Store de l'éditeur. La navigation est ludique et permet de se balader simplement dans Store.

Encore une fois, les interfaces sont très épurées pour laisser place à l'essentiel, c'est-à-dire l'utilisation, qui reste très intuitive. Il faudra retenir l'un des points forts du Windows Store, qui est le triptyque entre l'utilisateur, son nombre de machines et l'application installable sur plusieurs machines.

6. Se connecter avec un compte unifié

Vous allez maintenant découvrir les fonctionnalités qui permettent de rendre Windows 8 plus interactif et plus dynamique, mais pour cela vous devrez ouvrir une session sous Windows 8 avec un compte Microsoft.

Par exemple, vous pouvez, sous Windows 8, afficher vos photos sous la même application, appelée *Photos*, qu'elles proviennent de l'appareil photo numérique ou du smartphone, partagées sur Facebook ou Flickr, etc. De plus, la tuile de l'application *Photos* sur l'écran d'accueil de Windows 8 se mettra à jour dynamiquement et affichera les plus belles photos, sous forme de vignettes, provenant localement ou des réseaux sociaux. Ces mises à jour dynamiques permettent par exemple d'être prévenu de tout nouvel e-mail (application *Courrier*), ou message instantané de type Messenger ou Facebook (application *Messages*), ou photo (application *Photos*), ou informations, etc., et tout cela sans ouvrir une application. L'écran **Démarrer** et les tuiles deviennent une tour de contrôle des activités. Cela donne le rendu suivant.

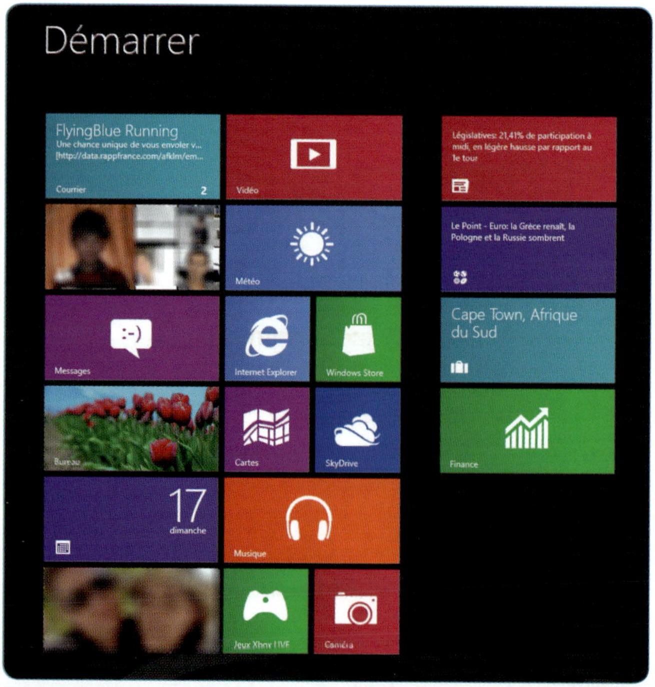

L'écran Démarrer avec l'affichage dynamique des tuiles sous Windows 8

Cette nouveauté de Windows 8 est pratique ! Mais, pour que cela soit possible, il faut bien que votre ordinateur ait accès à Internet : c'est la condition primordiale ; mais aussi que le compte d'utilisateur avec lequel vous ouvrez la session soit unifié et ait accès aussi bien à Windows Live, Facebook, Flickr et autres réseaux sociaux. Pour cela, le compte d'utilisateur ne peut pas être local mais doit être un compte sur Internet.

Windows 8 permet d'ouvrir une session avec votre compte Windows Live, qui est aussi nommé compte Microsoft sous Windows 8. Qu'est-ce qu'un compte Microsoft ? Il s'agit d'un compte hébergé sur Internet, chez Microsoft, et qui vous permet par exemple d'accéder à votre messagerie web Hotmail ou de converser sur Windows Live Messenger. Vous pouvez maintenant ouvrir une session sous Windows 8 avec ce compte et profiter instantanément de toute une série de fonctionnalités comme la configuration automatique de la messagerie Hotmail, l'interconnexion avec Facebook et les réseaux sociaux, la messagerie instantanée, l'accès au Windows Store, au Xbox Live, etc.

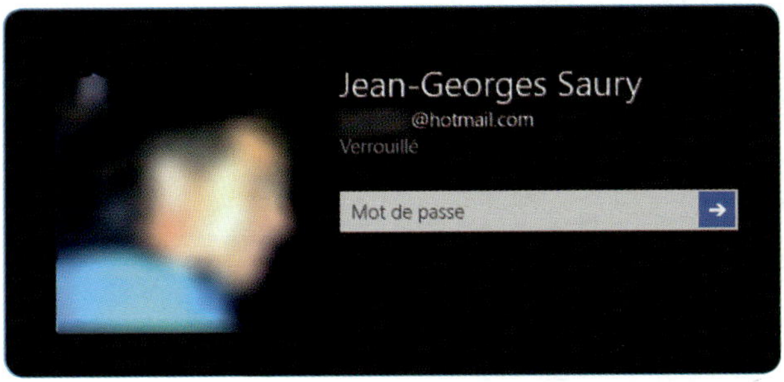

◄ Ouvrir une session avec un compte Windows Live sous Windows 8

Deux cas de figure se présentent :

- Soit vous avez déjà un compte Microsoft (dont le nom d'utilisateur est une adresse e-mail qui se termine par `@outlook.com` ou `@hotmail.com` ou `@hotmail.fr` ou `@live.fr` ou `@live.com` ou `@msn.fr` ou `@msn.com`) et vous devez le synchroniser avec Facebook, par exemple.
- Soit vous n'en avez pas et vous devez en créer un.

Créer un compte Microsoft

Vous pouvez créer un compte Microsoft principalement de trois façons :

- au premier démarrage sous Windows 8 ;
- à tout moment à partir de Windows 8 ;
- sur Internet, depuis n'importe quel ordinateur.

Créer un compte Microsoft au premier démarrage de la tablette

Lors de la phase de premier démarrage, avant la première ouverture de session, procédez comme suit :

1 À l'écran **Se connecter à votre ordinateur**, cliquez ou appuyez sur le lien en bleu *S'inscrire* pour obtenir une nouvelle adresse de messagerie.

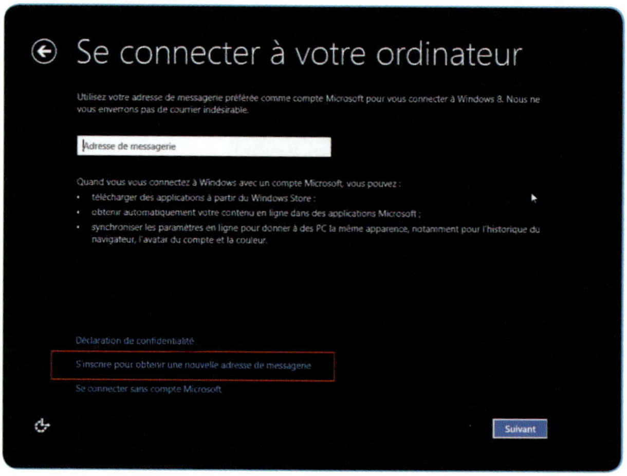

◄ Choisir de créer une nouvelle adresse de messagerie

2 L'écran **Créez une nouvelle adresse de messagerie** apparaît. Remplissez les différents champs. Vous choisirez une adresse en `@hotmail.fr` ou en `@live.fr`. Cliquez ou appuyez sur **Suivant**.

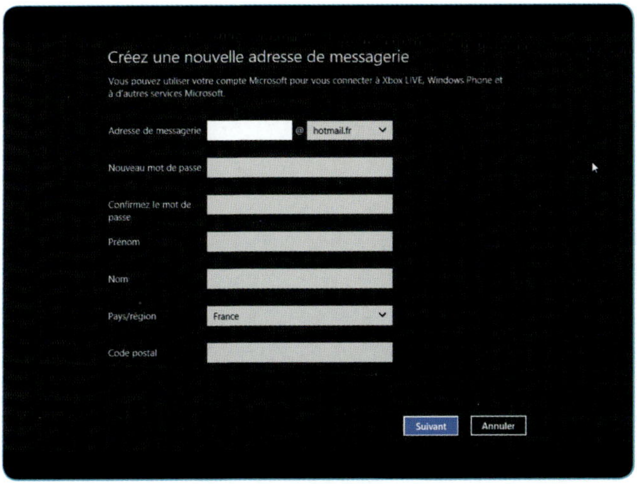

◄ Entrer les informations pour créer une nouvelle adresse de messagerie

3 Ensuite, remplissez les informations de sécurité dans la section **Ajouter des informations de sécurité**. Ces informations servent en cas d'oubli du mot de passe lié au compte. Cliquez ou appuyez sur **Suivant**.

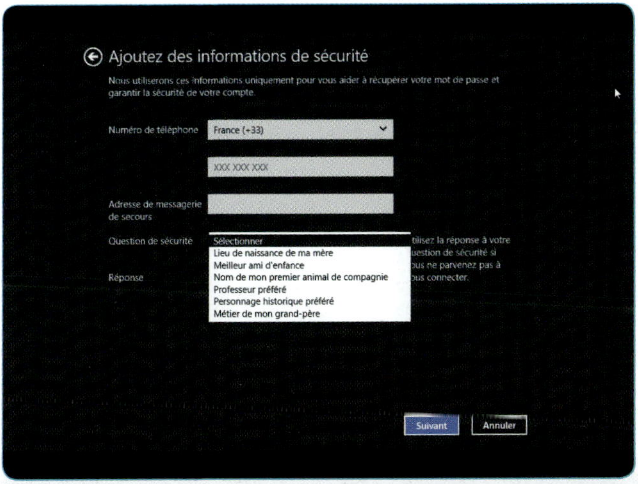

◄ Les informations de sécurité liées au compte

4 Finissez de remplir les derniers renseignements nécessaires (date de naissance, sexe, etc.) dans la section **Compléter la procédure** puis cliquez/appuyez sur **Suivant**.

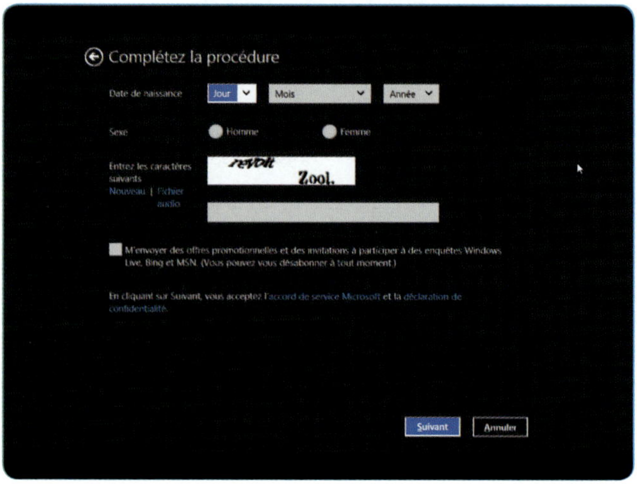

◄ Derniers renseignements à fournir

5 Un rappel du compte créé apparaît. Remarquez qu'il vous est possible de définir que ce compte est le compte d'un enfant et que vous souhaitez activer le contrôle parental si tel est le cas.

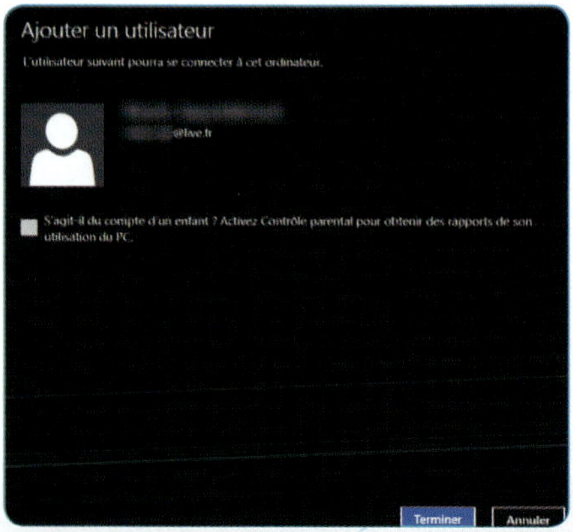

◄ Le rappel du nouveau compte créé

6 Cliquez ou appuyez sur **Terminer**. Le compte se crée et vous pouvez ouvrir une session avec.

Une fois sur l'écran **Démarrer**, le nom du compte connecté apparaît en haut à droite. En cliquant ou appuyant dessus vous accéderez à des fonctions de base, telles *Modifier l'avatar du compte*, *Verrouiller* ou *Se déconnecter*.

Créer un compte Microsoft depuis Windows 8

À tout moment sous Windows 8, vous avez la possibilité de créer un nouveau compte Microsoft. Pour cela :

1 Activez la barre d'actions à droite en déplaçant le pointeur de votre souris vers le bord droit ou en balayant la droite de l'écran avec votre doigt.

2 Cliquez/appuyez sur **Modifier les paramètres du PC** en bas à droite.

Modifier les paramètres du PC

3 La fenêtre **Paramètres du PC** s'ouvre.

4 Cliquez ou appuyez sur **Utilisateurs** dans la liste de gauche.

5 Puis sur **Ajouter un utilisateur**.

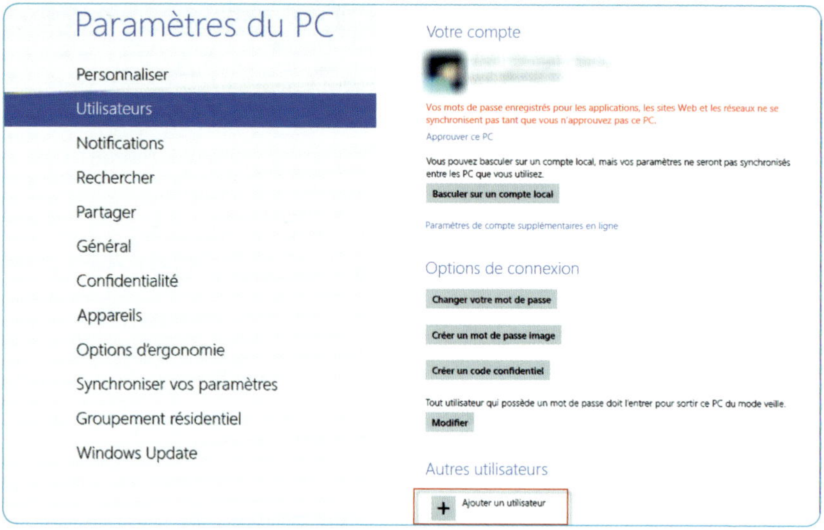

▲ Fenêtre Paramètres du PC, section Utilisateurs

À partir de là, la procédure est identique à celle qu'il vous faut suivre au premier démarrage de l'ordinateur.

1 Une fois le compte créé, vous devez alors fermer la session actuelle et ouvrir une autre session avec le compte fraîchement créé. Cliquez ou appuyez alors sur le nom du compte utilisateur avec lequel vous êtes logué actuellement et qui se trouve en haut à droite de l'écran. Puis cliquez ou appuyez sur **Se déconnecter**.

2 Ouvrez alors une nouvelle session avec le nouveau compte.

Créer un compte Microsoft depuis Internet

Depuis n'importe quel ordinateur connecté à Internet, vous pouvez créer un compte Microsoft en vous rendant à l'adresse Internet suivante : https://signup.live.com.

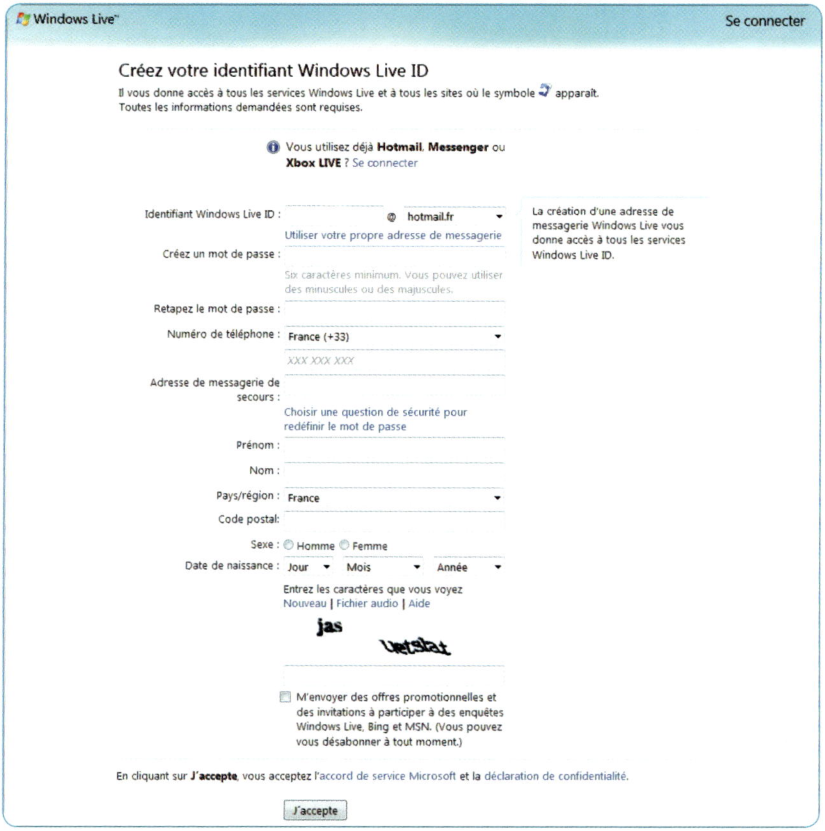

▲ Création d'un compte Microsoft depuis le Web

Il vous suffit de remplir les différents champs nécessaires à la création de compte. Cela ne vous rappelle rien ? C'est quasi identique aux champs à remplir lors de la création d'un compte Microsoft depuis Windows 8.

1 Entrez un identifiant Windows Live ID.
2 Choisissez l'extension entre `@live.fr` et `@hotmail.fr`.

3 Créez un mot de passe.
4 Retapez le mot de passe.
5 Entrez votre numéro de téléphone.
6 Sélectionnez une question de sécurité dans la liste déroulante si jamais vous deviez oublier le mot de passe et entrez la réponse associée.
7 Entrez votre prénom.
8 Votre nom.
9 Votre pays/région.
10 Votre code postal.
11 Votre sexe.
12 Votre date de naissance.
13 Ensuite, entrez les caractères que vous voyez à l'écran.
14 Cochez ou décochez la case afin de recevoir des offres promotionnelles et invitations par e-mail.
15 Une fois terminé, cliquez ou bien appuyez sur le bouton **J'accepte**.

Synchroniser avec les réseaux sociaux

Comme évoqué, pour que les tuiles Windows 8 soient dynamiques et affichent les contacts, photos et événements des réseaux sociaux, il faut que le compte Microsoft soit unifié avec vos comptes de réseaux sociaux.

Pour ce faire ou le vérifier, cela se passe sur le Web :

1 Rendez-vous à l'adresse http://www.live.com.
2 Vous devez commencer par vous authentifier avec votre compte Microsoft récemment créé ou déjà existant.

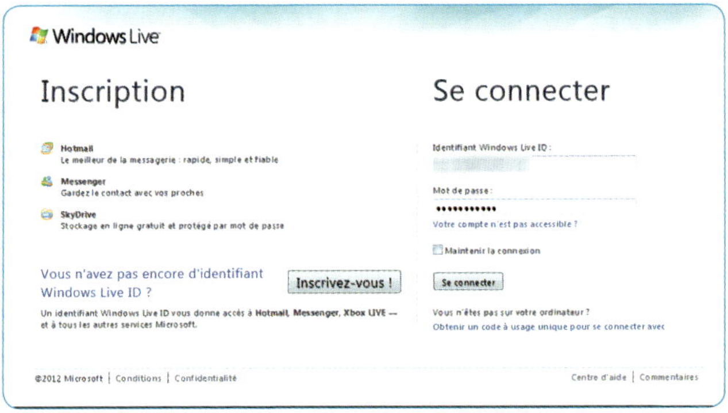

◄ Page de connexion à son compte Microsoft depuis live.com

3 Une fois l'authentification passée, vous arrivez sur la page d'accueil http://www.live.com.

4 Cliquez ou appuyez sur **Profil** en haut à droite de la page, juste en dessous de votre nom d'utilisateur.

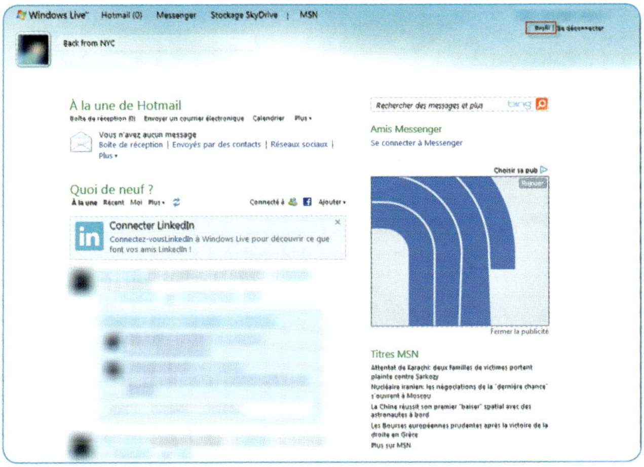

◄ Page d'accueil connectée à son compte avec live.com

5 Sur la page précisant votre profil, cliquez ou appuyez sur **Se connecter**, qui se trouve dans la colonne de gauche.

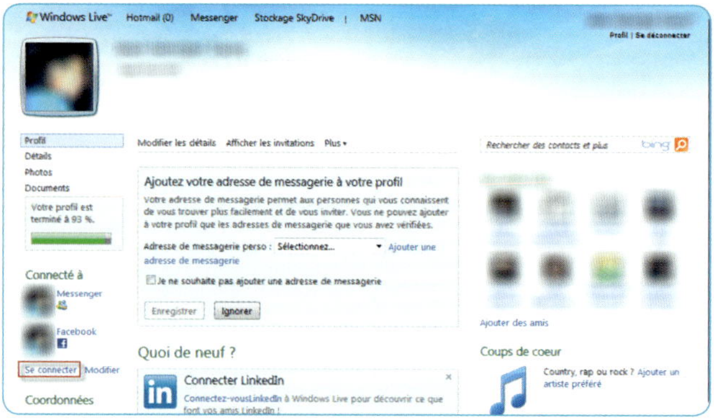

Page de configuration du profil

6 Vous arrivez alors sur la page qui vous permet de connecter les services associés à votre compte. Vous reconnaissez quelques-uns des logos de réseaux sociaux parmi les plus connus comme Facebook, Linkedin, Youtube, Flickr.

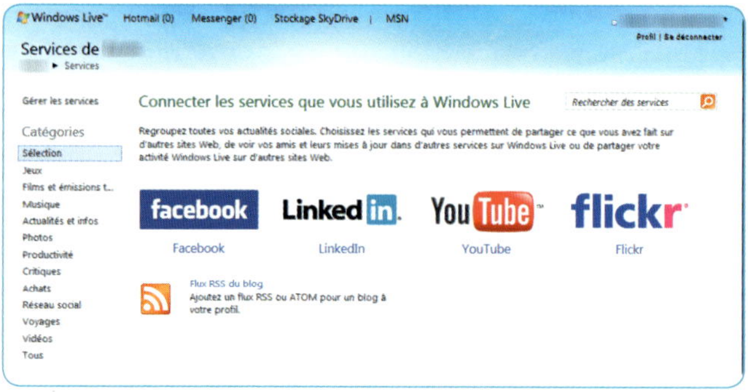

Page d'association du compte aux réseaux sociaux

7 Cliquez ou appuyez sur le logo du réseau social à associer. Prenons l'exemple de Facebook. Vous devez au préalable avoir un compte valide sur le réseau social en question avant de pouvoir l'associer à votre compte Microsoft.

8 Sur la page **Connecter Facebook à Windows Live**, sélectionnez et personnalisez votre niveau d'association des comptes. Simplement, cochez ou décochez les options. Vous pouvez personnaliser le niveau de détail suivant :

- Partager sur Windows Live ;
- Voir mes amis Facebook et leurs mises à jour dans Messenger ;
- Discuter avec mes amis Facebook dans Messenger ;
- Partager mon statut et mes mises à jour sur Facebook avec mes amis Messenger Afficher les autorisations ;
- M'autoriser à publier des photos et des vidéos sur Facebook et à y identifier mes amis Facebook ;
- Partager mon message de statut Messenger avec mes amis Facebook.

9 Ensuite, cliquez ou appuyez sur **F Connect with Facebook**.

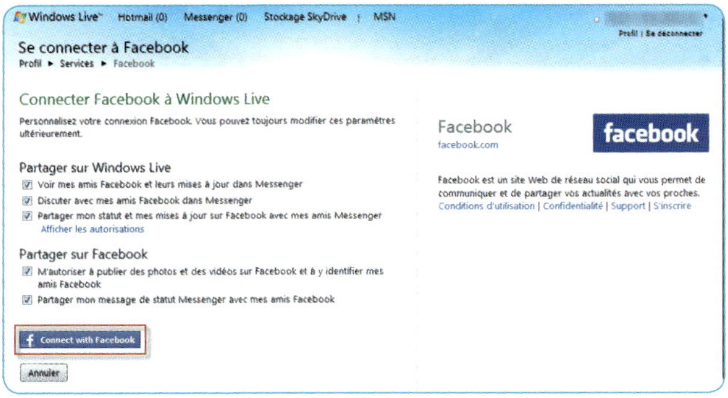

◄ Page de sélection du niveau de détail d'association des deux comptes

10 Une fenêtre Facebook vous demande de bien vouloir vous connecter avec votre compte Facebook cette fois-ci pour valider l'association. Ensuite, le tour est joué, les comptes sont associés. Une coche verte sous le logo signifie que le réseau social en question est associé à votre compte.

▲ Facebook est associé à votre compte

11 Répétez l'opération pour tous les réseaux sociaux que vous souhaitez associer à votre compte Microsoft.

En bref

Il est possible de rendre l'affichage de l'écran de démarrage de Windows 8 plus dynamique grâce aux tuiles des applications. En effet, celles-ci sont capables d'afficher les contenus des réseaux sociaux sous forme de vignettes en mouvement qui se mettent à jour en fonction des nouveautés.

La condition *sine qua non* à cela est d'ouvrir une session sous Windows 8 avec un compte Microsoft. Il s'agit d'un compte hébergé sur Internet, chez Microsoft, et qui a pour particularité d'être associé avec vos comptes de réseaux sociaux tels Facebook et consorts.

Les applications de Windows 8 qui évoluent dynamiquement en fonction de leur contenu, telles que *Courrier*, *Contacts*, *Photos*, etc., ont aussi un fonctionnement particulier une fois connectées aux réseaux sociaux.

7. Utiliser Internet sur PC

Lorsque l'on parle de l'arrivée d'un nouveau système d'exploitation Microsoft, on parle forcément d'une nouvelle version d'Internet Explorer. Windows 8 ne manque pas à cette règle avec l'arrivée d'Internet Explorer 10.

Internet Explorer est proposé dans le mode Metro et dans le mode classique utilisant le Bureau.

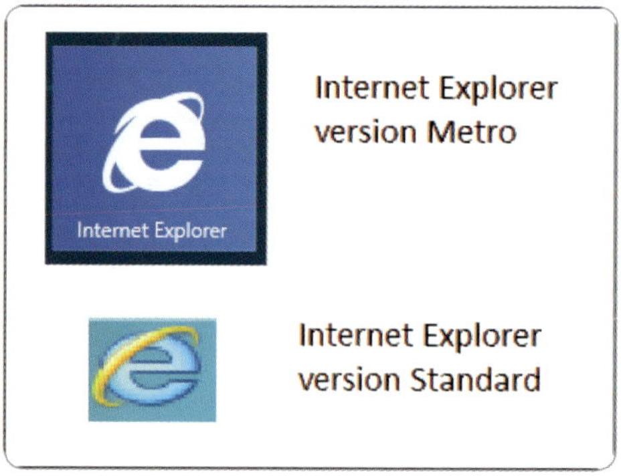

Icônes d'Internet Explorer 10

Dans sa version Metro, Internet Explorer 10 consacre l'intégralité de votre écran à vos sites web, de sorte que votre navigation Internet occupe totalement l'espace d'affichage.

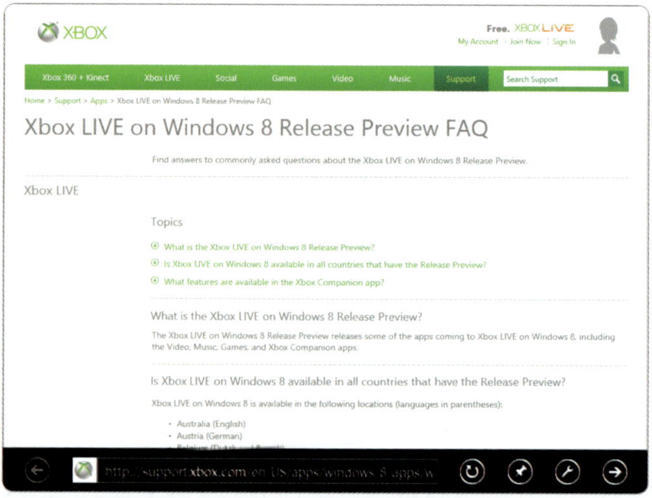

Affichage d'une page Internet Explorer 10 en version Metro

Basculer vers la version Bureau d'Internet Explorer 10

Nous l'avons vu en fin de chapitre des paramètres, les utilisateurs avancés peuvent toujours accéder facilement à des commandes sophistiquées *via* les paramètres de la version d'Internet Explorer 10 pour le Bureau. En effet, c'est toujours à partir de cet emplacement que l'on utilise les paramétrages de connexion réseau comme les paramètres Proxy.

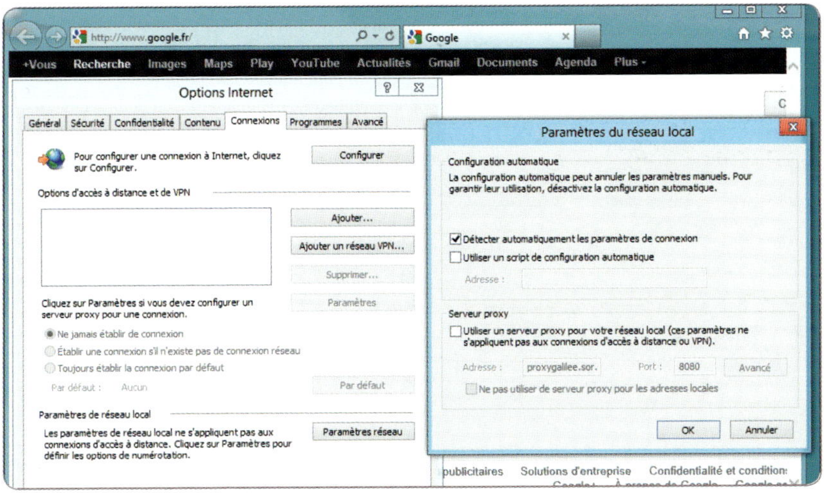

▲ Paramètres de configuration d'Internet Explorer 10 Bureau

Aussi, il n'y a pas toujours besoin d'être un utilisateur avancé pour utiliser Internet Explorer Bureau ; il nous suffit de prendre l'exemple de l'utilisation de votre tablette en mode PC avec un clavier et une souris physique. Il sera plus simple d'utiliser Internet Explorer 10 Bureau plutôt que de basculer d'un mode à un autre.

Utiliser les onglets

Cette fonctionnalité vous permet d'ouvrir plusieurs sites web dans une seule fenêtre du navigateur. Si plusieurs onglets sont ouverts, utilisez la fonction Onglets rapides pour passer facilement à d'autres onglets.

Pour ouvrir une fenêtre Internet :

1. Depuis le Bureau, cliquez sur le bouton **Internet Explorer**.
2. Cliquez sur la commande **Nouvel onglet** ou utilisez Ctrl+T.

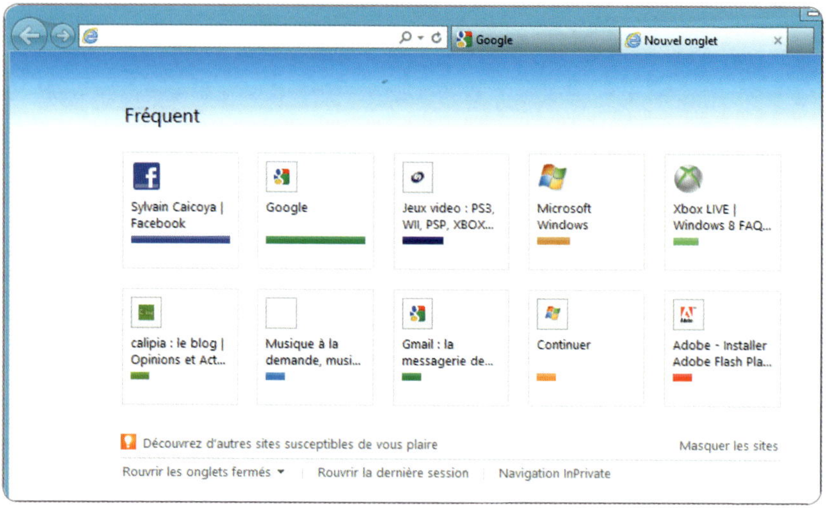

▲ Ouverture d'une nouvelle fenêtre

Internet Explorer 10 Bureau et Metro

Lorsque l'on ouvre une nouvelle fenêtre depuis Internet Bureau, nous pouvons voir que l'ensemble de la navigation réalisée par Internet Explorer Metro est conservé et renseigné en matière d'utilisation de pages.

3 Pour fermer une fenêtre Internet, cliquez sur l'onglet ou utilisez Ctrl+W.

4 Pour parcourir en mode Liste les différents sites Internet que vous avez ouverts, vous pouvez utiliser les *Onglets rapides*.

5 Si vous souhaitez visualiser l'ensemble des sites que vous avez ouverts, sélectionnez l'aperçu en mosaïque en cliquant sur Ctrl+Q.

Accéder au menu classique

Si vous souhaitez utiliser le menu classique d'Internet Explorer, comme dans sa version précédente, placez-vous sur la fenêtre d'Internet Explorer et appuyez sur la touche Alt.

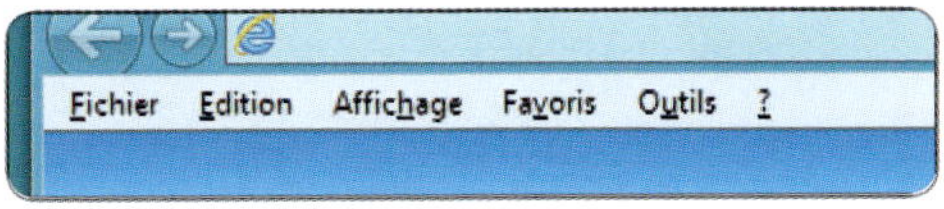

Menu classique

Désactiver les onglets

Même si les onglets constituent un atout dans le confort d'utilisation d'Internet Explorer, ils ne sont pas du goût de tout le monde. C'est pourquoi vous avez la possibilité de les désactiver :

1 Cliquez sur le bouton **Internet Explorer**.

2 Cliquez sur le bouton **Outils**, puis sur **Options Internet**.

3 Cliquez sur l'onglet **Général**. Dans la section *Onglets*, cliquez sur **Paramètres**.

4 Désactivez la case à cocher *Activer la navigation avec onglets*.

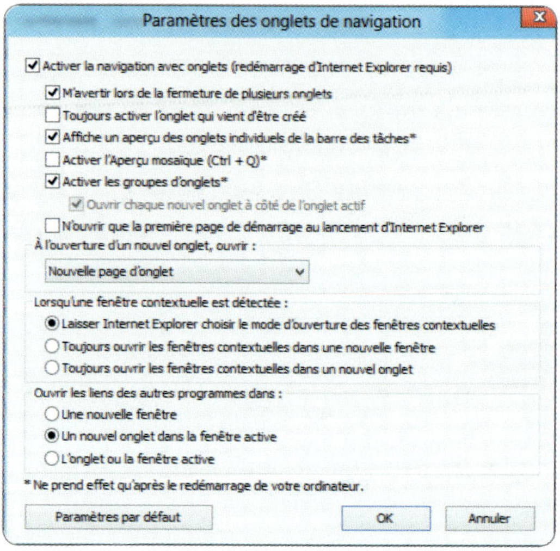

◄ Les paramètres des onglets de navigation

5 Cliquez deux fois sur OK.

6 Fermez Internet Explorer puis rouvrez-le.

Gérer les Favoris

Les *Favoris* sont un moyen pratique de capitaliser vos visites sur Internet. Internet Explorer vous permet d'enregistrer vos sites Favoris, vous n'avez plus ainsi à taper leur adresse ; surtout quand on sait qu'il est rare aujourd'hui de ne consulter qu'une page.

Prenons comme exemple une personne qui consulte très régulièrement les sites consacrés à la Bourse, à l'actualité générale ou spécialisée comme l'informatique. Vous l'avez compris, saisir toutes ces adresses devient vite mission impossible. La solution consiste à ajouter un Favori quand on sait que l'on va consulter la page à plusieurs reprises, à utiliser les Favoris pour ouvrir ses pages et à organiser ses *Favoris* pour ne pas s'y perdre.

Ajouter des Favoris

Dans cet exemple, vous allez ajouter les sites favoris liés à l'informatique, à la Bourse et à l'actualité.

1 Saisissez l'adresse suivante : `http://www.ma-editions.com`.

2 Ajoutez cette adresse dans les Favoris à l'aide de Ctrl+D ou en cliquant sur l'icône **Favoris** puis sur **Ajouter aux favoris**.

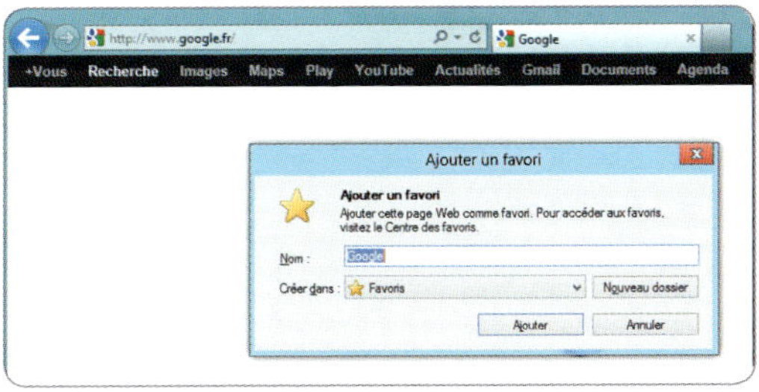

Ajouter une adresse Internet aux Favoris

3 Répétez cette opération avec les adresses suivantes :

- http://www.google.fr/ ;
- http://technet.microsoft.com/ ;
- http://www.lemonde.fr/ ;
- http://www.clubic.com/ ;
- http://www.lequipe.fr/ ;
- http://www.radiofrance.fr/ ;
- http://www.allociné.fr/.

Vous voici à présent avec sept sites Internet en tant que Favoris ; il est facile d'imaginer que la liste va s'allonger davantage.

Consulter les Favoris

L'intérêt d'archiver les Favoris est que vous pouvez consulter les sites en très peu de temps sans saisir les adresses et risquer de commettre des erreurs ou tout simplement oublier le nom exact du site. Pour consulter vos Favoris, cliquez sur l'étoile d'Internet Explorer ou sur Alt+C.

Organiser les Favoris

Puisque les Favoris apportent beaucoup de souplesse dans l'utilisation d'Internet, il devient important de les organiser. Imaginez une dizaine de centres d'intérêt avec pour chacun une quinzaine d'adresses de sites... Pour ce faire :

1. Cliquez sur le bouton **Internet Explorer**.
2. Appuyez sur les touches Alt+Z pour ouvrir le menu des Favoris.
3. Dans le menu **Favoris**, cliquez sur **Organiser les Favoris**.
4. Dans la fenêtre **Organiser les Favoris**, cliquez sur **Nouveau dossier**.
5. Dans le nouveau dossier, tapez `Actualité Informatique`. Répétez l'opération et saisissez `Divertissements` et `Actualité générale`.
6. Pour commencer à organiser vos sites, sélectionnez par exemple le lien représentant le site de divertissement *AlloCiné* et cliquez sur **Déplacer**.
7. Dans la fenêtre **Recherche d'un dossier**, sélectionnez *Divertissements* et cliquez sur OK. Répétez cette action pour chacun de vos Favoris puis cliquez sur **Fermer**.

Naviguer en confiance avec le mode InPrivate

Selon les circonstances, vous ne souhaiterez pas laisser de trace de votre activité de navigation web, comme lorsque vous voudrez consulter vos e-mails depuis un cybercafé ou que vous voudrez acheter un cadeau à partir de 'ordinateur familial.

La navigation *InPrivate* dans Internet Explorer 8 empêche que votre historique de navigation, vos fichiers Internet temporaires, vos données de formulaire, vos cookies, vos noms d'utilisateur et mots de passe ne soient conservés par le navigateur, ne laissant aucune preuve de votre historique de navigation ou de recherche. C'est une sorte de session personnelle privée.

Vous pouvez démarrer la navigation InPrivate en ouvrant un nouvel onglet et en sélectionnant **Ouvrir une fenêtre de navigation InPrivate** ou en cliquant sur le bouton **Sécurité** dans la barre de commandes puis sur **Navigation InPrivate**.

Une fois que vous avez terminé cette action, Internet Explorer 8 lance une nouvelle session de navigateur qui n'enregistre aucun renseignement, y compris les recherches ou les visites de page web. La session InPrivate est facile à reconnaître ; le mot *InPrivate* reste constamment affiché dans la barre d'adresses.

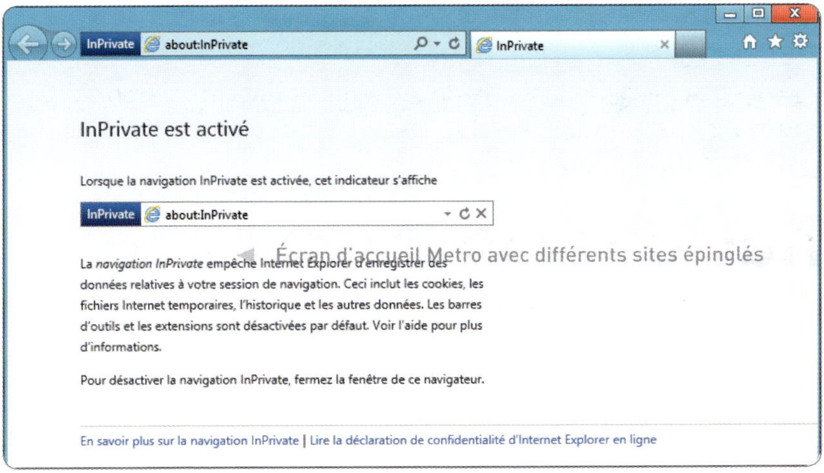

▲ Session de navigation InPrivate

Pour terminer votre session de navigation InPrivate, fermez la fenêtre de navigateur.

La session InPrivate contient également la fonctionnalité de filtrage InPrivate. Le filtrage InPrivate est conçu pour surveiller et bloquer uniquement les contenus tiers qui s'affichent avec une haute fréquence sur les sites que vous visitez. Aucun contenu n'est bloqué jusqu'à ce que ces niveaux ne soient détectés, ni aucun contenu n'est bloqué provenant directement du site que vous visitez. En fonction de votre activité de navigation et des sites web visités, le temps qu'il peut se passer avant que ce contenu ne soit bloqué automatiquement est variable. Cependant, à tout moment, vous pouvez personnaliser les contenus bloqués ou autorisés. Pour cela :

1 Démarrez une session de navigation InPrivate en ouvrant un nouvel onglet et en sélectionnant **Ouvrir une fenêtre de navigation InPrivate** ou en cliquant sur le bouton **Sécurité** dans la barre de commandes puis sur **Navigation InPrivate**.

2 Cliquez sur le bouton **Sécurité** de la barre de commandes.

3 Cliquez sur **Filtrage InPrivate**.

4 Choisissez votre niveau de blocage puis validez.

Modifier les paramètres généraux

Dans les paramètres généraux d'Internet Explorer, vous pouvez modifier votre page d'accueil, supprimer l'historique de navigation, modifier les paramètres de recherche, modifier les paramètres des onglets et personnaliser l'apparence d'Internet Explorer.

Pour accéder à la fenêtre :

1 Cliquez sur le bouton **Internet Explorer**.

2 Cliquez sur le bouton **Outils** puis sur **Options Internet**.

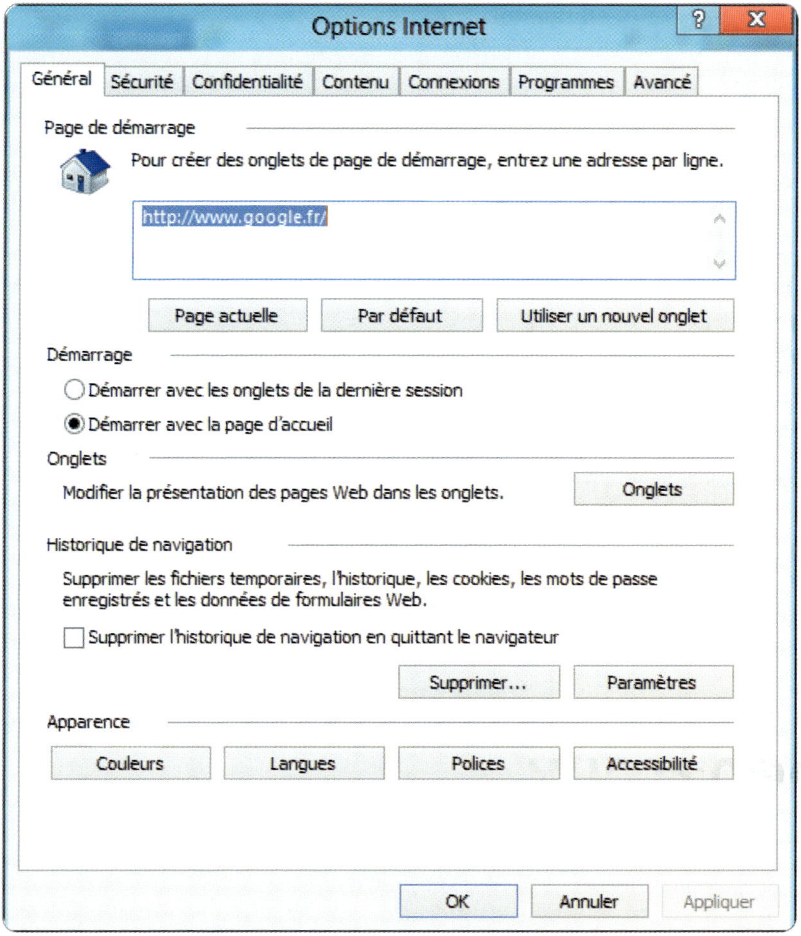

▲ L'onglet Général des options Internet

Modifier les paramètres de sécurité

La modification de paramètres de sécurité d'Internet Explorer vous permet de définir les paramètres de sécurité par défaut et personnalisés pour Internet, l'intranet et des sites web spécifiques.

1 Cliquez sur le bouton **Internet Explorer**.
2 Cliquez sur le bouton **Outils** puis sur **Options Internet**.
3 Sélectionnez l'onglet **Sécurité**.

Modifier les paramètres de confidentialité

La modification de paramètres de confidentialité d'Internet Explorer vous permet de modifier les paramètres des cookies et du bloqueur de fenêtres publicitaires intempestives.

1 Cliquez sur le bouton **Internet Explorer**.
2 Cliquez sur le bouton **Outils** puis sur **Options Internet**.
3 Sélectionnez l'onglet **Confidentialité**.

Modifier les paramètres de contenu

La modification de paramètres de contenu d'Internet Explorer vous permet d'activer le gestionnaire d'accès ou de modifier ses paramètres, d'afficher et de gérer les certificats de sécurité, de modifier les paramètres de saisie semi-automatique ou les paramètres des flux (RSS).

Vous pouvez créer une connexion Internet, ajouter ou modifier les paramètres d'accès à distance et du réseau privé virtuel (VPN) et modifier les paramètres du réseau local.

1 Cliquez sur le bouton **Internet Explorer**.
2 Cliquez sur le bouton **Outils** puis sur **Options Internet**.
3 Sélectionnez l'onglet **Contenu**.

Modifier les paramètres des programmes

Les paramètres des programmes d'Internet Explorer vous permettent de modifier votre navigateur web par défaut, votre programme de messagerie électronique, votre éditeur HTML, votre lecteur de groupes de discussion ou votre téléphone Internet, et de gérer les modules complémentaires du navigateur web.

1 Cliquez sur le bouton **Internet Explorer**.
2 Cliquez sur le bouton **Outils** puis sur **Options Internet**.
3 Sélectionnez l'onglet **Programmes**.

Modifier les paramètres avancés

Les paramètres avancés d'Internet Explorer vous permettent de modifier les paramètres avancés d'accessibilité, de navigation, de gestion de protocole HTTP, le nom des domaines internationaux, l'utilisation de la machine virtuelle Java, le multimédia, l'impression, la recherche et la sécurité. Vous pouvez aussi rétablir les paramètres par défaut d'Internet Explorer.

1 Cliquez sur le bouton **Internet Explorer**.
2 Cliquez sur le bouton **Outils** puis sur **Options Internet**.
3 Sélectionnez l'onglet **Avancés**.

Comprendre l'hameçonnage

Internet Explorer 8 vous prévient de façon proactive et vous aide à vous protéger contre des sites potentiellement frauduleux ou connus comme tels. Il vous aide à les bloquer si nécessaire.

Ce filtre, appelé filtre SmartScreen, est mis à jour plusieurs fois par heure avec les dernières informations sur la sécurité de Microsoft et de plusieurs partenaires.

L'hameçonnage est une technique utilisée par des fraudeurs pour obtenir vos renseignements personnels dans le but de perpétrer une usurpation d'identité. La technique consiste à se faire passer pour un tiers de confiance, votre banque, par exemple, afin de vous soutirer des renseignements personnels : mot de passe, numéro de carte de crédit, date de naissance, etc. L'hameçonnage peut se faire par courrier électronique, par des sites web falsifiés ou autres moyens électroniques. Les conséquences sont terribles, comme des débits importants sur votre compte en banque.

Voici comment utiliser le filtre contre l'hameçonnage :

1 Cliquez sur le bouton **Internet Explorer**.

2 Dans Internet Explorer, tapez l'URL `http://207.68.169.170/woodgrovebank/index.html.html` et appuyez sur [Entrée] pour accéder au site web.

   La barre d'adresses est devenue orange. Vous pouvez noter la présence d'un bouclier assorti d'un point d'exclamation. Internet Explorer vous informe que le site web est suspect.

3 Dans Internet Explorer, tapez l'URL `http://207.68.169.170/contoso/enroll_auth.html` puis appuyez sur [Entrée] pour accéder au site web.

Internet Explorer vous informe que le site web est un hameçonnage. La barre d'adresses est devenue rouge.

Lutter contre l'hameçonnage

Malgré les améliorations apportées par Internet Explorer 8 en matière de lutte contre l'hameçonnage, dites-vous toujours que la technique n'est pas infaillible, ni l'homme, d'ailleurs, mais que malgré tout un bon conseil vaut mieux qu'une fonctionnalité technique. Dans le cadre de la lutte contre l'hameçonnage, jamais un tiers de confiance, comme une banque, un organisme, un opérateur Internet ou de téléphonie, etc. ne vous demandera de communiquer vos renseignements personnels via le Web ; donc, si vous recevez un e-mail de ce style, n'y répondez pas.

Modifier le niveau de sécurité d'Internet Explorer

Pour effectuer ce test, vous allez diminuer volontairement la sécurité d'Internet Explorer, ce qui n'est pas recommandé, bien sûr :

1. Cliquez sur le bouton **Internet Explorer**.
2. Cliquez sur **Outils** puis sur **Options Internet**.
3. Dans la fenêtre **Options Internet**, sélectionnez l'onglet **Sécurité**.
4. Dans la fenêtre **Niveau de sécurité de cette zone**, baissez le niveau sur *Moyenne*.
5. Cliquez sur OK.
6. Double-cliquez sur l'icône en forme de drapeau blanc dans la zone de notification de la barre des tâches.

   Le Centre de maintenance Windows 7 s'ouvre. Remarquez la catégorie *Sécurité* : un message apparaît à cause du changement des paramètres de sécurité d'Internet Explorer.
7. Fermez la fenêtre du Centre de maintenance.

Internet Explorer 8 et Windows 7 vous alertent afin de vous garantir le meilleur niveau de sécurité lorsque vous surfez sur Internet.

Supprimer toutes les traces d'Internet Explorer

1. Cliquez sur le bouton **Internet Explorer**.
2. Cliquez sur **Outils** puis sur **Options Internet**. Dans la partie *Historique de navigation*, cliquez sur **Supprimer**.

3 Dans la fenêtre **Supprimer l'historique de navigation**, cliquez sur **Tout supprimer**.

4 Cliquez sur OK.

Toutes les traces (fichiers temporaires, cookies, historique et mots de passe) sont ainsi effacées en une seule action.

5 Fermez Internet Explorer.

Consulter des sites sécurisés avec Internet Explorer

1 Activez le menu **Démarrer/Tous les programmes/Internet Explorer**.

2 Dans Internet Explorer, saisissez l'URL `https://www.credit-mutuel.fr` et appuyez sur [Entrée] pour accéder au site web.

Vous pouvez observer la présence d'un cadenas dans la barre d'adresses. Vous pouvez alors profiter du Web en toute sécurité.

En bref

Auparavant, vous deviez faire un choix : naviguer sur le Web mobile avec un petit écran prenant correctement en charge le tactile ou naviguer sur l'ensemble du Web avec un grand écran, au clavier et à la souris. La navigation web de style Metro proposée par Internet Explorer 10 est une navigation sans compromis. Vous pouvez naviguer, toucher, réaliser plusieurs tâches, imprimer et partager en bénéficiant de toute la puissance de Windows 8 et de votre PC.

8. Configurer le contrôle parental

De nos jours, les enfants grandissent avec Internet et les parents ont bien du mal à savoir ce que leurs enfants consultent, avec qui ils communiquent et quelles informations ils partagent.

Les enfants utilisent des ordinateurs pour faire leurs devoirs, jouer, communiquer avec leurs amis et accéder à toutes sortes d'informations disponibles sur le Web. Grâce aux ordinateurs, ils ont accès à de nombreux outils très utiles. Avec Windows 8, vous pouvez surveiller les activités de vos enfants, qu'ils utilisent ou non leur PC habituel. Pour cela, il vous suffit de créer un compte d'utilisateur Windows pour chaque enfant, de cocher la case permettant d'activer le contrôle parental, puis de consulter les rapports hebdomadaires décrivant comment vos enfants utilisent l'ordinateur. Ainsi, vous n'avez plus besoin d'installer des applications supplémentaires ni de suivre des assistants d'installation ou des étapes de configuration. Une simple case à cocher, c'est tout !

Une approche préventive

Windows 8 vous propose une approche préventive qui vous permet de disposer de rapports d'activité pour chaque enfant.

L'ouverture de session sous Windows 8 à l'aide d'un compte Microsoft facilite grandement la configuration : il vous suffit ainsi de créer un compte d'utilisateur pour chaque enfant, puis de cocher la case permettant d'activer le contrôle parental. Dès lors, vous recevez un courrier électronique de bienvenue, puis des rapports hebdomadaires résumant les activités informatiques de votre enfant. Ces rapports d'activité constituent un outil pour apprendre à vos enfants à utiliser les ordinateurs de façon responsable. Bien évidemment, vous pouvez facilement ajouter des restrictions en cliquant simplement sur un lien dans le rapport d'activité. Grâce à la simplicité des rapports d'activité, de plus en plus de parents adopteront le contrôle parental et contribueront ainsi à sécuriser l'environnement informatique des enfants.

Créer un compte utilisateur protégé par le contrôle parental

L'approche du contrôle parental Windows 8 est de créer un compte utilisateur par enfant et d'activer le contrôle parental à la création du compte.

Pour plus d'informations concernant la création d'un compte utilisateur, reportez-vous au chapitre *Se connecter avec un compte unifié*.

Pour créer un compte protégé par le contrôle parental, connectez-vous avec votre compte Microsoft qui est administrateur et procédez comme suit. Dans cet exemple, vous créez un compte Microsoft pour votre enfant :

1. Activez la barre latérale à droite en passant votre souris sur le bord droit (haut ou bas) de votre ordinateur ou en passant votre doigt sur le bord droit de votre tablette.
2. Cliquez ou appuyez sur **Modifier les paramètres du PC** en bas à droite.
3. La fenêtre **Paramètres du PC** s'ouvre.
4. Cliquez ou appuyez sur **Utilisateurs** dans la liste de gauche.
5. Puis sur **Ajouter un utilisateur**.
6. À l'écran **Se connecter à votre ordinateur**, cliquez ou appuyez sur le lien en bleu *S'inscrire* pour obtenir une nouvelle adresse de messagerie.
7. L'écran **Créez une nouvelle adresse de messagerie** apparaît. Remplissez les différents champs. Vous choisirez une adresse en `@hotmail.fr` ou en `@live.fr`. Cliquez ou appuyez sur **Suivant**.

8 Ensuite, remplissez les informations de sécurité dans la section **Ajoutez des informations de sécurité**. Ces informations servent en cas d'oubli du mot de passe lié au compte. Cliquez ou appuyez sur **Suivant**.

9 Finissez de remplir les derniers renseignements nécessaires (date de naissance, sexe, etc.) dans la section **Complétez la procédure** puis cliquez ou appuyez sur **Suivant**.

10 Un rappel du compte créé apparaît. C'est ici qu'il vous est possible de définir que ce compte est le compte d'un enfant et que vous souhaitez activer le contrôle parental si tel est le cas. Cliquez/appuyez alors sur la case à cocher **S'agit-il du compte d'un enfant ? Activez Contrôle parental pour obtenir des rapports de son utilisation du PC**.

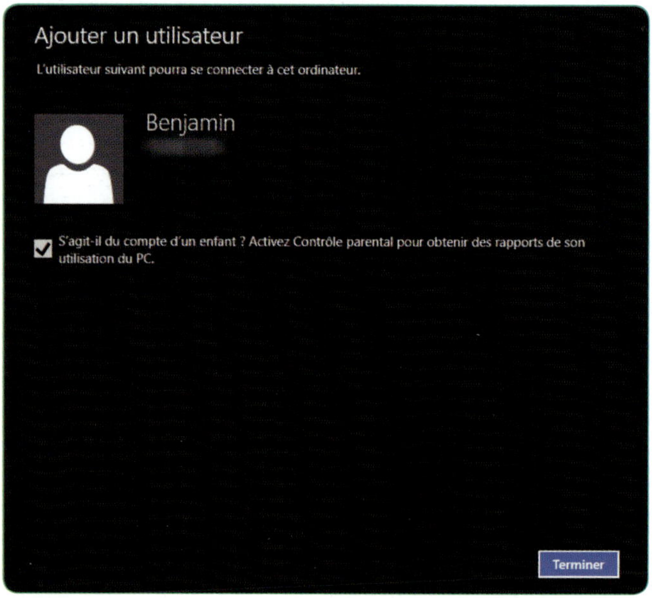

◄ Activer la protection d'un compte utilisateur par le contrôle parental

11 Cliquez ou appuyez sur **Terminer**. Le compte se crée.

Le compte utilisateur de votre enfant est dorénavant protégé. Lorsque le contrôle parental bloque l'accès à une page Internet ou un jeu, un message s'affiche et indique que la page web ou le programme a été bloqué. Ainsi, votre enfant peut cliquer sur un lien dans la notification pour demander l'autorisation d'accéder à cette page web ou à ce programme. Vous pouvez autoriser l'accès en entrant les informations relatives à votre compte.

Vous allez maintenant découvrir comment régler le contrôle parental.

Régler le contrôle parental

Le niveau de protection du compte de votre enfant dépend des réglages que vous appliquez. Régler le contrôle parental est donc crucial à la réussite de la protection du compte.

Pour régler le contrôle parental, cela se passe au niveau du Bureau de Windows 8.

Pour accéder aux différents réglages :

1. Accédez au Bureau Windows en cliquant ou en appuyant sur la tuile **Bureau** de l'interface Windows 8.
2. Une fois sur le Bureau, activez la barre latérale à droite en passant votre souris sur le bord droit (haut ou bas) de votre ordinateur ou en passant votre doigt sur le bord droit de votre tablette.
3. Cliquez ou appuyez sur **Paramètres**.
4. Puis cliquez ou appuyez sur **Panneau de configuration**.
5. Le Panneau de configuration s'ouvre. Cliquez sur **Comptes et protection des utilisateurs**, puis sur **Contrôle parental**.

Accéder au Panneau de configuration

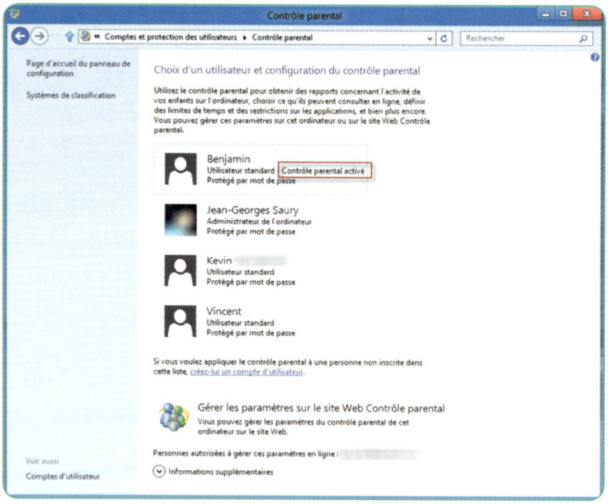

Fenêtre de sélection des comptes du contrôle parental

À partir de cette fenêtre de sélection des comptes, vous retrouvez votre compte avec le statut Administrateur, ainsi que tous les autres comptes. D'un seul coup d'œil, vous voyez quels sont les comptes protégés par le contrôle parental.

Activer le contrôle parental depuis la fenêtre de sélection des comptes du contrôle parental

Depuis cette fenêtre, il vous est possible d'activer le contrôle parental sur des comptes non protégés encore, en cliquant sur le compte en question et en cliquant sur **Activé**.

Cliquez alors sur un compte protégé pour accéder aux différents réglages. Vous arrivez sur la fenêtre d'accès aux différents réglages du contrôle parental pour le compte en question.

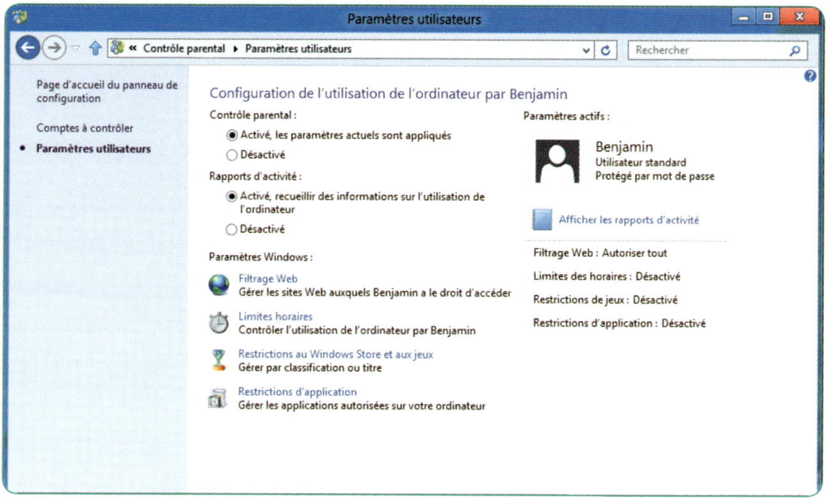

▲ Fenêtre d'accès aux différents réglages du contrôle parental pour un compte

Accès à la fenêtre d'accès aux différents réglages du contrôle parental pour un compte

Bien sûr, pour pouvoir accéder à la fenêtre d'accès aux différents réglages du contrôle parental pour un compte donné, vous devez avoir un compte administrateur, non protégé par le contrôle parental.

Le filtrage du Web

Une fonction primordiale du contrôle parental est de pouvoir filtrer le Web pour ne présenter qu'un contenu adapté à l'enfant. Pour cela, depuis la fenêtre d'accès aux différents réglages du contrôle parental, procédez comme suit :

1 Cliquez ou appuyez sur **Filtrage Web**.

2 Cliquez ou appuyez sur **L'utilisateur peut utiliser uniquement les sites Web que j'autorise**.

◄ Filtrage Web

3 Ensuite, dans la fenêtre, cliquez ou appuyez sur **Définir le niveau de filtrage Web** pour définir les niveaux d'accès.

4 Dans les différents choix possibles, choisissez le plus adapté à l'enfant selon son âge.

5 Revenez à la fenêtre précédente, cliquez ou appuyez sur **Autoriser ou bloquer des sites Web spécifiques**.

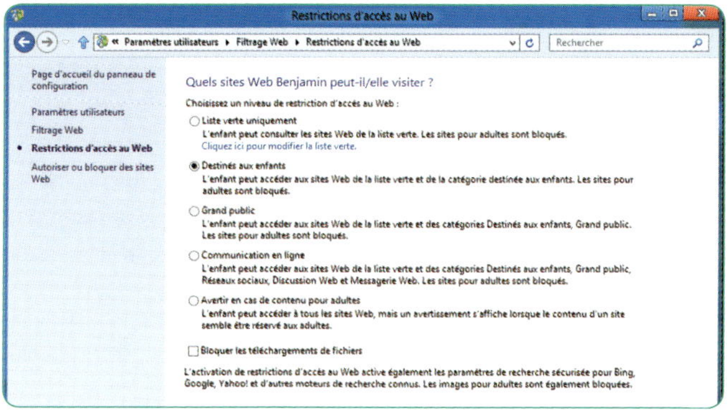

◄ Définir le niveau de filtrage Web

6 Si nécessaire, remplissez manuellement certains sites web à autoriser ou à bannir.

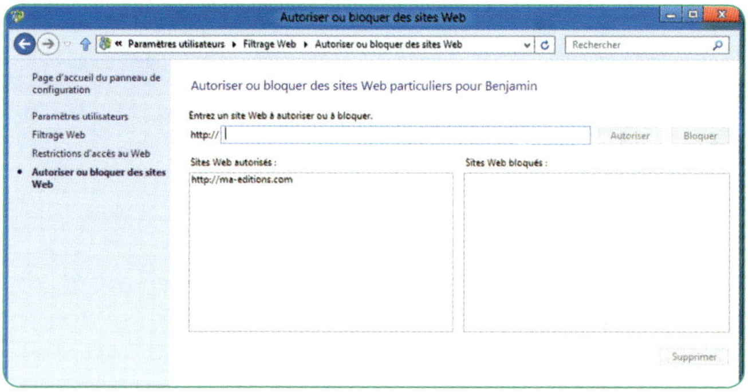

◄ Autoriser ou bloquer un site web en particulier

La recherche web et le contrôle parental

Lorsque le filtrage Web est activé, la recherche sécurisée est verrouillée en mode **Strict** pour les moteurs de recherche populaires tels que Bing, Google et Yahoo. Ainsi, le texte, les images et les vidéos pour adultes ne figurent pas dans les résultats de recherche.

Les limites de durée

Vous pouvez définir des limites horaires pour contrôler quand vos enfants sont autorisés à se connecter à Internet. Ces limites permettent d'empêcher les enfants de se connecter aux heures spécifiées. Vous pouvez définir différentes heures de connexion chaque jour de la semaine. S'ils sont connectés au moment où le temps qui leur est alloué prend fin, ils sont déconnectés automatiquement.

Depuis la fenêtre d'accès aux différents réglages du contrôle parental, procédez comme suit :

1 Cliquez ou appuyez sur **Limites horaires** pour activer. Par défaut, il n'y a pas de limitation horaire.

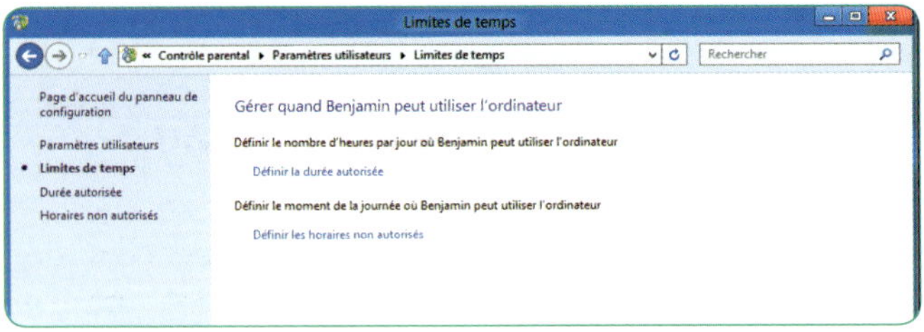

Définition des limites horaires

2 Dans la fenêtre, cliquez ou appuyez sur **Définir la durée autorisée** pour définir combien de temps vous permettez l'utilisation de l'ordinateur, sur une semaine et sur un week-end. Définissez les meilleurs réglages pour votre enfant.

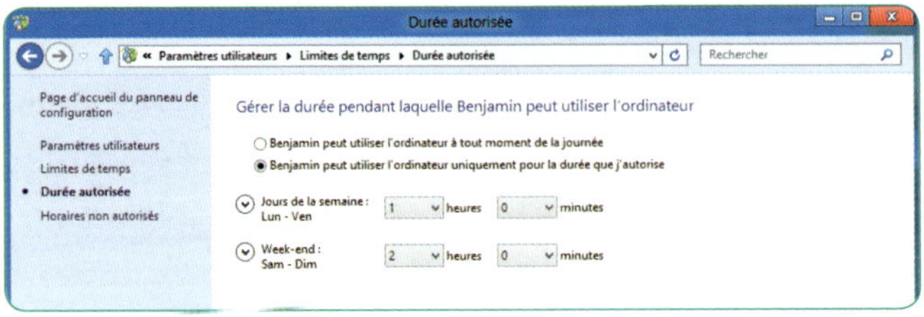

Définir la durée autorisée

3 Revenez à la fenêtre précédente. Cliquez ou appuyez sur **Définir les horaires non autorisés** pour définir à quels horaires l'enfant n'a pas le droit de se connecter. Définissez les meilleurs réglages pour votre enfant.

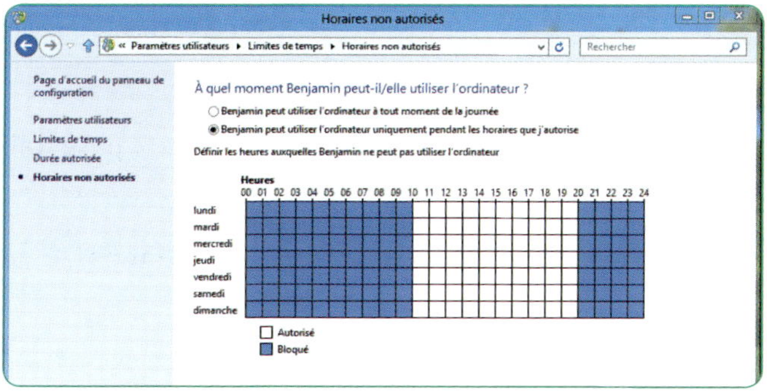

◄ Définir les horaires non autorisés

Empêcher les enfants de jouer à des jeux inadaptés

Vous pouvez contrôler l'accès aux jeux, choisir des catégories, des types de contenus à bloquer et décider si vous souhaitez autoriser ou bloquer des jeux spécifiques. Vous pouvez également contrôler l'installation de jeux provenant du Windows Store.

Pour cela, depuis la fenêtre d'accès aux différents réglages du contrôle parental, procédez comme suit :

1 Cliquez ou appuyez sur **Restrictions au Windows Store et aux jeux**.

2 Cliquez ou appuyez sur **Définir la classification des jeux et du Windows Store**. Réglez si vous souhaitez autoriser ou refuser les jeux sans classification, puis réglez la classification appropriée selon l'âge de votre enfant.

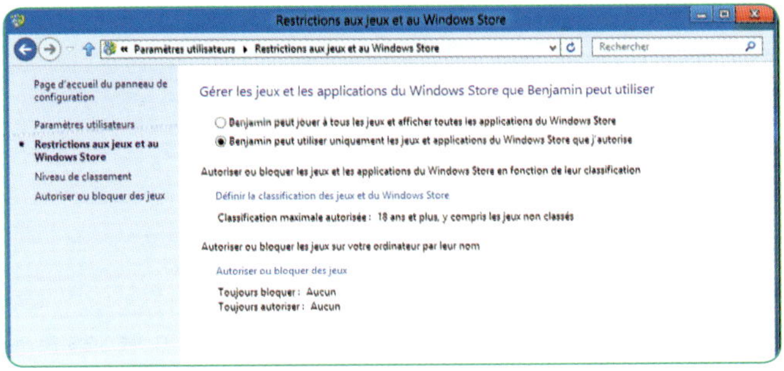

◄ Réglages des restrictions au Windows Store et aux jeux

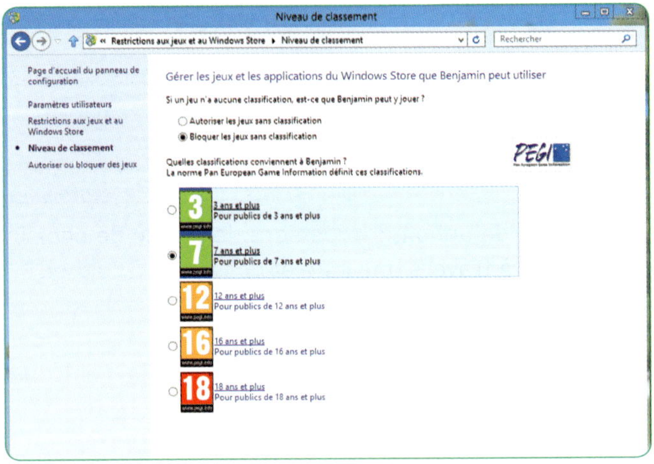

◄ Définir la classification des jeux et du Windows Store

3 Revenez à la fenêtre précédente, puis cliquez ou appuyez sur **Autoriser ou bloquer des jeux**. Vous pouvez alors régler jeu par jeu celui ou ceux que vous souhaitez bloquer.

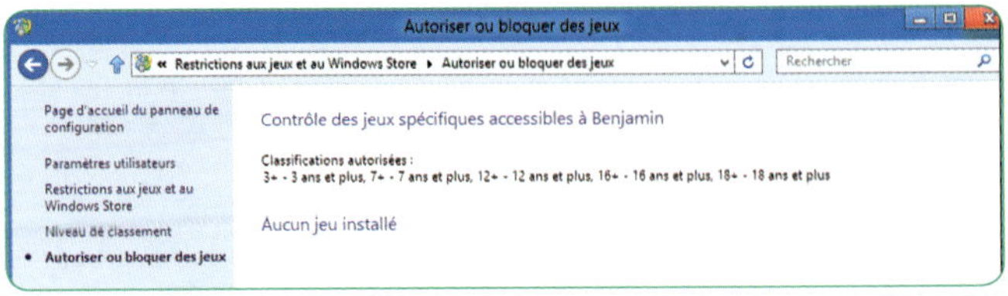

◄ Autoriser ou bloquer des jeux

Si l'utilisateur venait à lancer les jeux, cela ne serait pas possible et il recevrait un message d'interdiction. Les rapports d'activité indiquent les derniers téléchargements effectués sur le Windows Store.

Les autorisations ou les blocages de programmes spécifiques

Vous pouvez empêcher les enfants d'exécuter des programmes que vous ne souhaitez pas qu'ils utilisent. Pour cela, depuis la fenêtre d'accès aux différents réglages du contrôle parental, procédez comme suit :

1 Cliquez ou appuyez sur **Restrictions d'application**.

2 Dans la fenêtre suivante, choisissez entre les deux options suivantes :

- *L'utilisateur peut utiliser toutes les applications* ;
- *L'utilisateur peut uniquement utiliser les applications que j'autorise*.

Si vous choisissez la seconde option, il vous sera demandé de choisir les programmes autorisés à travers une liste et des cases à cocher.

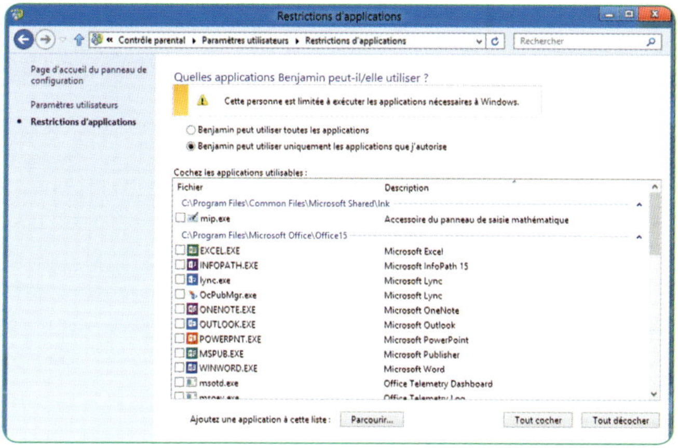

◄ Sélection des applications autorisées à être utilisées

Les rapports et réglages du contrôle parental sur le Web

Dans l'approche préventive du contrôle parental sous Windows 8, les rapports et réglages sont aussi disponibles sur le Web, à tout moment, à l'adresse https://familysafety.microsoft.com. **Vous devez posséder un compte Microsoft pour pouvoir y accéder.**

Les rapports d'activité, activés automatiquement dans la nouvelle fonctionnalité de contrôle parental, constituent la solution idéale pour de nombreux parents. Cependant, si vous souhaitez profiter de possibilités de contrôle plus approfondies, vous pouvez si nécessaire définir des restrictions plus sophistiquées et plus personnalisables, directement à partir des liens figurant dans les courriers électroniques des rapports d'activité ou sur le site.

Voici un exemple de courrier électronique reçu.

4 conseils pour vous aider à utiliser le Contrôle parental
Pour consulter avec les images activées, veuillez consulter la version en ligne

Modifier la fréquence des messages | Demander de l'aide | Consulter les questions fréquemment posées | En savoir plus | Supprimer Contrôle parental

Microsoft®
Contrôle parental

Restrictions **configurées et opérationnelles**

4 conseils pour vous aider à utiliser le Contrôle parental

Configurer le Contrôle parental sur tous vos ordinateurs
Si vos enfants ont accès à plusieurs ordinateurs, vous devez configurer le Contrôle parental sur chacun d'entre eux. L'association de tous les ordinateurs utilisés par un enfant sur un seul compte permet de collecter toutes les activités de cet enfant sur un seul rapport.
Commencer la configuration

Garder un œil sur les rapports d'activité hebdomadaires
Le Contrôle parental vous permet de gérer les activités informatiques de vos enfants. Les rapports d'activité contiennent les consultations de sites Web et les recherches en ligne de vos enfants, ainsi que leur utilisation des applications et jeux, téléchargements et temps passé sur l'ordinateur.
Afficher le rapport d'activité

◄ Exemple de courrier électronique contenant astuces et rapports du contrôle parental

Pour accéder au site web du contrôle parental depuis Windows 8 :

1 Accédez au Bureau Windows en cliquant ou en appuyant sur la tuile **Bureau** de l'interface Windows 8.

2 Une fois sur le Bureau, activez la barre latérale à droite en passant votre souris sur le bord droit (haut ou bas) de votre ordinateur ou en passant votre doigt sur le bord droit de votre tablette.

3 Cliquez ou appuyez sur **Paramètres**.

4 Puis cliquez ou appuyez sur **Panneau de configuration**.

5 Le Panneau de configuration s'ouvre. Cliquez sur **Comptes et protection des utilisateurs**, puis sur **Contrôle parental**.

6 Cliquez sur **Gérer les paramètres sur le site Web contrôle parental**.

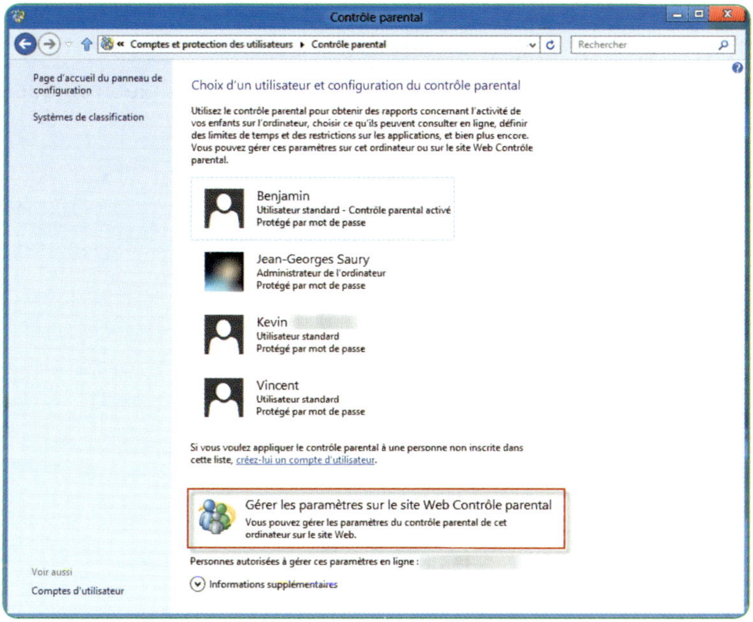

▲ Gérer les paramètres sur le site Web contrôle parental

En bref

Le contrôle parental de Windows 8 apporte une bonne base pour permettre une utilisation d'Internet plus sûre pour vos enfants. Compte tenu de la facilité avec laquelle des informations choquantes peuvent arriver aux enfants lorsqu'ils sont sur Internet, il vaut mieux protéger leur navigation.

Le contrôle parental de Windows 8 et son approche préventive vous permettent de filtrer le Web, de gérer les créneaux horaires d'utilisation de l'ordinateur, de restreindre l'usage de jeux et de programmes. Les réglages sont accessibles à tout moment sur le Web et les rapports vous sont envoyés par courrier électronique pour vous inciter à un meilleur contrôle.

9. Les services Windows Essentials

Les services de nouvelle génération *Windows Essentials*, auparavant nommés *Windows Live*, placent l'utilisateur au cœur de l'expérience Internet pour lui apporter plus de personnalisation, de simplicité, de synergie et de sécurité.

Les services de nouvelle génération *Windows Essentials* regroupent en un seul lieu l'ensemble des composants en ligne les plus importants pour l'utilisateur, accessibles partout, à tout moment, quel que soit son équipement : depuis son PC, son terminal mobile, voire sa tablette.

Depuis Windows 7, Microsoft a déplacé l'ensemble des services dans le nuage (Internet). Bien que Windows 8 réintroduise certaines applications par défaut (*Courrier*, *Messages*, *Photos*, *SkyDrive*), les services Windows Essentials, dans leur mouture 2012, sont compatibles Windows 8 et apportent une certaine complémentarité, surtout pour les possesseurs d'ordinateurs fixes ou ordinateurs portables.

Dans ce chapitre, vous apprendrez à installer Windows Essentials, comprendrez son contenu, et nous détaillerons *SkyDrive*, un composant essentiel de Windows Essentials.

Installer Windows Essentials

Windows Essentials 2012 est un ensemble de services en ligne et est donc téléchargeable depuis Internet.

Connectez-vous à l'adresse suivante : http://windows.microsoft.com/fr-FR/windows-live/essentials-home et téléchargez Windows Essentials sur votre ordinateur Windows 8.

Une fois Windows Essentials téléchargé, pour l'installer suivez la procédure suivante :

1. Accédez au Bureau Windows 8 en cliquant sur la fenêtre **Bureau** de l'interface d'accueil Windows 8.
2. Exécutez le programme d'installation que vous venez de télécharger. Par défaut, le programme d'installation se trouve dans le répertoire **Téléchargements** dans l'Explorateur Windows.

Site Web Windows Essentials

3 Lorsque le programme d'installation se lance, au message du Contrôle de compte utilisateur, cliquez sur **Oui**.

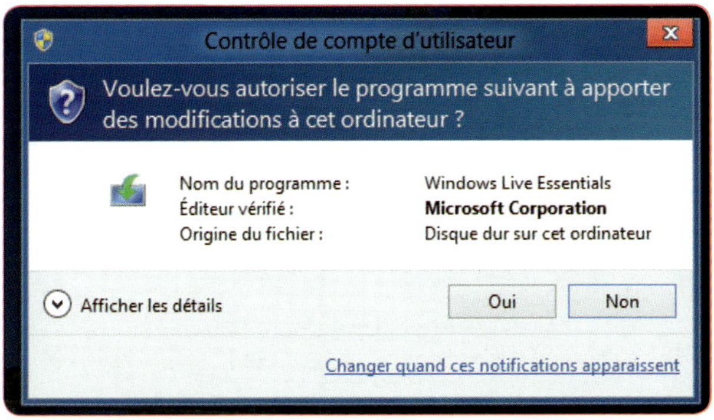

Message du contrôle de compte utilisateur

4 La fenêtre suivante vous demande ce que vous souhaitez installer. Soit vous choisissez d'installer tous les composants d'un coup, soit vous sélectionnez les composants à installer. Pour que vous compreniez tous les composants qui peuvent s'installer, cliquez sur **Choisir les programmes à installer**.

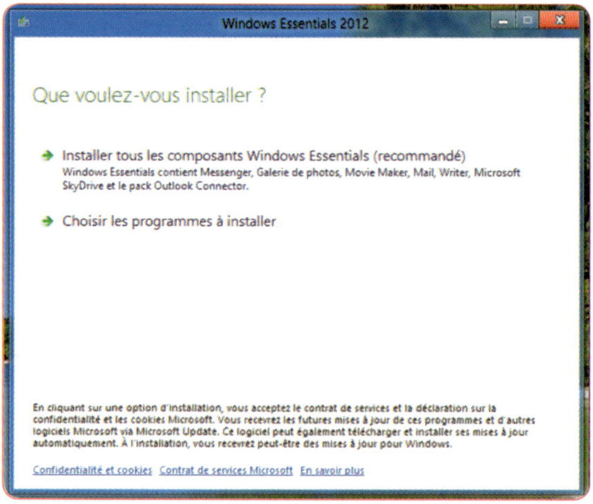

◄ Que voulez-vous installer ?

5 Windows Essentials 2012 se compose de *SkyDrive*, *Mail*, *Writer*, *Messenger*, *Galerie de Photos* et *Movie Maker*. Sélectionnez-les tous et cliquez sur **Installer**.

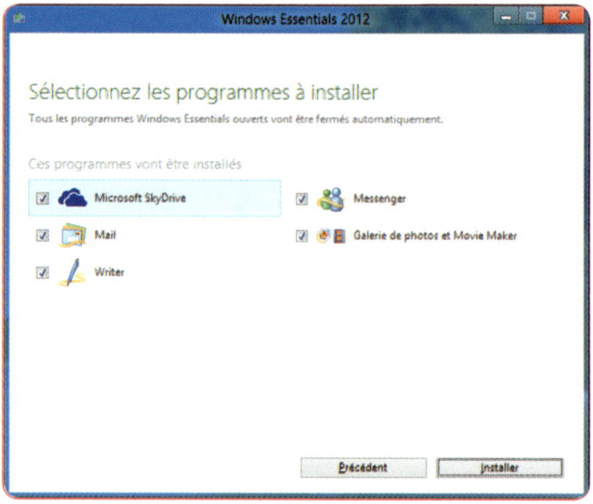

◄ Sélection des composants à installer

6 L'installation se poursuit. Patientez pendant cette phase.

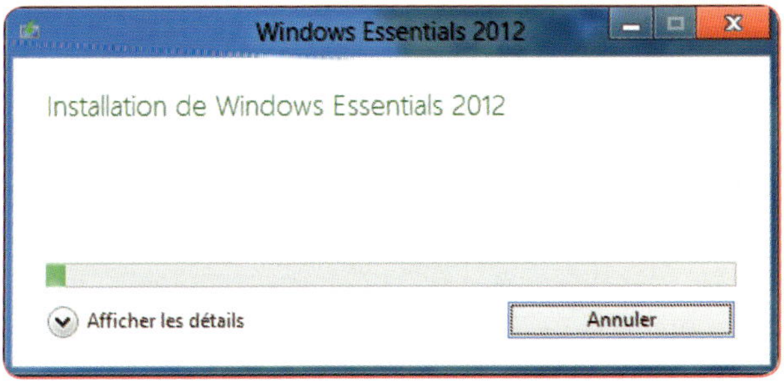

Installation en cours

7 À la fin, cliquez sur **Fermer**.

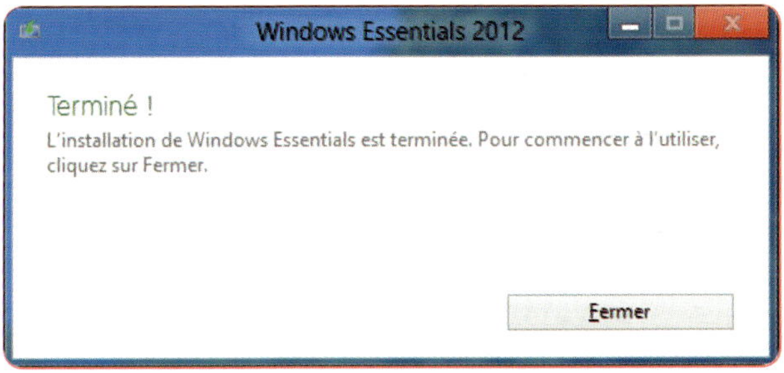

Fin de l'installation

Vous venez d'installer Windows Essentials 2012 sur Windows 8. Windows Essentials se compose donc de SkyDrive, Mail, Writer, Messenger, Galerie de Photos et Movie Maker.

Synchroniser avec SkyDrive

SkyDrive est, pour l'utilisateur d'ordinateur sous Windows que vous êtes, un nom qui doit vous être familier.

SkyDrive (appelé auparavant Windows Live SkyDrive) est un service gratuit de stockage et de partage en ligne (entendez sur Internet) proposé par Microsoft.

SkyDrive permet, au moyen d'un navigateur web ou depuis votre ordinateur, de télécharger des fichiers sur un serveur réseau Microsoft, de les récupérer sur son ordinateur ou un autre au besoin et de les partager avec des amis ou avec tous les internautes. Les fichiers qui sont stockés sur SkyDrive, donc sur les serveurs de Microsoft accessibles *via* Internet, sont disponibles à tout moment, depuis n'importe quel ordinateur ou périphérique mobile (tablette, Smartphone) connecté au réseau. Ce service est un service type de Cloud Computing : SkyDrive, comme d'autres services bien connus tels Apple iCloud et autres, démocratise l'utilisation du Cloud au plus grand monde.

Caractéristiques de SkyDrive

Microsoft met à disposition gratuitement 7 Go d'espace disque pour chaque utilisateur SkyDrive. SkyDrive est accessible depuis n'importe quel navigateur web. De plus, et avec l'arrivée de Windows 8, il est disponible sous forme d'une application à installer sur PC Windows, bien sûr (Windows Vista et Windows 7), mais aussi sur Mac OS X Lion et des systèmes d'exploitation mobile comme Windows Phone, Apple iOS (iPhone et iPad), Google Android.

Pour accéder à la version web de SkyDrive, connectez-vous à l'adresse https://skydrive.live.com.

1 Commencez par vous connecter avec votre compte Microsoft. Le fameux ! Pierre angulaire de l'accès au Cloud et des services dynamiques de Windows 8.

Pour plus d'information, reportez-vous au chapitre *Se connecter avec un compte unifié*.

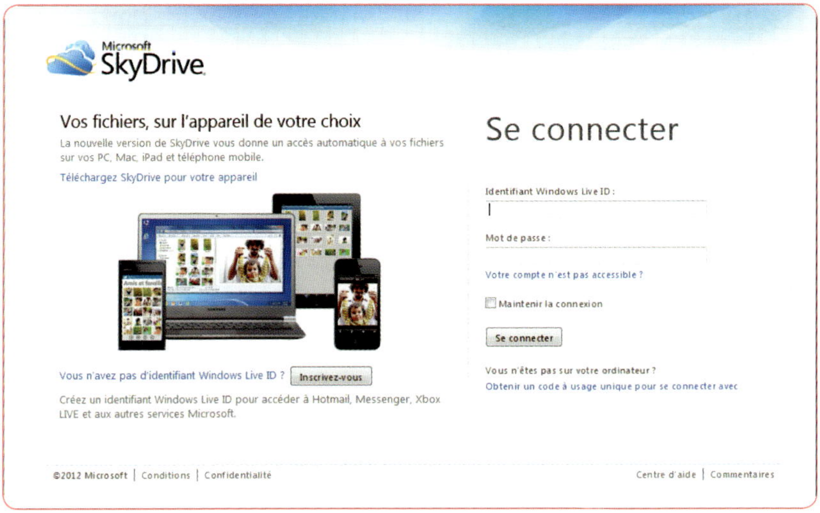

▲ Connectez-vous à SkyDrive version web

2 Vous avez alors accès à la page qui vous permet de créer des dossiers, d'y poser des photos, de créer et d'ouvrir des documents, etc.

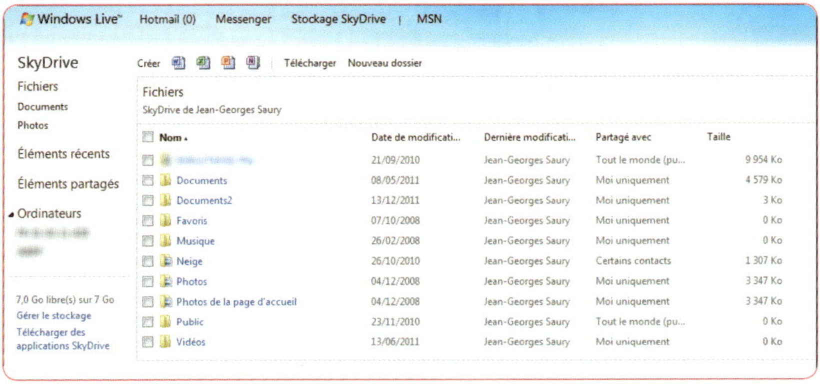

▲ Votre page SkyDrive version web

3 Par exemple, si vous souhaitez créer un document Word, même sans avoir Word installé sur l'ordinateur et/ou la tablette, cliquez sur le logo Word sur votre page SkyDrive.

4 Entrez le nom du document et cliquez ou appuyez sur **Créer**.

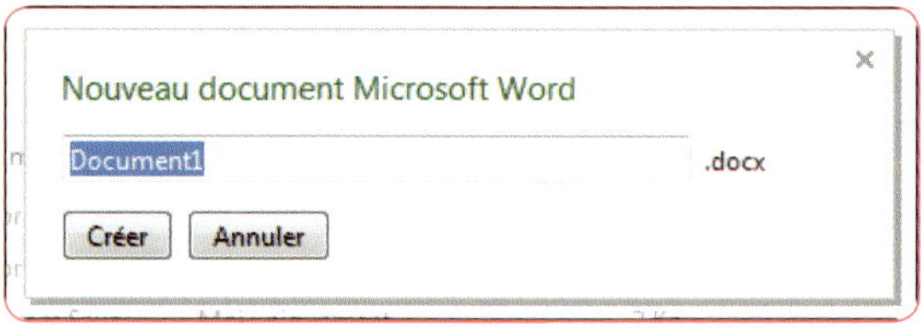

Entrer le nom d'un document Word à créer

5 **Word Web App** se lance, vous pouvez créer votre nouveau document, pratiquement comme si vous aviez Word 2010 installé. Vous tapez votre texte, le formatez, l'enregistrez, etc.

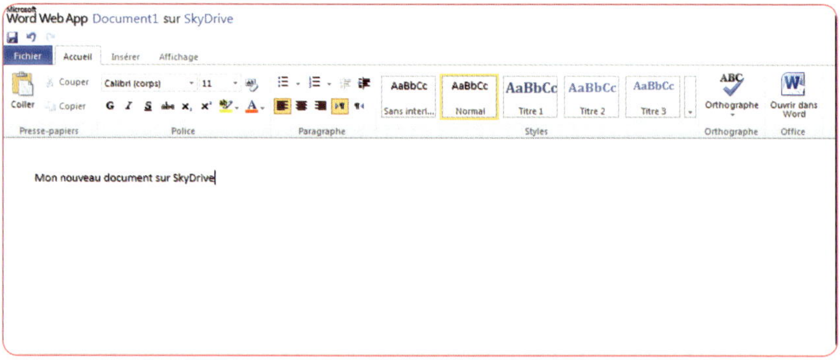

Word Web App ouvert

6 Cliquez ou appuyez sur **Fichier** et **Fermer**, pour revenir sur votre page SkyDrive.

Le compte unifié Microsoft est la clé d'accès. Vos données vous suivent partout. Vous allez maintenant découvrir comment SkyDrive s'intègre à Windows 8.

SkyDrive et Windows 8

Avec Windows 8, SkyDrive évolue. SkyDrive est dorénavant installé de base sur Windows 8, en tout cas sur l'interface Windows 8 (nous y reviendrons plus tard). Mais, surtout, SkyDrive est profondément intégré à Windows 8. Certaines applications par défaut de Windows 8 ont un accès direct à SkyDrive.

Premier contact avec SkyDrive

SkyDrive fait partie des applications par défaut au démarrage de Windows 8, sur le menu d'accueil. Une tuile **SkyDrive** est disponible.

▲ La tuile de SkyDrive

1 Vous avez tout d'abord ouvert une session sur Windows 8 avec votre compte Microsoft/Windows Live ID.
2 Cliquez ou appuyez sur la tuile **SkyDrive**.
3 Vous accédez à l'interface d'accueil de SkyDrive version interface Windows 8.

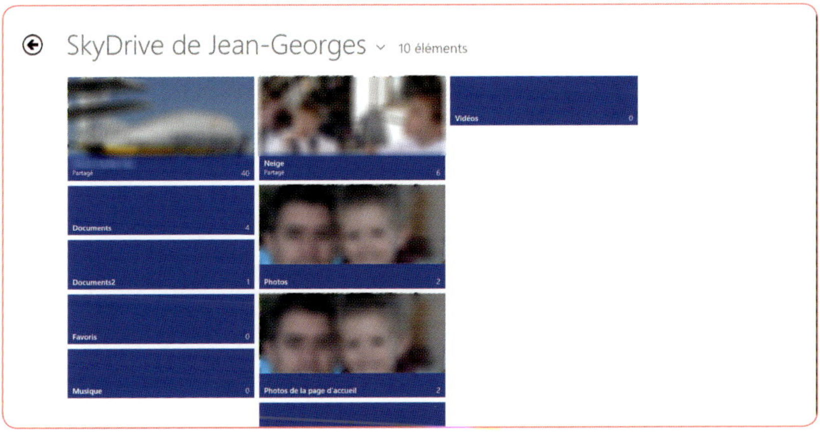

▲ Interface d'accueil de SkyDrive

4 Vous retrouvez tous vos fichiers et dossiers présents sur SkyDrive. Mais dans une disposition adaptée au tout tactile. Les dossiers sont des rectangles bleus. Dans chaque rectangle est inscrit le nombre de fichiers contenu à l'intérieur. Les photos apparaissent sous forme de vignettes. Cliquez ou appuyez sur un rectangle dossier pour accéder à son contenu.

5 Par exemple, en cliquant ou en appuyant sur **Documents**, vous accédez aux documents contenus. Ces documents sont représentés par leur logo : il s'agit ici de documents Word, PowerPoint et OneNote.

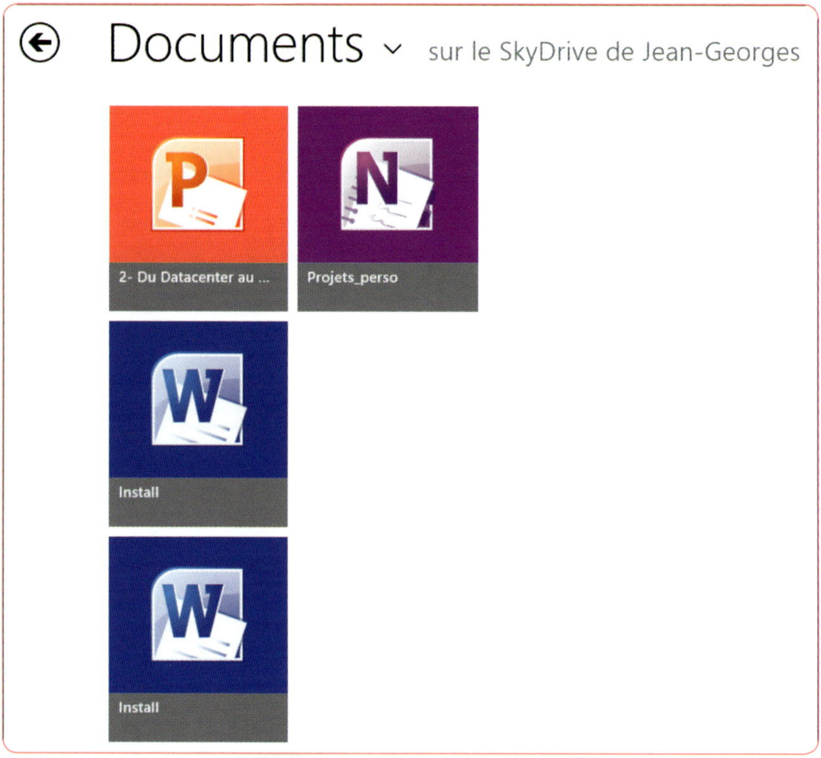

▲ Contenu d'un répertoire SkyDrive

6 Cliquez ou appuyez sur un fichier pour l'ouvrir dans Office Web App. Par exemple, un fichier Word ouvre automatiquement Word Web App dans Internet Explorer alors même qu'Office n'est pas installé sur votre ordinateur (par exemple).

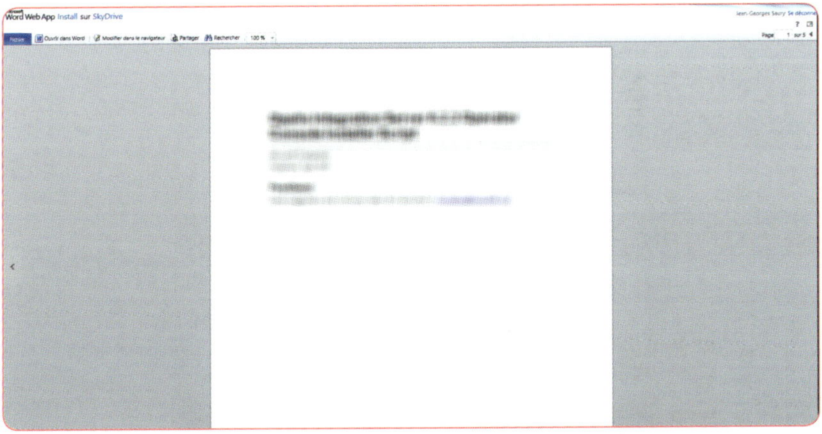

▲ Le fichier s'ouvre dans Word Web App

7 Cliquez ou appuyez sur **Fichier** et **Fermer**, pour revenir dans SkyDrive version web. Puis touchez ou allez avec la souris dans le coin supérieur gauche de l'écran pour faire apparaître la tuile **SkyDrive** et appuyez dessus pour retourner dans SkyDrive version Windows 8.

Dans la section qui suit, vous allez connaître quelques actions de base.

Les actions de base dans SkyDrive

Voici quelques actions de base qui vous permettent de bien appréhender l'utilisation de SkyDrive dans l'interface de Windows 8.

Si vous souhaitez ajouter un fichier à votre SkyDrive :

1 Accédez à l'interface d'accueil de SkyDrive.

2 Balayez l'écran du bas vers le haut à partir du bord inférieur ou cliquez du bouton droit de la souris pour accéder au menu contextuel et appuyez sur **Ajouter**.

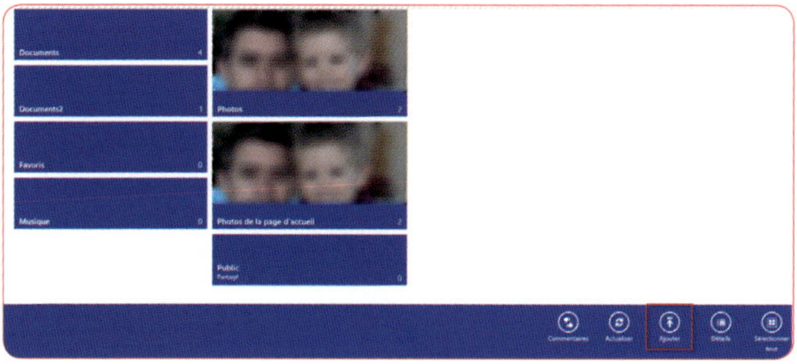

◄ Menu contextuel de SKyDrive

3 L'Explorateur version tactile s'ouvre. Vous pouvez alors sélectionner le document que vous souhaitez ajouter.

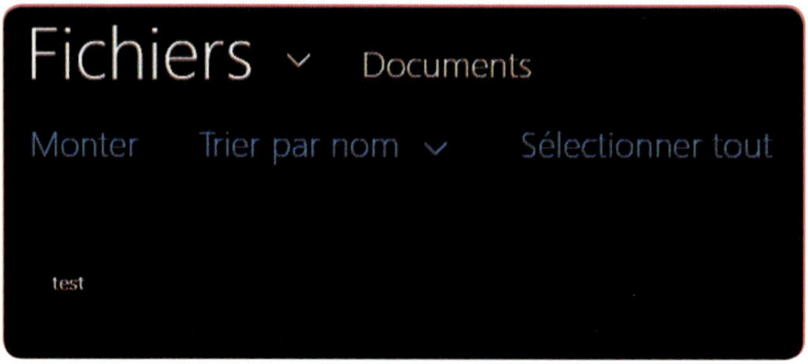

◄ L'Explorateur version tactile

4 Si vous souhaitez naviguer dans l'Explorateur et choisir un endroit précis où se trouve le fichier à ajouter, alors, cliquez ou appuyez sur **Fichiers** et sélectionnez le bon répertoire ou la bonne application.

5 Quand votre choix est fait, cliquez ou appuyez sur le bouton **Ajouter à SkyDrive** en bas à droite.

Sélectionner un emplacement

Si vous souhaitez voir qui partage des données avec vous :

1 Accédez à l'interface d'accueil de SkyDrive.
2 Cliquez ou appuyez sur **SkyDrive de ...** (où les petits points représentent le nom de votre compte).

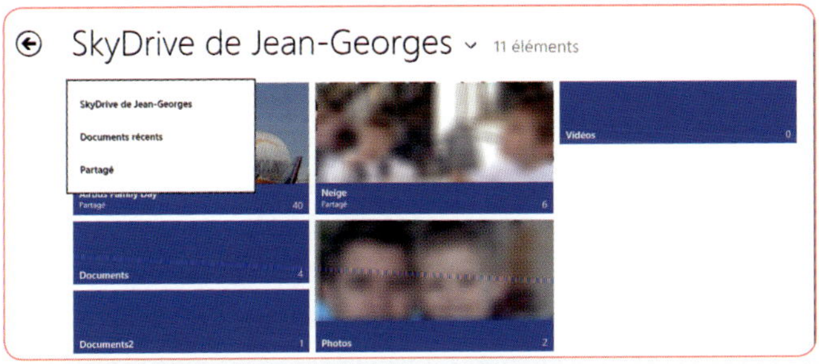

Menu en cliquant sur SkyDrive de ...

3 Cliquez ou appuyez sur **Partagé**.

4 Apparaissent alors tous les fichiers que vos contacts partagent avec vous.

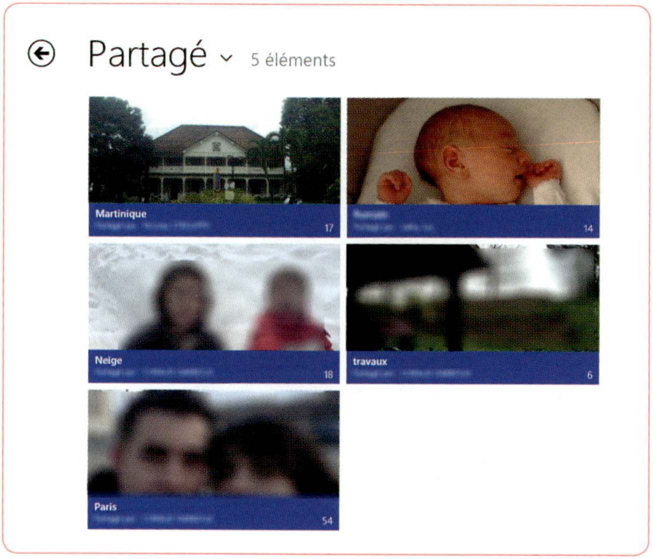

◄ Fichiers partagés avec vous

Intégration de SkyDrive avec les Apps de Windows 8

SkyDrive est dorénavant étroitement intégré avec Windows 8. C'est-à-dire qu'il est possible d'accéder à son SkyDrive directement depuis une application Windows 8. En effet, dans ces applications, dès que vous devrez manipuler des données, comme enregistrer, ouvrir des fichiers, importer des photos, vous aurez accès à votre SkyDrive comme à votre stockage local.

Vous aurez alors le choix de sauvegarder des données dans le Cloud pour les retrouver sur vos autres périphériques. Par exemple, l'application **Photos** va automatiquement vous afficher vos photos situées localement dans la bibliothèque d'images comme celles situées sur Facebook ou celles situées sur SkyDrive.

▲ L'App Photos va chercher directement les photos dans SkyDrive

Autre exemple : si vous souhaitez changer la photo de votre écran de verrouillage par une photo sur SkyDrive :

1 Activez la barre latérale droite des commandes système en balayant l'écran à partir du bord droit ou en amenant le pointeur de la souris sur le bord droit.
2 Cliquez ou appuyez sur **Paramètres**.

◄ La fenêtre de configuration de l'écran de verrouillage

3 Puis cliquez ou appuyez sur **Modifier les paramètres du PC** en bas à droite.

4 La fenêtre **Paramètres du PC** s'ouvre.

5 Cliquez ou appuyez dans la liste de gauche sur **Personnaliser**.

6 Cliquez ou appuyez sur le bouton **Parcourir**, situé en dessous des photos par défaut.

7 L'Explorateur version tactile s'ouvre.

8 Cliquez ou appuyez alors sur **Fichiers** et, dans la liste déroulante, sélectionnez **SkyDrive**.

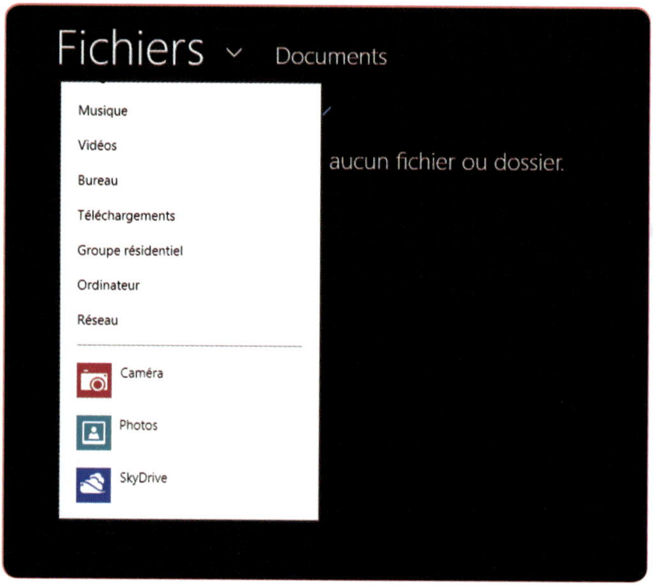

Sélectionner SkyDrive comme source contenant des photos d'écran de verrouillage

9 Votre contenu SkyDrive apparaît. Piochez dedans la bonne photo.

10 Le bon contenu, la photo provenant de SkyDrive, est sélectionné comme écran de verrouillage.

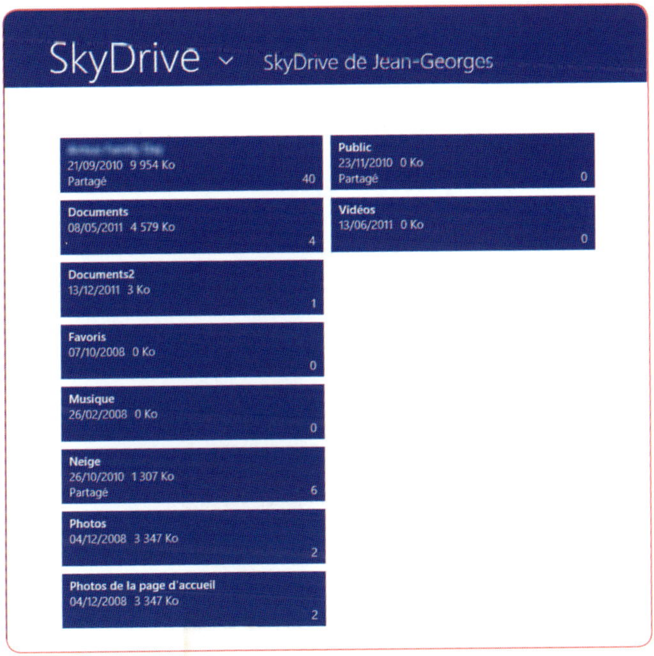

Sélectionner le bon contenu dans SkyDrive

Windows 8 utilise SkyDrive pour enregistrer de nombreuses informations qui sont pourtant invisibles à l'œil de l'utilisateur. Si vous vous rendez dans les paramètres de Windows 8, vous trouverez d'ailleurs une section entièrement dévolue à la synchronisation.

1 Activez la barre latérale droite des commandes système en balayant l'écran à partir du bord droit ou en amenant le pointeur de la souris sur le bord droit.

2 Cliquez ou appuyez sur **Paramètres**.

3 Puis cliquez ou appuyez sur **Modifier les paramètres du PC** en bas à droite.

4 La fenêtre **Paramètres du PC** s'ouvre.

5 Cliquez ou appuyez dans la liste de gauche sur **Synchroniser vos paramètres**.

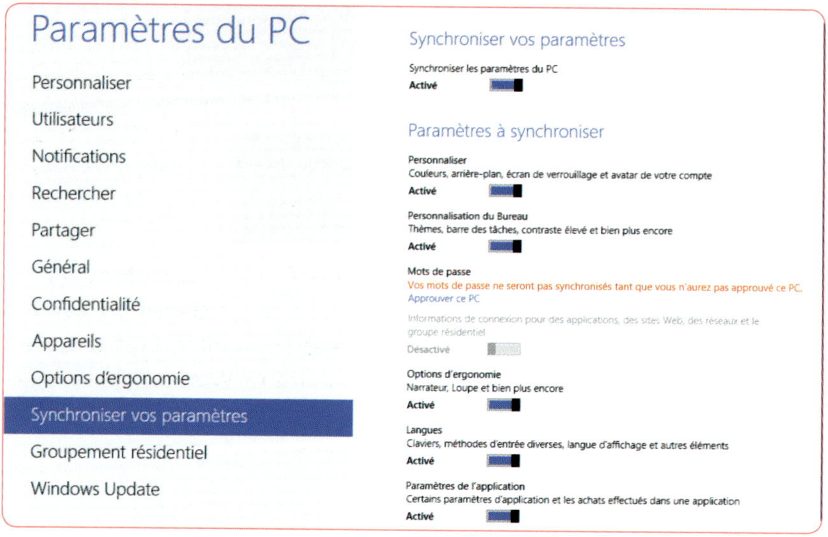

▲ Synchroniser ses paramètres

La conséquence est simple : c'est le compte Microsoft, associé au compte classique de l'utilisateur, qui retient les réglages. Dans le cas d'un ordinateur fixe et d'une tablette, les deux sessions afficheront exactement la même chose. Une sorte de profil itinérant qui devrait être particulièrement apprécié par ceux qui n'apprécient pas de passer par des phases de configuration.

Comme vous le constatez, l'intégration de SkyDrive dans les applications est poussée. Est-ce que cela est valable pour toutes les applications de Windows 8, notamment celles qui utilisent le Bureau Windows 8 ? Pas tout à fait.

SkyDrive et le Bureau Windows 8

Qu'en est-il des applications compatibles Windows 7 et qui tournent sur le Bureau de Windows 8 ? On pourrait citer Microsoft Office 2010, par exemple. Comment utiliser SkyDrive depuis le Bureau Windows 8 ?

Accès au Bureau Windows 8

Vous n'aurez accès au Bureau Windows 8 que si vous utilisez une version de Windows 8 sur tablette avec processeur Intel. Si vous utilisez une tablette sur laquelle Windows RT est installé (c'est-à-dire Windows 8 sur tablette avec processeur ARM), vous n'aurez par conséquent pas accès au Bureau Windows 8.

Pour utiliser SkyDrive pour les applications qui s'exécutent sur le Bureau Windows 8, il vous faut installer l'application SkyDrive, comme s'il s'agissait d'une application à part. C'est là qu'intervient Windows Essentials 2012, et vous comprenez alors pourquoi Windows Essentials 2012 installe SkyDrive alors que SkyDrive version interface Windows 8 est présent par défaut.

Application SkyDrive autonome

Sans avoir à télécharger ni à installer Windows Essentials, vous pouvez télécharger et installer l'application autonome SkyDrive à l'adresse suivante : http://windows.microsoft.com/fr-CA/skydrive/download-skydrive.

Comme vous avez installé Windows Essentials, SkyDrive est installé sur le Bureau. Il reste à finir la configuration initiale.

▲ Ouvrir l'Explorateur de fichiers depuis le Bureau Windows 8

1. Ouvrez le Bureau Windows 8 en cliquant ou en appuyant sur la tuile **Bureau** depuis l'écran de démarrage.
2. Ouvrez l'Explorateur Windows.
3. Vous trouverez une section SkyDrive dans la liste de gauche. Cliquez ou appuyez dessus. Un menu d'accueil apparaît.

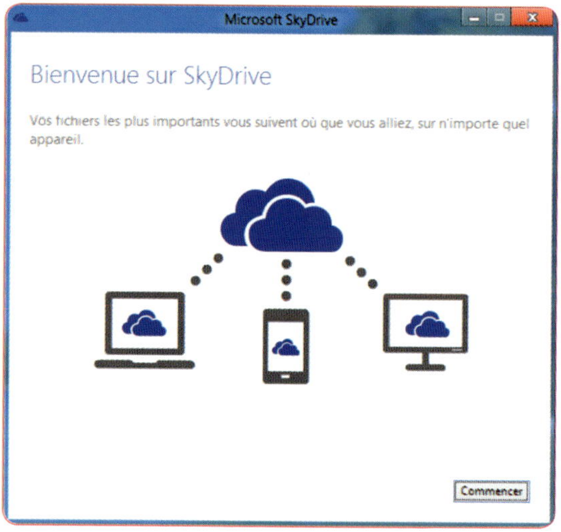

Bienvenue sur SkyDrive

4 Cliquez ou appuyez sur **Commencer**.

5 Sélectionnez le dossier référence SkyDrive puis cliquez ou appuyez sur **Suivant**.

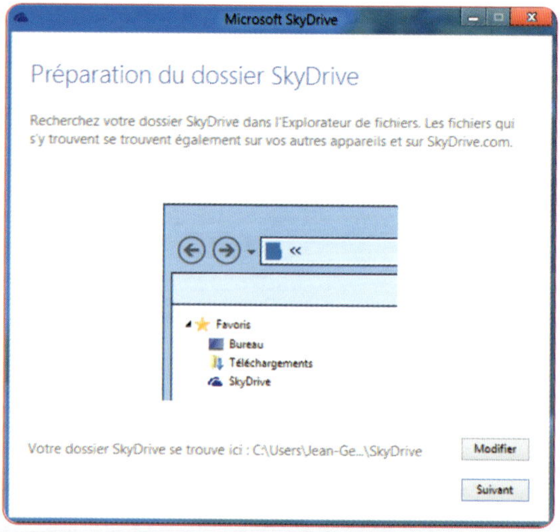

Dossier de référence pour SkyDrive

6 À la fenêtre **Récupérer vos fichiers où que vous soyez**, cochez **Rendre les fichiers sur ce PC disponibles pour moi sur mes autres appareils** et appuyez sur **Terminé**.

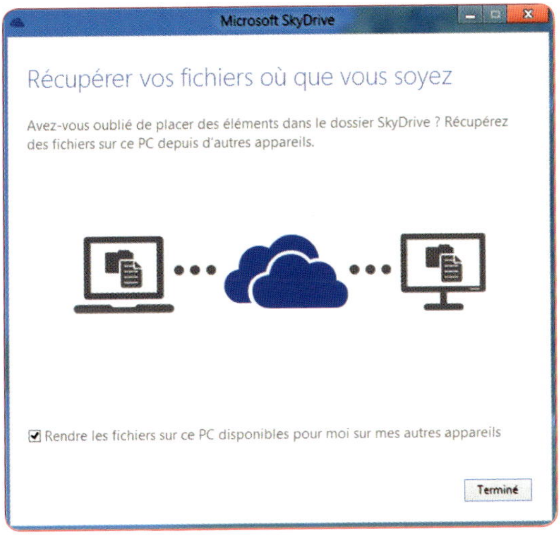

◄ Fenêtre Récupérer vos fichiers où que vous soyez

Vous retrouvez votre contenu SkyDrive dans la partie droite de l'Explorateur Windows. Le symbole de la coche blanche sur pastille verte vous informe que la synchronisation avec l'espace de stockage distant de SkyDrive s'est effectuée correctement.

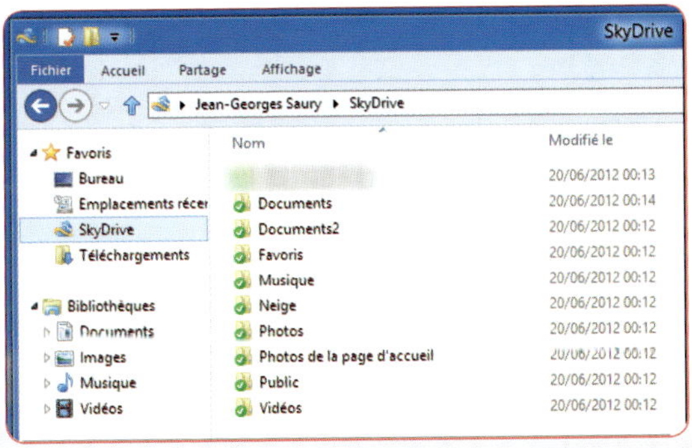

◄ Accès au SkyDrive depuis l'Explorateur de fichiers du Bureau Windows 8

Vous pouvez maintenant manipuler votre SkyDrive pour les applications nécessitant le Bureau, comme s'il s'agissait d'un quelconque espace de stockage local.

En plus de cela, les modifications que vous avez effectuées sur SkyDrive version Bureau Windows 8 se répercutent automatiquement sur SkyDrive version interface Windows 8.

En bref

Windows Essentials 2012 est une suite de composants et services destinés à améliorer l'expérience utilisateur et en ligne avec Windows 8.

On retrouve des composants bien connus, comme Messenger, Mail, Galerie de photos, plutôt dédiés à un usage sur ordinateur classique (fixe ou portable, au clavier et à la souris). Windows Essentials inclut notamment SkyDrive.

SkyDrive est un service Cloud pour le plus large public. Il permet, au travers d'un espace de stockage dédié sur Internet, de conserver gratuitement jusqu'à 7 Go de données entièrement synchronisées et accessibles sur votre tablette Windows 8, PC Windows 7, iPhone, iPad, Android, ou tout autre système d'exploitation ayant un navigateur et un accès web.

10. Sécuriser l'ordinateur

Les menaces sur la sécurité sont en constante évolution. Or, chacun le sait, la sécurité est une préoccupation majeure. Pour rester protégé contre les menaces sur Internet et les réseaux sans fil, le système d'exploitation client doit également évoluer.

Par le biais de plusieurs fonctionnalités, vous allez voir comment Windows 8 poursuit les améliorations en matière de sécurité de manière significative en atténuant les menaces et la vulnérabilité.

Windows 8 reprend nombre des avancées introduites avec Windows Vista et Windows 7 déjà esquissées avec le Service Pack 2 de Windows XP (mais cela remonte déjà !), même si dans l'approche Microsoft cherche à simplifier plus que jamais les notions de paramétrages et autres pour que l'utilisateur puisse se concentrer uniquement sur les scénarios d'usages. Il n'empêche qu'avec ce changement de cap et le changement d'interface vous allez devoir vous accommoder à gérer des paramètres de sécurité qui se retrouvent à deux endroits :

- Depuis la nouvelle interface, longtemps connue sous le nom de Metro ; cela vous permet de simplifier et de mieux gérer le monde des tablettes.
- Depuis le bureau Windows et le Panneau de configuration ; cela vous permet de pouvoir garder les habitudes de Windows 7.

Toutefois, on retrouve *DEP*, qui arrête automatiquement un programme dès que celui-ci effectue une opération non conforme en mémoire, mais aussi le pare-feu logiciel intégré au système. On retrouve également dans Windows 8 des modifications apportées au mode d'exécution automatique, afin de limiter l'utilisation de cette fonctionnalité pour propager des virus. L'une des grandes nouveautés liées à l'arrivée de Windows 8 est le changement de cap sur la sécurité des machines. Microsoft intègre à présent un antivirus et vous propose des mises à jour régulières, ce qui lui permet de s'engager encore un peu plus dans la sécurité de votre machine au quotidien.

Beaucoup d'évolutions ont aussi eu lieu au niveau des paramètres liés à la sécurité dans les entreprises, mais elles ne seront pas abordées dans cet ouvrage. Nous allons nous concentrer sur les paramètres standard.

Nous allons maintenant détailler un peu plus le Centre de maintenance, Windows Update, l'antivirus et le pare-feu ; c'est-à-dire la brique obligatoire sur un ordinateur de nos jours.

Le Centre de maintenance pour la sécurité

Windows 8 collecte et remonte toutes les informations et alertes de sécurité dans le Centre de maintenance. Cela a le grand avantage de regrouper en un seul endroit facilement accessible tous les messages importants liés à la sécurité.

Pour découvrir le Centre de maintenance de Windows 8, procédez comme suit :

1 Depuis la nouvelle interface graphique, cliquez sur l'icône **Bureau**.

2 Cliquez sur le drapeau blanc situé dans la zone de notification de la barre des tâches, puis sur **Ouvrir Centre de Maintenance**.

3 Ouvrez la section *Sécurité*.

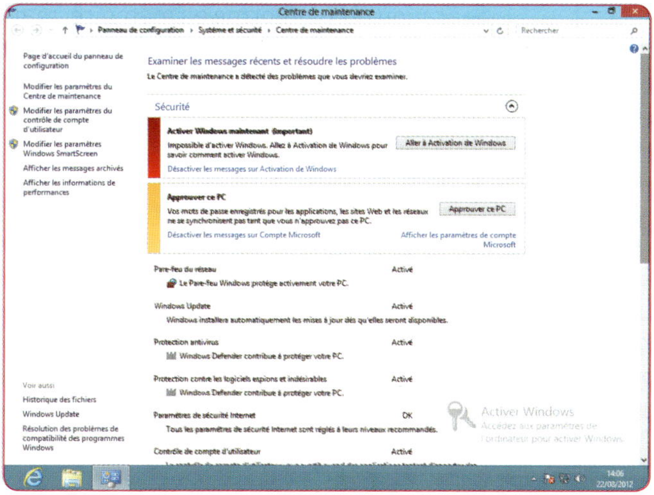

◄ Les informations de sécurité du Centre de maintenance de Windows 8

Dans la fenêtre **Centre maintenance**, section **Sécurité**, vous retrouvez principalement les rubriques suivantes :

- La rubrique *Pare-feu* comprend les paramètres qui protègent activement votre ordinateur sur les flux réseau entrants et sortants.
- La rubrique *Protection contre les logiciels espions et autres programmes indésirables* comprend l'état des logiciels antispywares.
- La rubrique *Contrôle de compte utilisateur* comprend l'état de la fonctionnalité UAC et permet d'accéder aux paramètres.
- La rubrique *Paramètres de sécurité Internet* comprend l'état de sécurité d'Internet Explorer. Si le niveau de sécurité des zones change, une notification apparaît.
- La rubrique *Protection d'accès réseau* vous informe si votre ordinateur est relié à un réseau de protection avec détection du niveau de santé (état antivirus, pare-feu, etc.) avec réparation automatique si le niveau de santé n'est pas le bon (utilisé en entreprise).
- La rubrique *Compte Microsoft* comprend la liste de vos périphériques et machines approuvés ainsi que les paramètres liés au compte.
- La rubrique *Windows Smartscreen* comprend les paramètres qui protègent votre ordinateur des applications non reconnues et des fichiers téléchargés sur Internet.

Windows Update

Vous devez considérer la sécurité comme toujours en mouvement : il n'y a pas d'état sécurisé indéfiniment. Il se peut que votre ordinateur soit sécurisé à un certain moment mais que, quelques semaines plus tard, des failles de sécurité soient détectées. À partir de cet instant, votre ordinateur court de nouveau des risques.

Pour autant, une fois ce constat établi, un thème revient très souvent lorsque l'on parle de Windows Update : les perturbations liées aux redémarrages requis après les mises à jour automatiques. Tous les utilisateurs, qu'ils soient particuliers ou professionnels, s'en plaignent à juste titre, car ces redémarrages peuvent les obliger à interrompre des tâches importantes.

Évidemment, il faut commencer par se poser une question simple : pourquoi l'installation de mises à jour nécessite-t-elle un redémarrage ? Dans l'idéal, nous aimerions tous que toutes les installations de mises à jour puissent être effectuées de façon transparente en arrière-plan, sans qu'un redémarrage ne s'impose. Malheureusement, dans certaines situations, le programme d'installation ne peut pas mettre à jour les fichiers car ils sont en cours d'utilisation. Dans ce cas, Windows doit redémarrer votre ordinateur pour terminer l'installation.

Malheureusement, il faut bien comprendre que pour de nombreuses mises à jour, même si nous pouvons continuer à exécuter le code existant chargé en mémoire, ce code continue justement à laisser des vulnérabilités sur l'ordinateur et par conséquent, les risques liés à la sécurité ou à la fiabilité de l'ordinateur restent présents jusqu'au redémarrage.

Microsoft et Windows Update en quelques chiffres

Microsoft a publié sur différents sites et blogs des chiffres que nous avons consolidés ; le résultat reste très impressionnant. Actuellement, Windows Update met à jour plus de 350 millions de PC exécutant Windows 7 et plus de 800 millions de PC, si l'on prend en compte toutes les plateformes Windows prises en charge. En réalité, le nombre de PC mis à jour indirectement par Windows Update serait encore plus élevé si l'on prend en compte Windows Software Update Server, ainsi que les ordinateurs (ou clients) qui souhaitent, pour différentes raisons, appliquer les mises à jour manuellement.

Point positif qu'il faut bien reconnaitre, depuis sa création, il y a maintenant plus de dix ans, Windows Update a évolué de façon significative pour s'adapter à un écosystème en évolution permanente, notamment sur le plan des exigences de sécurité. Windows Update s'est révélé plutôt efficace pour mettre à jour les PC avant que les opérations malveillantes de grande ampleur n'aient le temps d'attaquer Windows.

Windows Update et gestion des redémarrages sous Windows 8

Windows Update regroupe tous les redémarrages du mois en se synchronisant avec la mise à jour de sécurité mensuelle. Par conséquent, votre PC redémarrera uniquement lorsque des mises à jour de sécurité sont installées et nécessitent un redémarrage. Grâce à cette amélioration, peu importe à quel moment du mois les mises à jour nécessitant un redémarrage sont publiées, car les redémarrages seront mis en attente jusqu'à la publication de la mise à jour de sécurité. Les mises à jour de sécurité étant publiées par lot le deuxième mardi de chaque mois, Windows 8 n'appliquera au final qu'un seul redémarrage par mois. Cette simplification a trois avantages : le système est sécurisé, le nombre de redémarrages est réduit et ces derniers sont davantage prévisibles.

Toutefois, Il existe une exception à la règle consistant à attendre la mise à jour de sécurité mensuelle : les mises à jour de sécurité critiques visant à corriger une vulnérabilité liée à un ver (comme par exemple le ver Blaster). Dans ce cas, Windows Update n'attend pas, mais procède automatiquement au téléchargement et à l'installation de la mise à jour, puis au redémarrage du système. Cette solution est employée uniquement dans des cas extrêmes de menaces de sécurité.

Voici comment se présente le déroulement précis du processus :

1 Un message signalant qu'un redémarrage est en attente s'affiche sur l'écran de connexion pendant trois jours ou jusqu'au redémarrage

du PC, s'il survient pendant ces trois jours. Par conséquent, vous disposez de trois jours pour redémarrer votre PC au moment qui vous convient. Pour cela, il vous suffit de voir l'écran de connexion une fois en trois jours pour afficher le message signalant le redémarrage. Par défaut, l'écran de verrouillage s'affiche après 15 minutes d'inactivité.

2 En plus de la notification de redémarrage affichée dans l'écran de connexion, les options d'alimentation de l'écran de verrouillage changent de nom et deviennent **Mettre à jour et redémarrer**, et ce, dès la mise à jour. Les deuxième et troisième jours, le libellé devient **Mettre à jour et arrêter**, pour que le message soit encore plus évident. Ainsi, vous pouvez redémarrer votre PC au moment qui vous convient.

3 Au terme des trois jours, si le redémarrage n'a pas eu lieu, Windows Update procède automatiquement au redémarrage de votre PC. Dans ce cas, le redémarrage automatique a lieu soit au terme du délai de trois jours ou, pour empêcher toute perte de données si Windows Update détecte que des applications critiques sont ouvertes au terme de ce délai, au moment de la prochaine ouverture de session.

4 Une fois le redémarrage terminé, le message affiché sur l'écran de connexion disparaît et les options d'alimentation d'origine reprennent leur place. Nous sommes conscients que les utilisateurs préféreraient que l'ouverture de session Windows soit effectuée automatiquement après le redémarrage, mais nous vous recommandons vivement d'éviter cette configuration, en raison des problèmes de sécurité potentiels qu'elle pose.

Pour remettre votre ordinateur en conformité, Microsoft met gratuitement à disposition des correctifs. Pour vous procurer les mises à jour, vous devez utiliser Windows Update.

Nous en avions parlé dans l'introduction : avec Windows 8, les paramétrages de sécurité peuvent se retrouver à deux endroits et Windows Update en est le parfait exemple.

Lancer Windows Update

Pour lancer Windows Update, deux méthodes sont envisageables.

Méthode 1 : depuis la nouvelle interface graphique (notez que cette méthode est essentiellement destinée aux personnes qui disposent d'une tablette).

1 Depuis la nouvelle interface graphique, déplacez votre doigt ou votre souris en bas à droite de l'écran pour faire apparaître la barre latérale droite.

2 Cliquez sur **Paramètres**, puis sur **Modifier les paramètres du PC**.

3 Cliquez sur **Windows Update**.

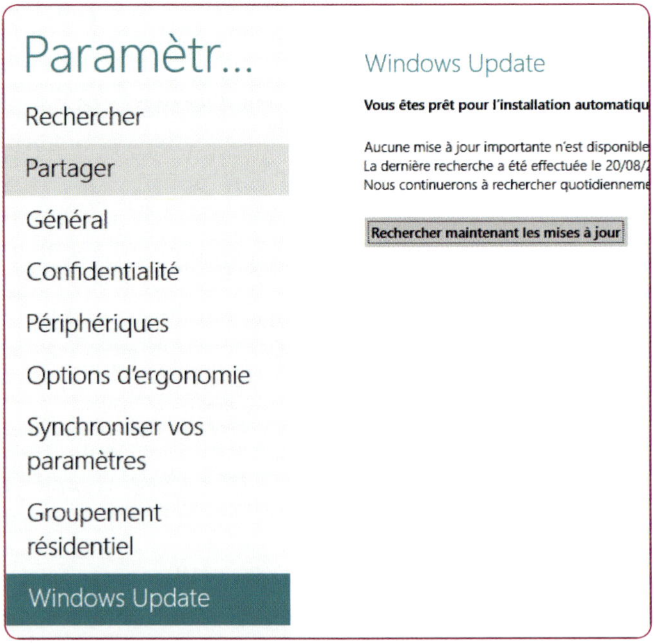

◄ Windows Update depuis la nouvelle interface graphique

Méthode 2 : depuis le bureau Windows.

1 Depuis la nouvelle interface graphique, cliquez sur l'icône **Bureau**.

2 Utilisez la combinaison de touches Windows+X. Dans le menu contextuel, cliquez sur **Panneau de configuration**, **Système et sécurité** et sélectionnez **Windows Update**.

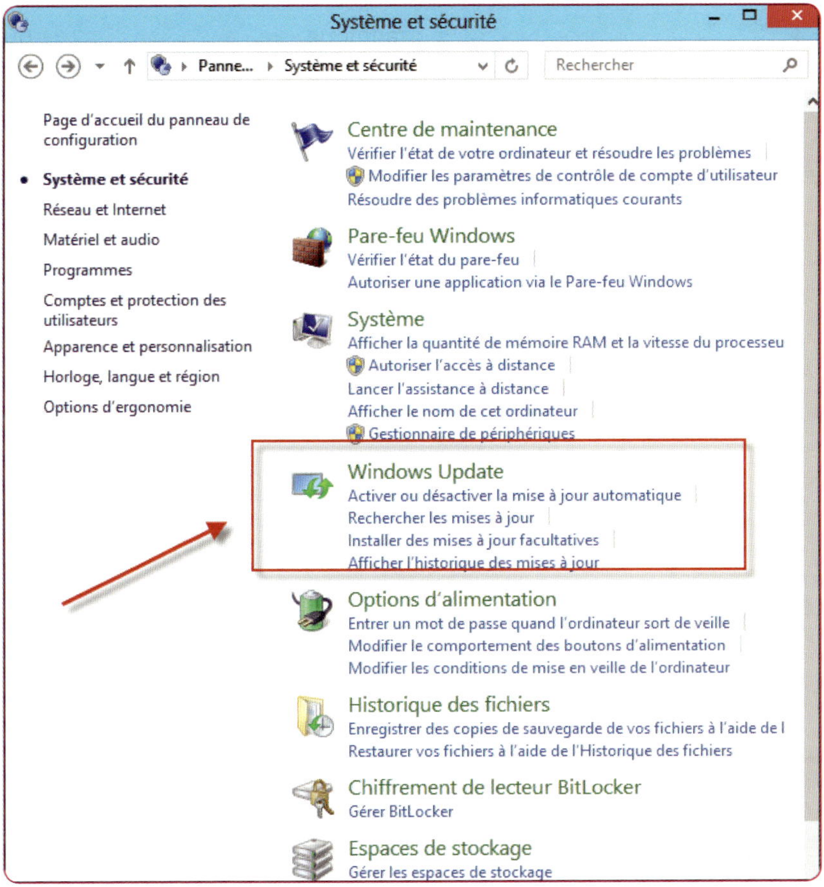

▲ Windows Update depuis le Panneau de configuration

Savoir si son ordinateur est à jour

Nous savons à présent qu'il est nécessaire de s'informer sur le niveau de mise à jour de Windows. Voyons comment procéder. Dans un premier temps, vous devez disposer d'une connexion à Internet, puis vous devez vous connecter à Windows Update. Pour cela, procédez ainsi :

1 Depuis la nouvelle interface graphique, cliquez sur l'icône **Bureau**.

2 Utilisez la combinaison de touches [Windows]+[X]. Dans le menu contextuel, cliquez sur **Panneau de configuration**, **Système et sécurité** et sélectionnez **Windows Update**.

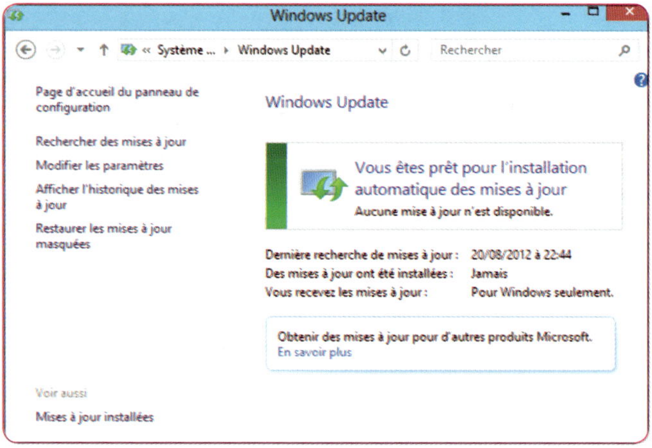

◄ Windows Update

3 Dans le volet gauche de **Windows Update**, sélectionnez **Rechercher les mises à jour**.

Windows Update

Vous pouvez aussi lancer Windows Update depuis la nouvelle interface graphique en utilisant la méthode 1 ci-dessus puis en sélectionnant **Rechercher maintenant les mises à jour**.

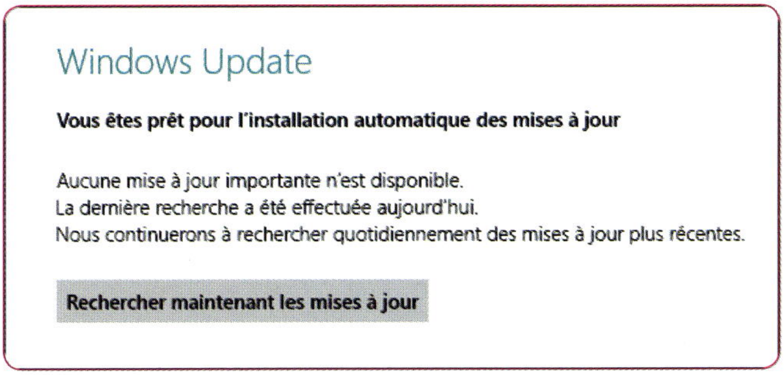

◄ Recherche de mises à jour

Lorsque des mises à jour sont disponibles, Windows Update vous propose de les installer. Installez-les puis, si nécessaire, redémarrez votre ordinateur.

Effectuer des mises à jour automatiques

Vous venez de voir que vous devez mettre régulièrement à jour votre ordinateur. Cependant, cela peut rapidement devenir une tâche fastidieuse, ou nous pouvons tout simplement à la longue oublier de le faire. Pour répondre à ce problème, Windows 8 propose d'effectuer des mises à jour automatiquement. Avec les mises à jour automatiques, il n'est plus nécessaire de rechercher des mises à jour en ligne ou de se préoccuper des correctifs critiques de Windows qui pourraient éventuellement faire défaut sur l'ordinateur. Windows recherche automatiquement les mises à jour les plus récentes pour votre ordinateur. Selon les paramètres de Windows Update que vous choisissez, Windows peut installer les mises à jour automatiquement ou vous signaler leur mise à disposition. Pour activer l'installation automatique de correctifs, procédez de la façon suivante :

1. Depuis la nouvelle interface graphique, cliquez sur l'icône **Bureau**.
2. Utilisez la combinaison de touches Windows+X. Dans le menu contextuel, cliquez sur **Panneau de configuration**, **Système et sécurité** et sélectionnez **Windows Update**.

3 Sélectionnez **Modifier les paramètres**.

4 Dans la fenêtre **Sélectionner les paramètres de Windows Update**, vérifiez que l'option *Installer les mises à jour automatiquement (recommandé)* est sélectionnée. Autrement, activez-la.

5 Cliquez sur OK.

Modifier ses paramètres

Pour modifier les paramètres et les mises à jour automatiquement, procédez comme suit :

1 Depuis la nouvelle interface graphique, cliquez sur l'icône **Bureau**.

2 Utilisez la combinaison de touches [Windows]+[X]. Dans le menu contextuel, cliquez sur **Panneau de configuration**, **Système et sécurité** et sélectionnez **Windows Update**.

3 Dans le volet gauche de **Windows Update**, sélectionnez **Modifier les paramètres**.

4 Dans la fenêtre **Sélectionner les paramètres de Windows Update**, choisissez l'heure de mise à jour en cliquant sur *Les mises à jour vont être installées automatiquement pendant la période de maintenance*.

Dans les paramètres modifiables, vous avez quatre sélections possibles :

– *Installer les mises à jour automatiquement (recommandé)* ;

– *Télécharger des mises à jour mais me laisser choisir s'il convient de les installer* ;

– *Rechercher des mises à jour mais me laisser choisir s'il convient de les télécharger et de les installer* ;

– *Ne jamais rechercher des mises à jour (non recommandé)*.

Cette option permet de modifier le jour et l'heure auxquels Windows 8 contrôlera la disponibilité des nouvelles mises à jour.

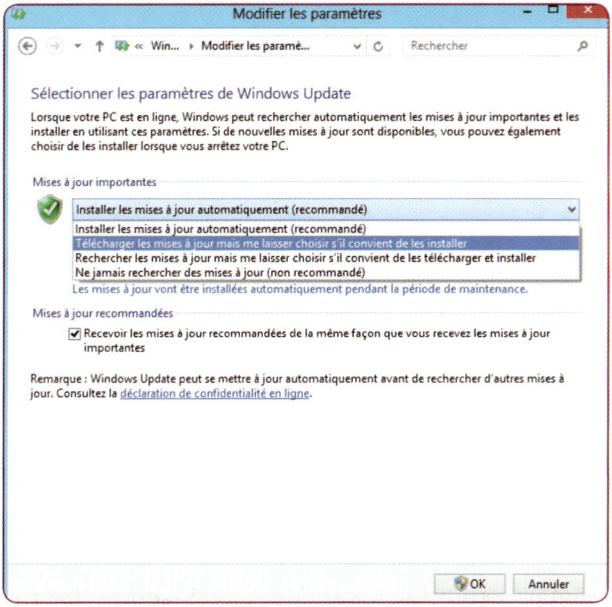

◄ Activer la mise à jour automatique des correctifs

Désactiver les mises à jour automatiques standard

Si vous souhaitez désactiver la mise à jour automatique des correctifs, procédez comme suit :

1. Depuis la nouvelle interface graphique, cliquez sur l'icône **Bureau**.
2. Utilisez la combinaison de touches Windows+X. Dans le menu contextuel, cliquez sur **Panneau de configuration**, **Système et sécurité** et sélectionnez **Windows Update**.
3. Dans le volet gauche de **Windows Update**, sélectionnez **Modifier les paramètres**.
4. Dans la fenêtre **Sélectionner les paramètres de Windows Update**, sélectionnez la case *Recevoir les mises à jour recommandées de la même façon que vous recevez les mises à jour importantes*.
5. Cliquez sur OK.

Paramétrages des mises à jour

Si vous avez l'habitude de gérer les paramètres de mises à jour de sécurité, vous pourrez constater que Microsoft a fait le choix de laisser moins d'autonomie aux utilisateurs standard.
L'option *Désactiver les mises à jour* a disparu au profit de mises à jour standard, ce qui laisse entendre qu'il n'y a plus le choix pour les mises à jour importantes. Cependant, cela va dans le bon sens.

Consulter la liste des mises à jour installées

Il arrive que nous ayons besoin de vérifier la liste des mises à jour installées sur notre ordinateur. Si cela devait être votre cas, procédez de la façon suivante :

1 Depuis la nouvelle interface graphique, cliquez sur l'icône **Bureau**.

2 Utilisez la combinaison de touches Windows+X. Dans le menu contextuel, cliquez sur **Panneau de configuration**, **Système et sécurité** et sélectionnez **Windows Update**.

3 Au niveau du volet droit de la fenêtre **Windows Update** se trouve un résumé concernant Windows Update.

4 Dans le champ *Des mises à jour ont été installées*, cliquez sur **Afficher l'historique des mises à jour**.

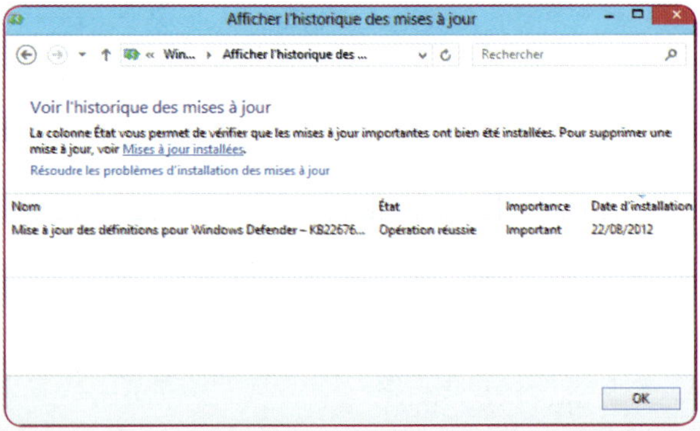

◄ Historique des mises à jour installées

Windows Defender

Pour introduire le sujet, les attaques criminelles continuent à évoluer et les programmes malveillants sont devenus une arme générique visant tous les internautes, qu'ils utilisent des ordinateurs classiques ou des appareils mobiles (tablettes, téléphones, etc.).

Les programmes malveillants ciblent désormais tous les systèmes d'exploitation et tous les navigateurs, et ces dernières années, les attaques criminelles visant les applications ont beaucoup augmenté.

Windows Defender est un antispyware intégré à Windows 8 et destiné à un usage domestique. Il faut entendre par "usage domestique" l'absence de fonctionnalités d'administration. Avec Windows 8, Windows Defender évolue et reprend les fonctionnalités d'antivirus de Microsoft Security Essential.

Windows Defender est le logiciel de Microsoft pour lutter contre les malwares et autres virus ; il est intégré à Windows 8 et a commencé à faire son apparition depuis Vista. Il rassemble des fonctions de détection, de nettoyage et blocage en temps réel des spywares et autres virus. Parmi ces actions, Windows Defender est ainsi capable de surveiller Internet Explorer et les composants logiciels chargés dans le navigateur, de vérifier les téléchargements. Windows Defender surveille aussi un certain nombre de points d'entrée fréquemment utilisés sur la machine par les spywares et autres virus. Il peut s'agir par exemple de la clé de registre `HKLM\......\RUN`, qui permet à des logiciels de se maintenir à chaque redémarrage. La technologie de Windows Defender repose sur plusieurs agents de surveillance. Il offre la possibilité de réaliser une analyse du système rapide ou complète.

Windows 8 intègre des améliorations en matière de prévention, qui réduisent encore davantage les risques liés aux attaques courantes. Voici quelques-unes de ces améliorations :

- **Address Space Layout Randomization** (ASLR). La technologie ASLR introduite dans Windows Vista modifie de façon aléatoire l'emplacement en mémoire de la plupart du code et des données, de sorte que le code malveillant ne puisse pas connaître à l'avance l'adresse du code et des données sur tous les PC. Dans Windows 8, Microsoft a étendu la protection ASLR à d'autres parties de Windows et introduit différentes améliorations. L'une d'entre elles accroît l'aléatoirité des adresses, ce qui permet de repousser de nombreuses techniques d'attaque connues visant à contourner la protection ASLR.

- **Le noyau Windows**. Dans Windows 8, de nombreuses mesures de prévention qui auparavant s'appliquaient uniquement aux applications en mode utilisateur s'appliquent désormais au noyau Windows. Elles renforcent la protection contre certains types courants de menaces. Par exemple, Microsoft empêche désormais les processus exécutés en mode *utilisateur* d'allouer les premiers 64 Ko de la mémoire de traitement, empêchant ainsi l'exploitation d'une classe complète de failles de sécurité liées au déréférencement de *NULL* en mode noyau. Microsoft a également ajouté des contrôles d'intégrité au dispositif d'allocation de la mémoire de réserve du noyau, afin de prévenir les attaques visant à endommager la mémoire de réserve du noyau.

- **Tas binaire de Windows**. Une certaine quantité de mémoire est allouée de façon dynamique aux applications à partir du tas binaire du mode *utilisateur* de Windows. Le tas binaire de Windows 8 a été revu en profondeur, ce qui renforce significativement la protection, car de nouveaux contrôles d'intégrité sont mis en œuvre pour assurer la protection contre de nombreuses techniques exploitant les failles de sécurité. Par ailleurs, le tas binaire de Windows modifie désormais de façon aléatoire l'ordre des allocations, de sorte que le code malveillant exploitant des failles de sécurité ne puisse pas prévoir la position des objets. Le principe est le même qu'avec la fameuse technologie ASLR. Microsoft a également ajouté des pages de garde à certains types d'allocations de tas binaire, pour mieux faire face aux techniques d'exploitation de failles de sécurité s'appuyant sur les dépassements de tas binaire.

- **Internet Explorer**. Au cours de ces deux dernières années, près de 75 % des vulnérabilités signalées dans Internet Explorer étaient des vulnérabilités de type *use-after-free*. Pour Windows 8, Microsoft a mis en place différents dispositifs de protection supplémentaires dans Internet Explorer afin d'empêcher l'assaillant de créer une table de fonctions virtuelles non valide, ce qui rend les attaques plus difficiles. Internet Explorer profitera également des améliorations apportées à la technologie ASLR et introduites dans Windows 8.

Pour lancer Windows Defender, procédez comme suit :

1 Depuis la nouvelle interface graphique, cliquez sur l'icône **Bureau**.

2 Utilisez la combinaison de touches Windows+X. Dans le menu contextuel, cliquez sur **Panneau de configuration**, **Système et sécurité** et dans la fenêtre de recherche tapez `defender`. Un résultat s'affiche avec **Windows Defender** ; cliquez dessus.

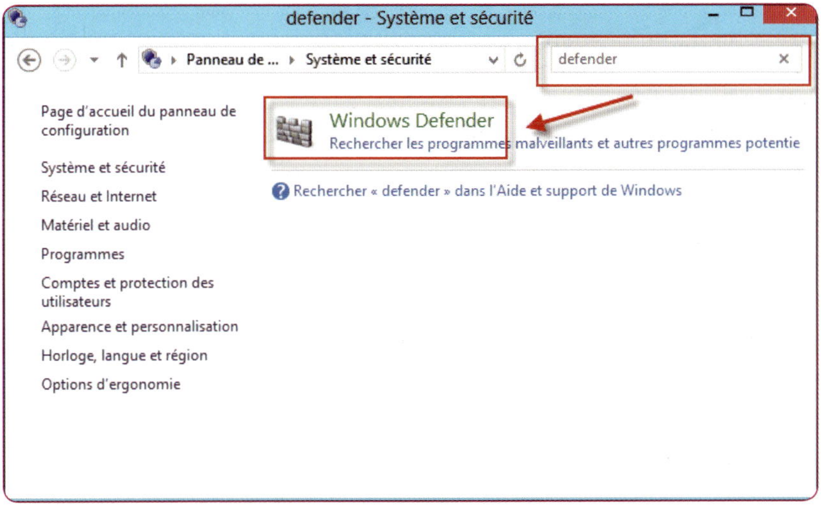

▲ Recherche de l'utilitaire Windows Defender

3 Pour simplifier les manipulations à venir, effectuez un clic droit sur l'icône de **Windows Defender**, puis sélectionnez **Épingler ce programme à la barre de tâches**.

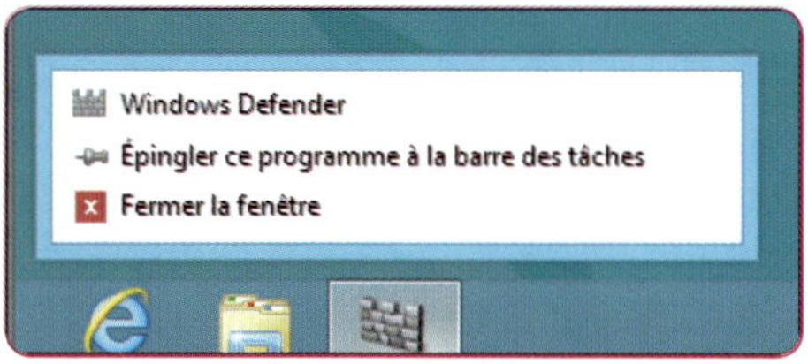

Épingler Windows Defender dans la barre des tâches

Dans la partie supérieure de la fenêtre Windows Defender, vous voyez les onglets proposés :

- **Accueil** affiche l'état général de Windows Defender. Vous y retrouvez la date de la dernière recherche, l'état de la protection en temps réel et la version des signatures utilisées par Windows Defender.
- **Mettre à jour**. C'est à partir d'ici que vous pouvez regarder si des mises à jour sont disponibles. Plusieurs autres informations y figurent comme :
  - la date des définitions virales ;
  - la dernière mise à jour des définitions ;
  - la version des définitions de virus ;
  - la version des définitions de logiciels espions.
- **Historique** affiche l'historique de toutes les activités de Windows Defender.
- **Paramètres** regroupe plusieurs paramètres et outils et se décompose comme suit :
  - *Protection en temps réel* ;
  - *Fichiers et emplacements exclus* ;
  - *Processus exclus* ;
  - *Paramètres avancés* ;
  - *MAPS* ;
  - *Administrateur*.

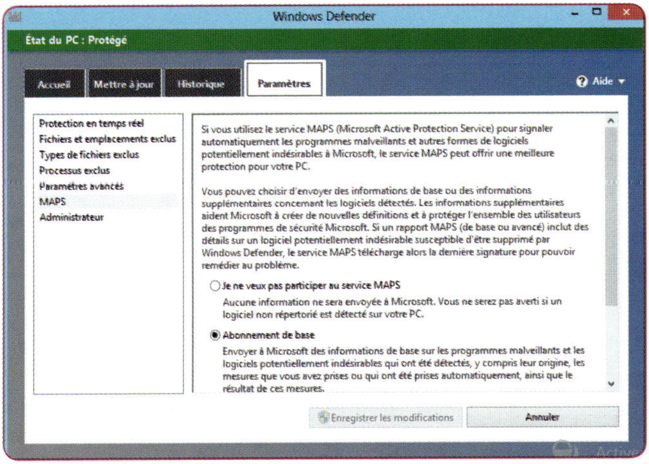

◄ Affichage des options de Windows Defender

Utilisation de Windows Defender

Les utilisateurs visés par Windows Defender se limitent aux particuliers. Windows Defender n'entre pas dans le cadre de la gestion d'entreprise, c'est-à-dire qu'il n'exploite pas les stratégies de groupe ni la console d'administration centralisée. Il sera possible d'utiliser une version d'entreprise pour la gestion des malwares et autres virus, mais cela sera proposé dans une version payante du produit nommée Microsoft ForeFront Client Protection. Cette version ne se limitera pas à la simple gestion de spywares, elle intégrera également l'antivirus de Microsoft et sera administrable sous forme de solution.

Utiliser Windows Defender

Même si Windows Defender n'est pas un logiciel d'entreprise car il ne possède pas de fonctions d'administration centralisées, il possède plusieurs fonctions. Il est possible de paramétrer des analyses automatiques et il est nécessaire de le mettre à jour. Pour mettre à jour Windows Defender :

1 Depuis la nouvelle interface graphique, cliquez sur l'icône **Bureau** puis sur l'icône **Windows Defender** précédemment épinglée dans la barre des tâches.

2 Cliquez sur l'onglet **Mettre à jour**. Vérifiez dans vos informations :

- la date des définitions virales ;
- la dernière mise à jour des définitions ;
- la version des définitions de virus ;
- la version des définitions de logiciels espions.

S'il est nécessaire de mettre Windows Defender à jour, cliquez tout simplement sur **Mettre à jour**.

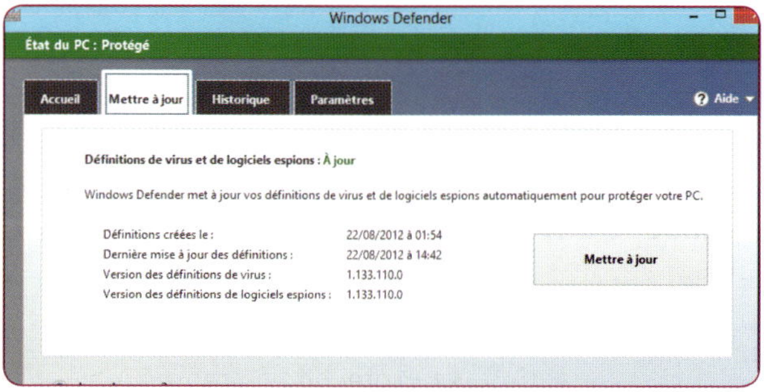

◄ Onglet de mise à jour

Pour lancer une analyse, procédez comme suit :

1 Depuis la nouvelle interface graphique, cliquez sur l'icône **Bureau** puis cliquez sur l'icône **Windows Defender** précédemment épinglée dans la barre des tâches.

2 Sélectionnez l'option d'analyse. Le volet droit vous propose trois options d'analyse :

- *Rapide* ;
- *Complète* ;
- *Personnaliser*.

3 Choisissez une des options d'analyse proposées puis cliquez sur **Analyser maintenant**.

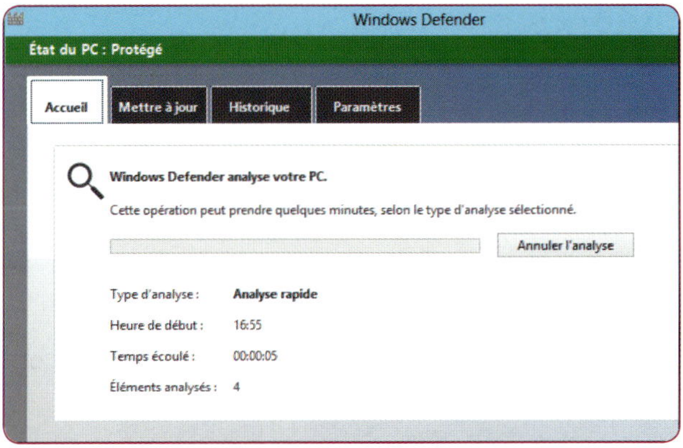

◄ Analyse en cours

Pour désactiver ou activer la protection en temps réel de Windows Defender, procédez comme suit :

1 Depuis la nouvelle interface graphique, cliquez sur l'icône **Bureau** puis sur l'icône **Windows Defender** précédemment épinglée dans la barre des tâches.

2 Cliquez sur l'onglet **Paramètres**.

3 Dans le volet de gauche, sélectionnez *Protection en temps réel* puis, dans le volet de droite, décochez la case *Activer la protection temps réel (recommandé)*.

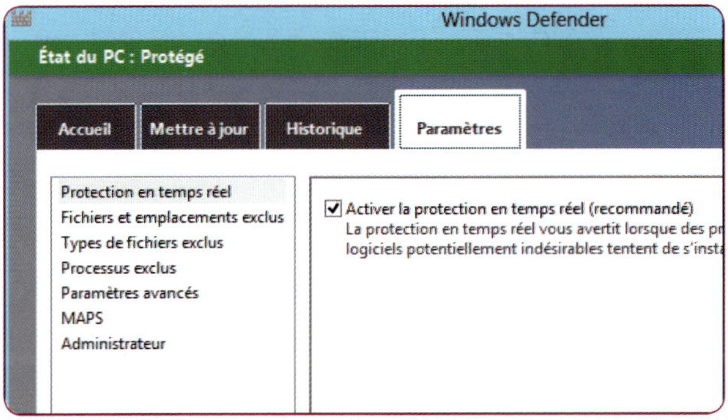

◄ Désactivation de la protection temps réel

Consulter l'historique

Vous pouvez si vous le souhaitez connaître l'activité de Windows Defender ; il garde une trace d'un grand nombre d'actions. Pour afficher l'historique de Windows Defender, procédez de la façon suivante :

1 Depuis la nouvelle interface graphique, cliquez sur l'icône **Bureau** puis sur l'icône **Windows Defender** précédemment épinglée dans la barre des tâches.

2 Cliquez sur l'onglet **Historique**.

3 Sélectionnez l'option puis cliquez sur **Afficher les détails**.

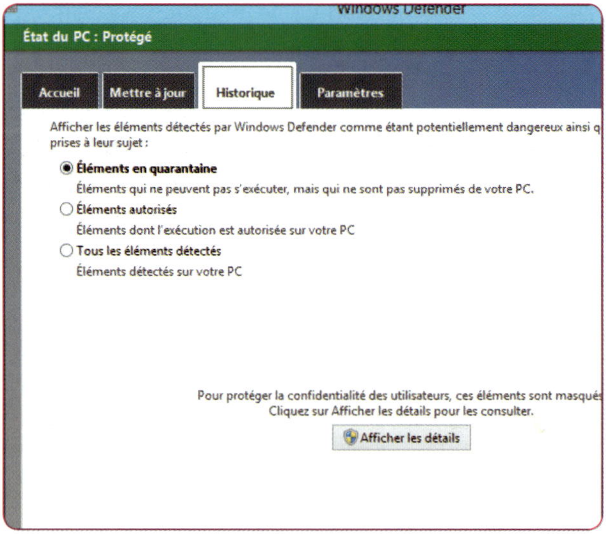

◄ Afficher l'historique

Windows Defender vous offre une protection renforcée contre tous les types de programmes malveillants. Les améliorations apportées à Windows Defender contribuent à vous protéger contre tous les types de programmes malveillants (virus, vers, bots, rootkits, etc.) en exploitant l'ensemble des signatures du Centre de protection Microsoft contre les programmes malveillants. Ces signatures sont obtenues régulièrement via Windows Update, en même temps que la dernière version du moteur anti-programmes malveillants de Microsoft. Cet ensemble étendu de signatures constitue une amélioration significative par rapport aux versions précédentes, qui incluaient uniquement les signatures des logiciels espions, des logiciels de publicité et des logiciels potentiellement indésirables.

Par ailleurs, Windows Defender assure désormais la détection en temps réel des menaces issues de programmes malveillants, ainsi que la protection contre ces menaces, par le biais d'un filtre de système de fichiers. Il s'intègre au dispositif de démarrage sécurisé de Windows, autre nouveauté de Windows 8 en matière de protection. Ce qui vous permet de ne pas avoir besoin d'installer une solution complémentaire.

Lorsque vous utilisez un PC prenant en charge le démarrage sécurisé UEFI (défini dans la spécification UEFI 2.3.1), le démarrage sécurisé de Windows assure la sécurité de tous les microprogrammes et de toutes leurs mises à jour, et garantit que le chemin de démarrage de Windows n'a pas été falsifié, jusqu'au chargement du pilote de la solution anti-programmes malveillants. Pour ce faire, seul le code correctement signé et validé est chargé dans le chemin de démarrage. Ainsi, le code malveillant ne peut pas être chargé lors du démarrage ou de la reprise du système, et vous êtes mieux protégé contre les virus de secteur de démarrage et les virus du chargeur de démarrage, mais aussi contre les bootkits et rootkits qui essaient de se charger sous forme de pilotes.

L'amélioration des performances avec Windows Defender

Les technologies traditionnelles utilisées par les solutions anti-programmes malveillants ralentissent bien souvent les performances du système. Dans certains scénarios courants (copie de fichiers, démarrage, etc.), il n'est pas rare de constater un doublement de la durée de l'opération lorsqu'une telle solution est installée. À ce titre,

Windows Defender améliore significativement les performances dans la plupart des principaux scénarios, par rapport aux solutions anti-programmes malveillants courantes utilisées sous Windows 7, tout en assurant une protection renforcée. Par exemple, lorsque toutes les fonctions de protection de Windows Defender sont activées, le temps de démarrage n'est allongé que de 4 %. Le temps processeur lors du démarrage est réduit de 75 %, les transferts d'entrée-sortie sur les disques sont réduits d'environ 50 Mo et la plage de travail maximale d'environ 100 Mo.

Ces améliorations contribuent à améliorer l'efficacité énergétique du système. Par conséquent, Windows Defender consomme moins d'électricité et optimise l'autonomie de votre batterie.

SmartScreen pour Internet Explorer, mais aussi pour Windows

Les solutions anti-programmes malveillants traditionnelles jouent un rôle essentiel dans la protection préventive et réactive face aux attaques. Cependant, les technologies basées sur la réputation peuvent elles aussi s'avérer très efficaces dans la protection contre les attaques par ingénierie sociale, avant la publication des signatures anti-programmes malveillants traditionnelles, en particulier lorsque les programmes malveillants tentent de se faire passer pour des logiciels légitimes.

Windows 8 contribue à vous protéger en exploitant des technologies basées sur la réputation, aussi bien lors du lancement d'applications que lors de la navigation avec Internet Explorer.

Depuis sa publication, le filtre SmartScreen a utilisé la réputation des URL pour mieux protéger les utilisateurs d'Internet Explorer contre plus de 1,5 milliard de tentatives d'attaques opérées par des programmes malveillants et plus de 150 millions de tentatives d'attaques par hameçonnage. La nouvelle fonctionnalité de réputation des applications, ajoutée au filtre SmartScreen d'Internet Explorer 9, offre une couche de protection supplémentaire, pour vous permettre de prendre les bonnes décisions lorsque les dispositifs de réputation des URL et les solutions anti-programmes malveillants traditionnelles ne permettent pas de détecter l'attaque.

Dans Windows 8, le filtre SmartScreen vous avertit uniquement lorsque vous exécutez une application pour laquelle aucune réputation n'a été établie pour le moment et qui présente donc un risque plus important.

Lorsque vous exécutez des applications dont la réputation a été établie, le fonctionnement est très simple : il vous suffit de cliquer dessus et de l'exécuter. Le message qui s'affichait dans Windows 7 dans ce type de situation ne s'affiche dorénavant plus.

SmartScreen utilise un marqueur placé sur les fichiers lors du téléchargement afin de déclencher un contrôle de réputation. Les principaux navigateurs Web ainsi que de nombreux clients de messagerie et services de messagerie instantanée ajoutent déjà ce marqueur, appelé MOTW (*Mark of the Web*) aux fichiers téléchargés.

En moyenne, les utilisateurs verront le message SmartScreen moins de deux fois par an.

Le pare-feu de Windows 8

Le pare-feu de Windows 8 vous aide à empêcher les utilisateurs ou logiciels non autorisés (comme les vers) d'accéder à votre ordinateur depuis un réseau ou Internet. Un pare-feu peut également empêcher votre ordinateur d'envoyer des éléments logiciels nuisibles à d'autres ordinateurs.

Le pare-feu vient en complément d'un antivirus. Par défaut, il est activé. Néanmoins, regardons d'un peu plus près comment le configurer.

Utiliser le pare-feu standard de Windows 8

Pour lancer le pare-feu Windows, procédez de la façon suivante :

1 Depuis la nouvelle interface graphique, cliquez sur l'icône **Bureau**.

2 Utilisez la combinaison de touches Windows+X. Dans le menu contextuel, cliquez sur **Panneau de configuration**, **Système et sécurité** puis sur **Pare-feu Windows**.

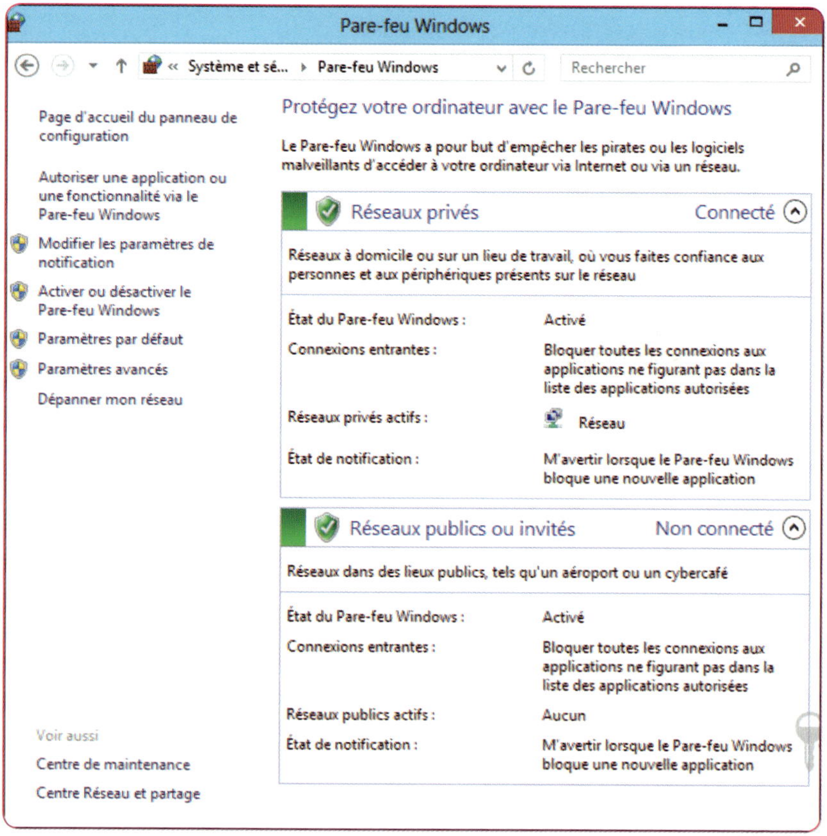

▲ Le pare-feu Windows 8

Cette interface montre l'état du pare-feu réseau par réseau. Les paramètres peuvent être différents. En cliquant sur le lien *Activer ou désactiver le pare-feu Windows* dans la colonne de gauche de la fenêtre, vous pouvez contrôler finement le statut du pare-feu réseau par réseau.

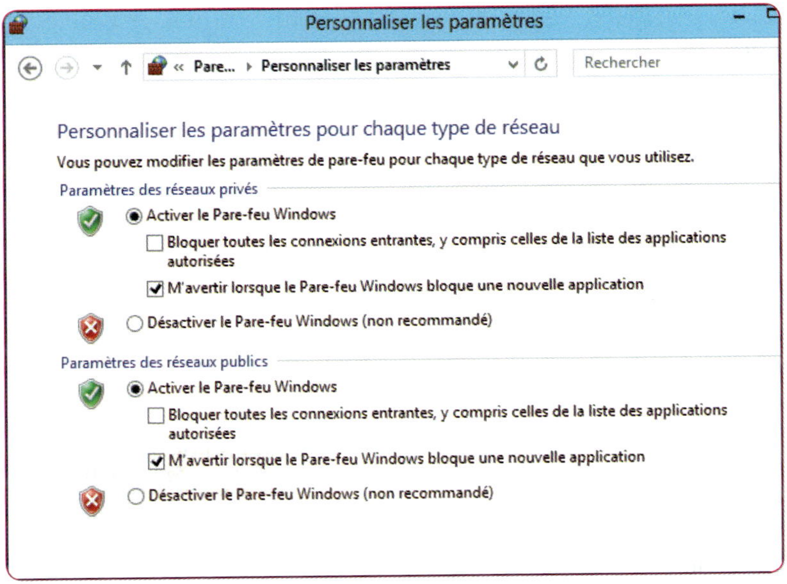

▲ Activer ou désactiver le pare-feu Windows

Voici ce que vous pouvez faire avec ces paramètres et quand les utiliser.

L'option Activer le pare-feu Windows

Ce paramètre est sélectionné par défaut. Lorsque le pare-feu Windows est activé, la communication est bloquée pour la plupart des programmes. Si vous souhaitez débloquer un programme, vous pouvez l'ajouter à la liste des exceptions. Par exemple, vous ne pourrez peut-être pas envoyer des photos à l'aide d'un programme de messagerie instantanée avant d'avoir ajouté ce programme sur la liste des exceptions.

L'option Désactiver le pare-feu Windows

Évitez d'utiliser ce paramètre à moins qu'un autre pare-feu ne soit exécuté sur votre ordinateur. La désactivation du pare-feu Windows peut rendre votre ordinateur (et votre réseau si vous en utilisez un) plus vulnérable à des attaques de pirates informatiques ou de logiciels malveillants tels que des vers.

Parfois, en entreprise, il peut être judicieux de laisser le pare-feu actif sur le réseau de domaine de l'entreprise mais, par contre, de désactiver le pare-feu sur un réseau privé de test, comme les réseaux privés créés par les outils de virtualisation comme VMware ou Virtual PC.

L'option Bloquer toutes les connexions entrantes, y compris celles de la liste des applications autorisées

Ce paramètre bloque toutes les tentatives non sollicitées de connexion entrante à votre ordinateur. Utilisez ce paramètre lorsque vous avez besoin d'une protection maximale pour votre ordinateur, par exemple lorsque vous vous connectez à un réseau public dans un hôtel ou un aéroport ou lorsqu'un ver dangereux se répand sur Internet. Si ce paramètre est activé, vous n'êtes pas averti lorsque le pare-feu Windows bloque tous les programmes, et les programmes de la liste des exceptions sont ignorés.

Autoriser une fonctionnalité via le pare-feu Windows

Comme avec le pare-feu Vista ou XP, vous avez la possibilité d'autoriser spécifiquement une application à communiquer au travers du pare-feu. Pour cela :

1. Depuis la nouvelle interface graphique, cliquez sur l'icône **Bureau**.
2. Utilisez la combinaison de touches Windows+X. Dans le menu contextuel, cliquez sur **Panneau de configuration**, **Système et sécurité** puis sur **Pare-feu Windows**.

3 Dans le volet gauche de la fenêtre, cliquez sur *Autoriser une application ou une fonctionnalité via le pare-feu Windows*.

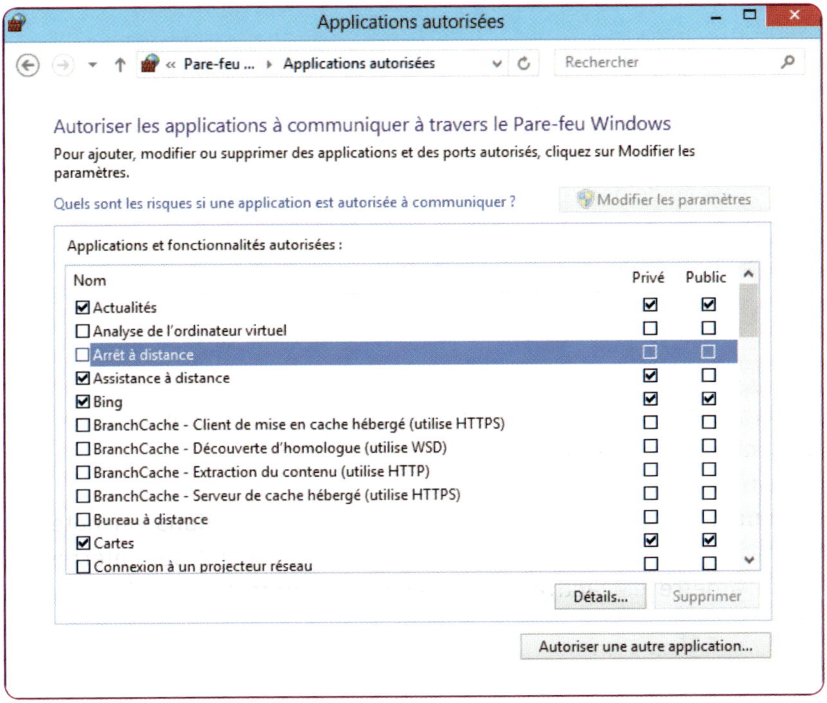

▲ Autorisation de programmes dans le pare-feu Windows 8

4 Cliquez sur **Modifier les paramètres**, puis cochez les réseaux des programmes à laisser communiquer et cliquez sur OK.

La nouveauté est que vous pouvez autoriser un programme ou une fonctionnalité à communiquer au travers du pare-feu réseau par réseau. Simplement en cochant une ou plusieurs cases en regard des noms des applications ou fonctionnalités. Vous pouvez même cocher plusieurs réseaux pour une même application.

En bref

La sécurité de votre ordinateur et, par extension, de vos données est capitale. Vous vous devez de protéger correctement votre ordinateur. Pour cela, Windows 8 vous propose un pare-feu, Windows Defender, contre les spywares et les virus, ainsi que Windows Update pour maintenir votre système à jour. Pour les utilisateurs de Windows 7, il n'y a pas de grands changements. Le constat que l'on peut faire est que Microsoft a mis un tour de vis supplémentaire sur les libertés de sécurité pour tout ce qui touche à son système d'exploitation.

Index